高等学校测绘工程系列教材

测绘程序设计

(下册)

主　编　李英冰

副主编　邹进贵　车德福　戴吾蛟　吴杭彬

WUHAN UNIVERSITY PRESS
武汉大学出版社

图书在版编目(CIP)数据

测绘程序设计.下册/李英冰主编.—武汉：武汉大学出版社，2020.7
(2024.6 重印)
高等学校测绘工程系列教材
ISBN 978-7-307-21437-8

Ⅰ.测…　Ⅱ.李…　Ⅲ.工程测量—高等学校—教材　Ⅳ.TB33

中国版本图书馆 CIP 数据核字(2020)第 024300 号

责任编辑:鲍　玲　　责任校对:汪欣怡　　版式设计:马　佳

出版发行：**武汉大学出版社**　(430072　武昌　珞珈山)
(电子邮箱：cbs22@whu.edu.cn　网址：www.wdp.com.cn)
印刷:武汉图物印刷有限公司
开本:787×1092　1/16　印张:17.25　字数:406 千字
版次:2020 年 7 月第 1 版　2024 年 6 月第 3 次印刷
ISBN 978-7-307-21437-8　定价:46.00 元

编 委 会

WUHAN UNIVERSITY PRESS

武汉大学出版社

序　言

随着现代科学与技术的飞速发展，特别是移动互联网、云计算和大数据等现代技术的兴起，测绘数据获取手段越来越多样，需要处理的数据类型越来越复杂，计算机已经成为测绘数据处理的基本工具，程序设计已经成为测绘工程专业学生所必备的基本能力。由于测绘地理信息专业所需知识的理论性很强，在程序设计时不仅需要很强的编程能力，还必须具备正确的测绘理论思维。在测绘编程实践学习中，如何设计合适的数据输入方式，以及难度适中的实践算法，这对当前测绘地理信息专业学生来说是比较困难的，但是，一旦攻克这个突破口，学生的编程实战能力将得到快速提升。

测绘程序设计已经受到测绘地理信息专业教育主管部门的高度重视，许多院校开设了相关课程，测绘程序设计在全国大学生测绘技能大赛中占30%的比重，计划将来还准备推出围绕测绘、遥感、地理信息与导航等方面开发相关软件系统或软硬件集成系统的测绘创新开发比赛。江苏、河南等省也推出了相关的测绘程序设计比赛。武汉大学的测绘技能大赛设有程序比赛专项，并在大学生夏令营优秀营员中选拔，以及硕士生和博士生复试等都设置了编程环节，为优秀人才的选拔起到了积极作用。

为了进一步提高全体测绘人员的编程水平，我们组织了来自武汉大学、东北大学、中南大学、同济大学、中国人民解放军战略支援部队信息工程大学等27所高校的34位教师共同编写本书。在2019年3月29日于武汉召开了一次专门研讨会，来自全国大学生测绘技能大赛工作组的邹进贵教授、翟翊教授、宋卫东教授、程效军教授、车德福教授、邹峥嵘教授，以及本书编委会相关成员共13人，对本书的选题、组织形式、内容编排等进行了广泛的研讨。

本书分为上下册，共5篇。第1篇是教学篇，共9章，内容涵盖了控制台应用程序开发、桌面应用程序开发和网络程序开发，并且包含文件读写、图形图像处理、数据库操作等内容。在每章后面给出了一些教学视频，便于学生实战模仿，并提供往届参赛学生的优秀作品，供参考学习。第2篇是基础篇，共12章，主要是一些培养学生文件读写、简单测绘算法实现等编程能力的实例，难易程度相当于夏令营优秀营员选拔、研究生复试，以及测绘程序设计期末上机测试。第3篇是进阶篇，共12章，内容包括考查文件读写、用户界面设计、较为复杂的测绘算法的实现等能力的实例，可用于测绘程序教学和实习、竞赛人才选拔等。第4篇是竞赛篇，共18章，内容包括考查复杂测绘程序开发和团队合作能力的实例，服务于全国、省级、院校级测绘编程竞赛。第5篇是创新篇，共10章，其中第59章至第61章选自武汉大学的学生作品（第59章是博士生黄奎等同学的研究成果、第60章是本科生白璐斌等同学的作品、第61章是本科生何雨情等同学的作品），本篇主要是面向测绘新技术新方法的编程实现，服务于大学生创新创业训练和研究生科研的选题。第1篇和第2篇属于上册内容。第3、4、5篇属于下册内容。

本书的编撰得到同事、同学和朋友的大力支持，在此感谢大家给予本书的各种贡献，感谢武汉大学出版社王金龙的帮助。需要感谢的人很多，限于篇幅不一一列出。本书涉及的内容庞杂，难免存在错误，欢迎批评指正。

编著者

2019年5月

目　录

三、进阶篇

负责人：吴杭彬

目标：学会编写较为复杂的测绘程序。
知识点：(1)文件读写；(2)较为复杂的测绘算法的实现；(3)用户界面设计。
题量：单人 4~8 小时完成。
用途：(1)测绘程序教学、实习；(2)研究生复试、夏令营考试；(3)竞赛人才选拔。

第22章　数字水准仪原始记录转标准表格

（作者：廖振修、曹品，主题分类：测量学）

数字水准仪是在水准仪望远镜光路中增加了分光镜和光电探测器（CCD阵列）等部件，采用条形码分划水准尺和图像处理电子系统构成光、机、电及信息存储与处理的一体化水准测量系统。数字水准仪能够自动采集、处理水准测量数据，从而实现水准测量的自动化，并且具有读数客观、精度高、速度快等特点，目前已经被广泛应用于等级水准测量，以及建筑物沉降、高铁桥梁沉降、隧道贯通变形等高精度几何变形监测工程当中。

工程建设领域应用较为普遍的数字水准仪品牌有：美国天宝公司的Dini系列（德国蔡司生产）、瑞士徕卡公司的DNA系列、日本拓普康公司的DL系列。近年来我国国产电子水准仪也已成功面市，主要代表品牌有广州南方测绘仪器公司的DL系列。电子水准仪采集的测量数据，采用各厂家定义的数据格式，以文件形式存储在仪器的数据存储器中。由于所采用的软件不同，数据格式各异，后续对这些测量数据的应用，如测段高差提取、平差计算等，一般都要进行数据格式转换。基于此应用背景，本章根据目前应用较为广泛的Dini03水准仪REC E（M5）格式原始观测数据，实现观测数据到标准手簿表格的格式转换。

前提：

（1）Dini03水准仪采用aBFFB（奇：后-前-前-后　偶：前-后-后-前）模式，按线路采集程序记录数据，记录格式为REC E（M5）格式；

（2）导出水准手簿表格为标准二等水准观测手簿表格（Excel XLS格式）；

（3）一个观测文件中可能有多段线路，要求每一段线路导出为一个手簿文件，手簿文件命名：手簿_起始点名&结束点名.xls。

一、数据提取实现

编写程序读取“原始数据.DAT”文件，并在程序界面中呈现。

1. REC E（M5）格式说明

（1）REC E（M5）格式中一行数据最多包含118个字符，共分为6个部分，第一部分1~6字符为文件头，用来说明文件格式；第二部分8~16字符用来记录数据行存储地址；第三部分18~48字符用来记录点名、测量时间、测量次数以及测量情况等；第四部分50~71字符用来记录前后视标识、计数、单位等；第五部分73~94字符用来记录视距、单位等；第六部分96~117字符用来记录高程和单位等。各部分用“|”符号来分隔，如图

22.1 所示。

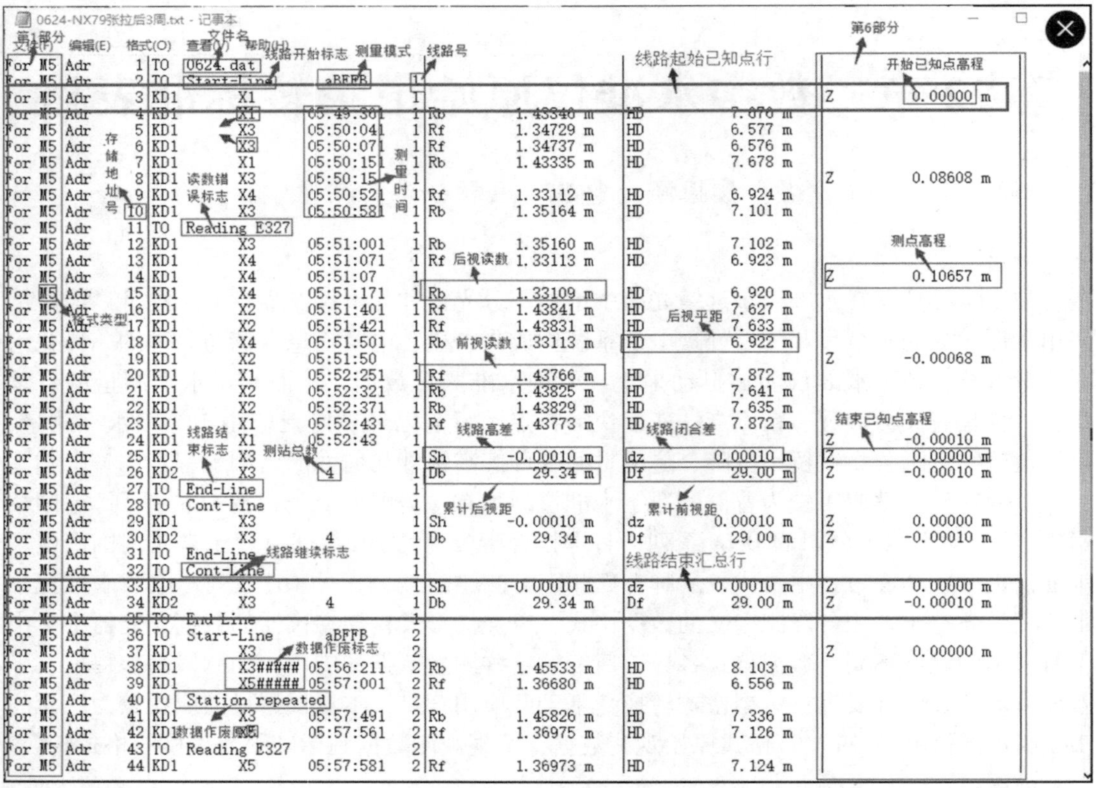

```
For M5|Adr     1|TO  0624.dat                     1|                    |                     |
For M5|Adr     2|TO  Start-Line       aBFFB       1|                    |                     |
For M5|Adr     3|KD1      X1                      1|                    |                     |Z       0.00000 m
For M5|Adr     4|KD1      X1          05:49:30    1|Rb     1.43340 m    |HD       7.676 m    |
For M5|Adr     5|KD1      X3          05:50:04    1|Rf     1.34729 m    |HD       6.577 m    |
For M5|Adr     6|KD1      X3          05:50:07    1|Rf     1.34737 m    |HD       6.576 m    |
For M5|Adr     7|KD1      X1          05:50:15    1|Rb     1.43335 m    |HD       7.678 m    |
For M5|Adr     8|KD1      X3          05:50:15    1|                    |                     |Z       0.08608 m
For M5|Adr     9|KD1      X4          05:50:52    1|Rf     1.33112 m    |HD       6.924 m    |
For M5|Adr    10|KD1      X3          05:50:58    1|Rb     1.35164 m    |HD       7.101 m    |
For M5|Adr    11|TO  Reading E327                 1|                    |                     |
For M5|Adr    12|KD1      X3          05:51:00    1|Rb     1.35160 m    |HD       7.102 m    |
For M5|Adr    13|KD1      X4          05:51:07    1|Rf     1.33113 m    |HD       6.923 m    |
For M5|Adr    14|KD1      X4          05:51:07    1|                    |                     |Z       0.10657 m
For M5|Adr    15|KD1      X4          05:51:17    1|Rb     1.33109 m    |HD       6.920 m    |
For M5|Adr    16|KD1      X2          05:51:40    1|Rf     1.43841 m    |HD       7.627 m    |
For M5|Adr    17|KD1      X2          05:51:42    1|Rf     1.43831 m    |HD       7.633 m    |
For M5|Adr    18|KD1      X4          05:51:50    1|Rb     1.33113 m    |HD       6.922 m    |
For M5|Adr    19|KD1      X2          05:51:50    1|                    |                     |Z      -0.00068 m
For M5|Adr    20|KD1      X1          05:52:25    1|Rf     1.43766 m    |HD       7.872 m    |
For M5|Adr    21|KD1      X2          05:52:32    1|Rb     1.43825 m    |HD       7.641 m    |
For M5|Adr    22|KD1      X2          05:52:37    1|Rb     1.43829 m    |HD       7.635 m    |
For M5|Adr    23|KD1      X1          05:52:43    1|Rf     1.43773 m    |HD       7.872 m    |
For M5|Adr    24|KD1      X1          05:52:43    1|                    |                     |Z      -0.00010 m
For M5|Adr    25|KD1      X3                      1|Sh    -0.00010 m    |dz      0.00010 m    |Z       0.00000 m
For M5|Adr    26|KD2      X3          4           1|Db       29.34 m    |Df        29.00 m    |Z      -0.00010 m
For M5|Adr    27|TO  End-Line                     1|                    |                     |
For M5|Adr    28|TO  Cont-Line                    1|                    |                     |
For M5|Adr    29|KD1      X3                      1|Sh    -0.00010 m    |dz      0.00010 m    |Z       0.00000 m
For M5|Adr    30|KD2      X3          4           1|Db       29.34 m    |Df        29.00 m    |Z      -0.00010 m
For M5|Adr    31|TO  End-Line                     1|                    |                     |
For M5|Adr    32|TO  Cont-Line                    1|                    |                     |
For M5|Adr    33|KD1      X3                      1|Sh    -0.00010 m    |dz      0.00010 m    |Z       0.00000 m
For M5|Adr    34|KD2      X3          4           1|Db       29.34 m    |Df        29.00 m    |Z      -0.00010 m
For M5|Adr    35|TO  End-Line                     1|                    |                     |
For M5|Adr    36|TO  Start-Line       aBFFB       2|                    |                     |
For M5|Adr    37|KD1      X3                      2|                    |                     |Z       0.00000 m
For M5|Adr    38|KD1      X3#####     05:56:21    2|Rb     1.45533 m    |HD       8.103 m    |
For M5|Adr    39|KD1      X5#####     05:57:00    2|Rf     1.36680 m    |HD       6.556 m    |
For M5|Adr    40|TO  Station repeated             2|                    |                     |
For M5|Adr    41|KD1      X3          05:57:49    2|Rb     1.45826 m    |HD       7.336 m    |
For M5|Adr    42|KD1      X5          05:57:56    2|Rf     1.36975 m    |HD       7.126 m    |
For M5|Adr    43|TO  Reading E327                 2|                    |                     |
For M5|Adr    44|KD1      X5          05:57:58    2|Rf     1.36973 m    |HD       7.124 m    |
```

图 22.1 REC E(M5)格式说明略图

(2)文件的前两行用来说明文件名称、观测模式等信息。

(3)测段起始已知点行和结束已知点行，记录了测量时输入的已知点高程。

(4)一个数据文件可以记录多个测段。测段以“Start-Line”标志开始，以“End-Line”标志结束。但是当“End-Line”标志行的下一行有“Cont-Line”标志时，表示线路没有结束，只是临时中断。如果线路临时中断时没有输入结束点高程，此时“线路结束汇总行”没有正常线路的闭合差数据，如图 22.2 所示。

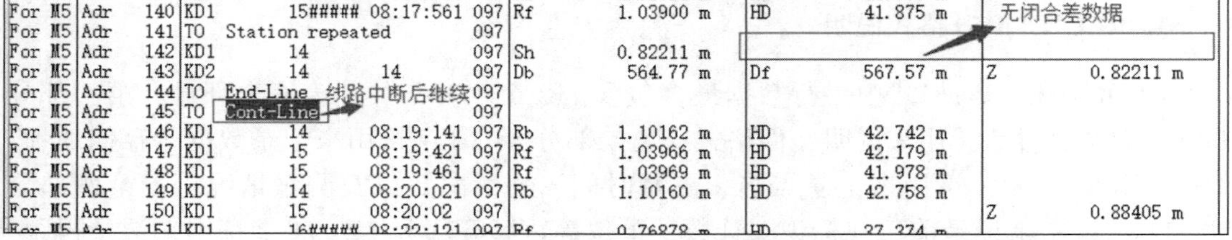

```
For M5|Adr   139|KD1      15#####  08:17:51 097|Rf     1.03924 m|HD      41.896 m|
For M5|Adr   140|KD1      15#####  08:17:56 097|Rf     1.03900 m|HD      41.875 m|
For M5|Adr   141|TO  Station repeated       097|                |                |
For M5|Adr   142|KD1      14                097|Sh     0.82211 m|                |
For M5|Adr   143|KD2      14       14       097|Db      564.77 m|Df      567.57 m|Z       0.82211 m
For M5|Adr   144|TO  End-Line               097|                |                |
For M5|Adr   145|TO  Cont-Line              097|                |                |
For M5|Adr   146|KD1      14       08:19:14 097|Rb     1.10162 m|HD      42.742 m|
For M5|Adr   147|KD1      15       08:19:42 097|Rf     1.03966 m|HD      42.179 m|
For M5|Adr   148|KD1      15       08:19:46 097|Rf     1.03969 m|HD      41.978 m|
For M5|Adr   149|KD1      14       08:20:02 097|Rb     1.10160 m|HD      42.758 m|
For M5|Adr   150|KD1      15       08:20:02 097|                |                |Z       0.88405 m
For M5|Adr   151|KD1      16#####  08:22:12 097|Rf     0.76878 m|HD      37.374 m|
```

图 22.2 REC E(M5)格式数据中线路中断后继续标志

(5)由于重复测量、重复测站取消的数据行，在点名后用“#####”标志，紧接着下一行说明取消原因：“Measurement repeated”为单次重测，“Station repeated”为测站重测。

(6)外业观测时可能由于视距过长、遮挡、光线太强或太弱、仪器震动等原因导致无法观测，仪器会在数据中以“Reading E×××”标志记录读数错误行，标志后面的“×××”为 3 位数字，代表不同的错误类型，如图 22.3 所示，具体错误含义可以查阅仪器操作手册。

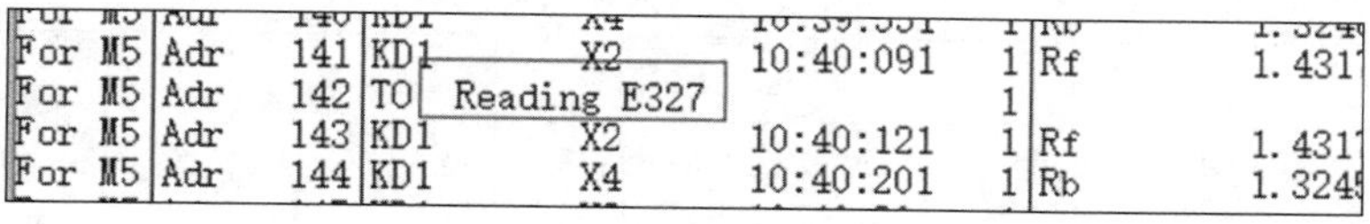

```
For M5|Adr  141|KD1      X2      10:40:091   1|Rf      1.4317
For M5|Adr  142|TO  Reading E327             1
For M5|Adr  143|KD1      X2      10:40:121   1|Rf      1.4317
For M5|Adr  144|KD1      X4      10:40:201   1|Rb      1.3245
```

图 22.3　REC E(M5)格式数据中读数错误标志

(7)一个测段的最后两行，是该测段结束观测汇总行。Sh 表示测段高差，dz 表示测段高差闭合差，Db 表示累计后视距离，Df 表示累计前视距离。

2. 提取步骤(参考)

分析清楚 REC E(M5)格式含义之后，就可以根据格式定义完成对文本字符串的提取。附录参考程序的提取步骤大致如下：

(1)把线路文件内容，按测段分割成测段列表集合；

(2)对测段列表中的每个测段，分割提取测站列表集合；

(3)对测站列表中的每个测站，提取测站观测信息。

上面三个步骤其实就是三重循环。在数据提取的过程中注意过滤无效信息，获取“文件名”、测段起始点及结束点的已知高程等信息。

二、计算结果报告

根据提取到的水准线路信息，调用 Excel 对象，输出标准二等水准记录手簿，见表 22-1。

三、参考源程序

源程序、可执行文件和样例数据在 https://github.com/ybli/bookcode/tree/master/Part2-ch01/目录下。

1. 源程序说明

项目名称：DiniRaw2XLS，主要类的说明：

(1)实体对象类：SightInfo(单次观测信息类)、StationInfo(测站信息类)、PartInfo(测段信息类)、LineInfo(线路信息类)。

(2)数据处理类：Processor(数据提取处理)。

(3)UI 窗体：frmMain。由于“原始数据的读取”和“表格数据的导出”功能较为简单，实现逻辑直接编写在 frmMain 窗体模块下了，不再单独设置 DAL 类。

表 22-1　　**二等水准记录手簿表格示例**

电子水准测量记录手簿

测量单位：中铁××局××公司××工程项目部

测站	视准点	视距读数		标尺读数		读数差(mm)	高差(m)	高程(m)	备注
	后视	后距 1	后距 2	后尺读数 1	后尺读数 2				
	前视	前距 1	前距 2	前尺读数 1	前尺读数 2				
		视距差(m)	累积差(m)	高差(m)	高差(m)				
	X1	7.67600	7.67800	1.43346	1.43335	0.11		0.00000	
1	X3	6.57700	6.57600	1.34729	1.34737	-0.08		0.08607	
		1.10050	1.10050	0.08617	0.08598	0.19	0.08607		
	X3	7.10100	7.10200	1.35164	1.35160	0.04		0.08607	
2	X4	6.92400	6.92300	1.33112	1.33113	-0.01		0.10657	
		0.17800	1.27850	0.02052	0.02047	0.05	0.02049		
	X4	6.92000	6.92200	1.33109	1.33113	-0.04		0.10657	
3	X2	7.62700	7.63300	1.43841	1.43831	0.10		-0.00068	
		-0.70900	0.56950	-0.10732	-0.10718	-0.14	-0.10725		
	X2	7.64100	7.63500	1.43825	1.43829	-0.04		-0.00068	
4	X1	7.87200	7.87200	1.43766	1.43773	-0.07		-0.00011	
		-0.23400	0.33550	0.00059	0.00056	0.03	0.00058		
测段计算	测段起点	X1							
	测段终点	X3		累计视距差	0.33550	m			
	累计前距	0.02900	km	累计高差	0.00011	m			
	累计后距	0.02934	km	测段距离	0.05834	km			

测量责任人：　　复核：　　监理：　　观测日期：

2. 参考答案说明

程序操作非常简单，界面如图 22.4 所示。

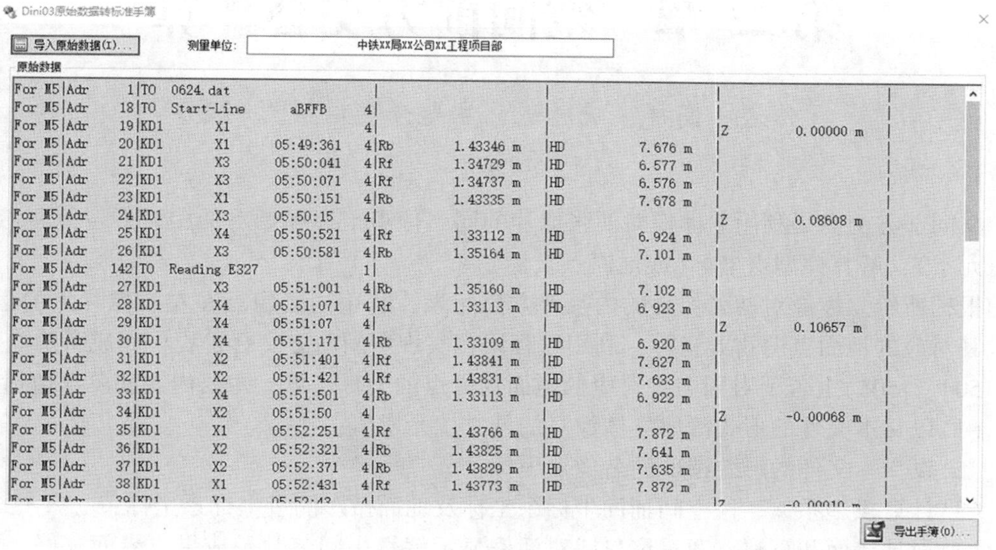

Dini03原始数据转标准手簿

导入原始数据(I)...　　测量单位: 中铁XX局XX公司XX工程项目部

原始数据

```
For M5|Adr     1|TO  0624.dat                    |                   |                   |                      |
For M5|Adr    18|TO  Start-Line      aBFFB      4|                   |                   |                      |
For M5|Adr    19|KD1        X1                  4|                   |                   |Z        0.00000 m    |
For M5|Adr    20|KD1        X1      05:49:361   4|Rb      1.43346 m  |HD       7.676 m   |                      |
For M5|Adr    21|KD1        X3      05:50:041   4|Rf      1.34729 m  |HD       6.577 m   |                      |
For M5|Adr    22|KD1        X3      05:50:071   4|Rf      1.34737 m  |HD       6.576 m   |                      |
For M5|Adr    23|KD1        X1      05:50:151   4|Rb      1.43335 m  |HD       7.678 m   |                      |
For M5|Adr    24|KD1        X3      05:50:15    4|                   |                   |Z        0.08608 m    |
For M5|Adr    25|KD1        X4      05:50:521   4|Rf      1.33112 m  |HD       6.924 m   |                      |
For M5|Adr    26|KD1        X3      05:50:581   4|Rb      1.35164 m  |HD       7.101 m   |                      |
For M5|Adr   142|TO  Reading E327               1|                   |                   |                      |
For M5|Adr    27|KD1        X3      05:51:001   4|Rb      1.35160 m  |HD       7.102 m   |                      |
For M5|Adr    28|KD1        X4      05:51:071   4|Rf      1.33113 m  |HD       6.923 m   |                      |
For M5|Adr    29|KD1        X4      05:51:07    4|                   |                   |Z        0.10657 m    |
For M5|Adr    30|KD1        X4      05:51:171   4|Rb      1.33109 m  |HD       6.920 m   |                      |
For M5|Adr    31|KD1        X2      05:51:401   4|Rf      1.43841 m  |HD       7.627 m   |                      |
For M5|Adr    32|KD1        X2      05:51:421   4|Rf      1.43831 m  |HD       7.633 m   |                      |
For M5|Adr    33|KD1        X4      05:51:501   4|Rb      1.33113 m  |HD       6.922 m   |                      |
For M5|Adr    34|KD1        X2      05:51:50    4|                   |                   |Z       -0.00068 m    |
For M5|Adr    35|KD1        X1      05:52:251   4|Rf      1.43766 m  |HD       7.872 m   |                      |
For M5|Adr    36|KD1        X2      05:52:321   4|Rb      1.43825 m  |HD       7.641 m   |                      |
For M5|Adr    37|KD1        X2      05:52:371   4|Rb      1.43829 m  |HD       7.635 m   |                      |
For M5|Adr    38|KD1        X1      05:52:431   4|Rf      1.43773 m  |HD       7.872 m   |                      |
```

导出手簿(O)...

图 22.4　用户界面示例

第 23 章　空间前方交会计算

（作者：高祥、詹总谦，主题分类：摄影测量）

空间前方交会是利用立体像对两张像片的同名像点坐标和像对的相对方位元素(或外方位元素)，解算模型点坐标(或地面点坐标)。

根据所给立体像对两张像片的内、外方位元素，利用同名像点在左右像片上的坐标，解求其对应的地面点的物方坐标，利用编程语言实现空间前方交会过程，完成所给立体像对(1504、1505)上若干对同名点对应的地面物方点的坐标计算。主要内容和要求包括：

(1)以文本文件的形式读取立体像对的外方位元素值；

(2)以文本文件的形式读取同名像点坐标；

(3)计算投影系数、像空间辅助坐标系坐标及地面摄影测量坐标系坐标；

(4)设计界面和算法，通过窗口或对话框显示解算中间参数及成果，界面友好，可操作性强，输入信息符合专业规范。

一、内外方位元素数据文件读取

表 23-1 为立体像对(1504、1505)的内、外方位元素，编程读取该文件。

表 23-1　　**数据内容和格式说明**

	数据项	1504	1505
内方位元素	像片主距 f	-165. 370335	-165. 370335
	像点坐标 x	-2. 9949326	115. 30009
	像点坐标 y	98. 313214	106. 807568
外方位元素	模型基线分量 Xs	-6911. 427876	-6922. 011458
	模型基线分量 Ys	4181. 156861	4203. 665077
	模型基线分量 Zs	157. 7731874	151. 6220453
	偏角(φ)	0. 348309888	0. 382310345
	倾角(ω)	-0. 309135767	-0. 335320345
	旋角(κ)	0. 081363007	0. 082770169

二、算法实现

1. 模型概述

利用所给立体像对两张像片的内、外方位元素，根据所给像对(1504、1505)中若干同名像点在左右像片上的坐标，解求其对应的地面点的物方坐标，实现空间前方交会的过程。

如图23.1所示，立体像对与所摄影地面存在一定的几何关系，这种关系可以用数学表达式描述，若在S_1，S_2两个摄站点对地面摄影，获取一个立体像对，任一地面点A在该像对的左右像片上的构象为a_1，a_2。现已知这两张像片的内外方位元素，设想将该像片按内外方位元素值置于摄影时的位置，显然同名射线S_1a_1与S_2a_2交于地面点A。

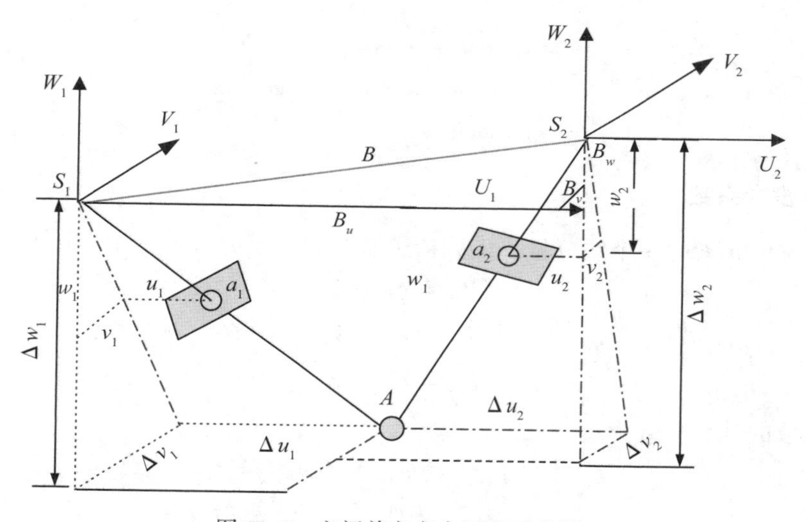

图23.1　空间前方交会原理示意图

空间前方交会基本关系式：要确定像点与其对应的地面点的数学表达式，要设定D-XYZ地面摄影测量坐标系，$S_1-U_1V_1W_1$及$S_2-U_2V_2W_2$分别为左右像片的像空间辅助坐标系，且两个像空间辅助坐标系的三个轴系分别与D-XYZ三轴平行。

设地面点A在D-XYZ坐标系中的坐标为(X, Y, Z)，地面点A在$S_1-U_1V_1W_1$及$S_2-U_2V_2W_2$中的坐标分别为$(\Delta u_1, \Delta v_1, \Delta w_1)$及$(\Delta u_2, \Delta v_2, \Delta w_2)$，$A$点相应像点$a_1$，$a_2$的像空间坐标分别为$(x_1, y_1, -f)$，$(x_2, y_2, -f)$，像点的像空间辅助坐标为$(u_1, v_1, w_1)$，$(u_2, v_2, w_2)$。

2. 计算空间辅助坐标

计算像点的像空间辅助坐标$a_1(u_1, v_1, w_1)$，$a_2(u_2, v_2, w_2)$，计算公式为：

$$\begin{bmatrix} u_1 \\ v_1 \\ w_1 \end{bmatrix} = \begin{bmatrix} a_{1,1} & a_{1,2} & a_{1,3} \\ b_{1,1} & b_{1,2} & b_{1,3} \\ c_{1,1} & c_{1,2} & c_{1,3} \end{bmatrix} \begin{bmatrix} x_1 \\ y_1 \\ -f \end{bmatrix} \tag{23-1}$$

$$\begin{bmatrix} u_2 \\ v_2 \\ w_2 \end{bmatrix} = \begin{bmatrix} a_{2,1} & a_{2,2} & a_{2,3} \\ b_{2,1} & b_{2,2} & b_{2,3} \\ c_{2,1} & c_{2,2} & c_{2,3} \end{bmatrix} \begin{bmatrix} x_2 \\ y_2 \\ -f \end{bmatrix} \tag{23-2}$$

其中 a_i，b_i 和 c_i 是旋转矩阵元素，计算公式为：

$$\begin{cases} a_1 = \cos\varphi\cos\kappa - \cos\varphi\sin\omega\sin\kappa \\ a_2 = -\cos\varphi\sin\kappa - \sin\varphi\sin\omega\sin\kappa \\ a_3 = -\sin\varphi\cos\omega \\ b_1 = \cos\omega\sin\kappa \\ b_2 = \cos\omega\cos\kappa \\ b_3 = -\sin\omega \\ c_1 = \sin\varphi\cos\kappa + \cos\varphi\sin\omega\sin\kappa \\ c_2 = -\sin\omega\cos\kappa + \cos\varphi\sin\omega\sin\kappa \\ c_3 = \cos\varphi\cos\omega \end{cases} \tag{23-3}$$

3. 获取投影系数

利用外方位元素的 3 个线分量，计算摄影基线的三个分量 B_U，B_V 和 B_W，公式为：

$$\begin{cases} B_U = X_{S_2} - X_{S_1} \\ B_V = Y_{S_2} - Y_{S_1} \\ B_W = Z_{S_2} - Z_{S_1} \end{cases} \tag{23-4}$$

投影系数的计算公式为：

$$\begin{cases} N_1 = \dfrac{B_U w_2 - B_W u_2}{u_1 w_2 - u_2 w_1} \\ N_2 = \dfrac{B_U w_1 - B_W u_1}{u_1 w_2 - u_2 w_1} \end{cases} \tag{23-5}$$

4. 计算地面坐标

根据已知的左右像片外方位元素，以及投影系数，计算像点对应地面点的坐标(X，Y，Z)，公式为：

$$\begin{cases} X = X_{S_1} + N_1 u_1 \\ Y = 0.5[(Y_{S_1} + N_1 v_1) + (Y_{S_2} + N_2 v_2)] \\ Z = Z_{S_1} + N_1 w_1 \end{cases} \tag{23-6}$$

5. 同名点量测和对应地面点的坐标

利用 Photoshop 图像处理软件将所给立体像对的两景像片打开，目视判断地物同名点，并记录下同名点在左右影像上的像素坐标(x_1, y_1), (x_2, y_2), 具体形式见表 23-2。

表 23-2　**同名点量测**

点号	1505		1504	
	x_1	y_1	x_2	y_2
1	7682	4862	4941	4857
2	7649	4895	4906	4890
3	7595	4947	4850	4941
4	7562	4981	4814	4974
5	7509	5034	4758	5026
6	7474	5068	4723	5058
7	7387	5154	4631	5143

利用量测的同名像点的像素坐标以及对应像片的内定向参数, 计算出同名点在左右像片的像框坐标系中的坐标。再根据同名点在左右像片的像平面坐标和已知的左右像片外方位元素及前方交会计算式, 计算该像点对应地面点的坐标(X, Y, Z)。

三、参考源程序

在 https://github.com/ybli/bookcode/tree/master/Part2-ch02/目录下给出源程序、可执行文件和样例数据。其中“2008301610159-康俊华.zip”是武汉大学康俊华同学的课程实习程序。图 23.2 是用户界面样例。

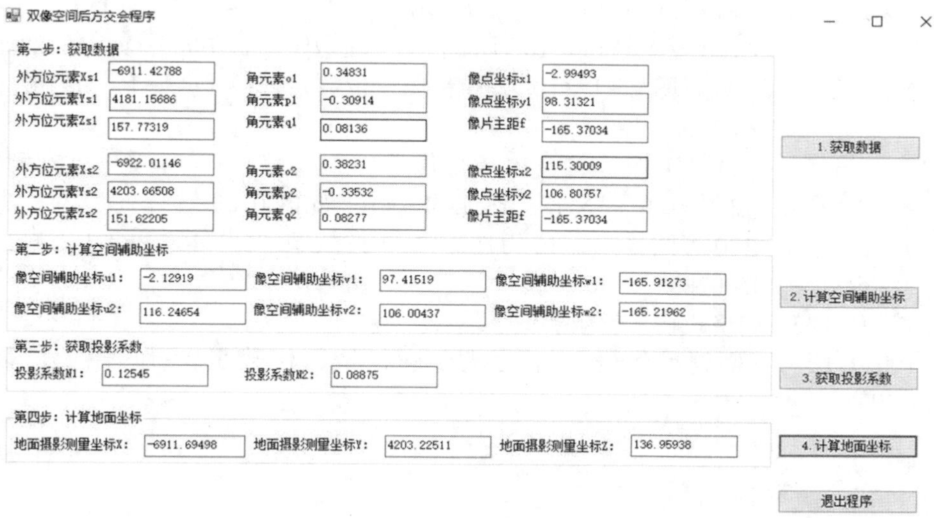

图 23.2　用户界面

第24章　图幅编号计算

（作者：王同合，主题分类：地图学）

采用梯形分幅法，根据给定点经纬度，计算该点所在不同比例尺(1∶100万、1∶50万、1∶25万、1∶10万、1∶5万、1∶2.5万、1∶1万)地形图在我国地图分幅编号体系中的图幅编号、图廓点经纬度及与本幅图相邻的8幅地形图编号。支持两种图幅编号规定，同时也可由图幅编号反算图幅中心点经纬度、图廓点经纬度及与本幅图相邻的8幅地形图编号。

一、数据及格式

输入数据采用人机交互式输入，计算结果直接在用户界面上显示。经纬度采用"DD. MMSS"格式输入，如123度15分18秒输入为"123. 1518"。传统图幅编号按如下格式输入或输出：

(1)1∶100万：行号(1位大写字母)+列号(2位数字)，如J50。

(2)1∶50万：1∶100万图号+1∶50万顺序号(1位数字，1~4)，如J502。

(3)1∶25万：1∶100万图号+1∶25万顺序号(2位数字，1~16)，如J5012。

(4)1∶10万：1∶100万图号+1∶10万顺序号(3位数字，1~144)，如J50028。

(5)1∶5万：1∶100万图号+1∶10万顺序号(3位数字，1~144)+1∶5万顺序号(1位数字，1~4)，如J500283。

(6)1∶2.5万：1∶100万图号+1∶10万顺序号(3位数字，1~144)+1∶5万顺序号(1位数字，1~4)+1∶2.5万顺序号(1位数字，1~4)，如J5002834。

(7)1∶1万：1∶100万图号+1∶10万顺序号(3位数字，1~144)+1∶1万顺序号(2位数字，1~64)，如J5002855。

新图幅编号按下列格式输入或输出：

1∶100万图号+比例尺代码(1位字母)+行号(3位数字)+列号(3位数字)，如J50E004028。

二、算法实现

1. 根据经纬度(L，B)计算传统图幅编号

(1)1∶100万图幅编号。

1∶100 万分幅与编号如图 24.1 所示。图幅编号的计算公式为：

$$\begin{cases} 行号 = \mathrm{INT}(B/4) + 1 \\ 列号 = \mathrm{INT}(L/6) + 31 \end{cases} \tag{24-1}$$

式中，B、L 是纬度和经度，INT 是取整运算，计算后将行号转换为字母。

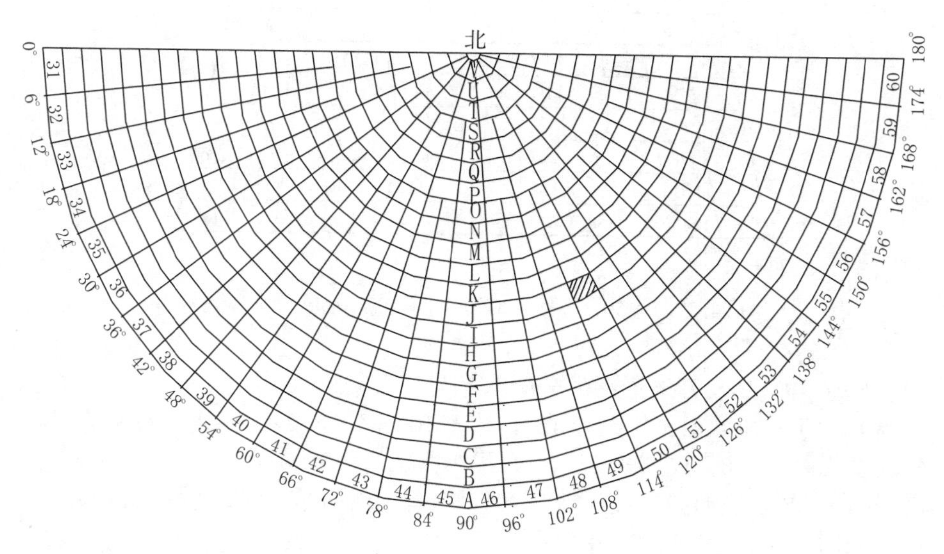

图 24.1　1∶100 万地形图分幅与编号

(2)相对于 1∶100 万图幅左下角的经差与纬差。

计算所给点相对于 1∶100 万图幅左下角的经差与纬差的计算公式为：

$$\begin{cases} \Delta L = L - \mathrm{INT}(L/6) \cdot 6 \\ \Delta B = B - \mathrm{INT}(B/4) \cdot 4 \end{cases} \tag{24-2}$$

(3)1∶50 万、1∶25 万、1∶10 万地形图的分幅与编号。

如图 24.2 所示，1∶50 万、1∶25 万、1∶10 万地形图的分幅和编号都是在 1∶100 万地形图的分幅编号基础上进行的。

将一幅 1∶100 万地形图按经差 3°、纬差 2°等分成(2×2)4 幅，每幅为 1∶50 万地形图，从左到右、从上到下分别以 A、B、C、D 表示，程序中用 1、2、3、4 表示。

将一幅 1∶100 万地形图按经差 1.5°、纬差 1°等分为(4×4)16 幅，每幅为 1∶25 万地形图，从左到右、从上到下分别以[1]，[2]，[3]，…，[16]表示，程序中用 01，02，03，…，16 表示。

将一幅 1∶100 万地形图按经差 30′、纬差 20′等分为(12×12)144 幅，每幅为 1∶10 万地形图，从左到右，从上到下分别以 1，2，3，…，144 表示，程序中用 001，002，003，…，144 表示。

1∶50 万、1∶25 万、1∶10 万地形图的图幅编号是在 1∶100 万地形图的编号上加上本幅代码构成。如某地所在的 1∶50 万地形图、1∶25 万地形图和 1∶10 万地形图的编号分别为 J—50—B、J—50—[8]和 J—50—48，程序中用 J502、J5008 和 J50048 表示。

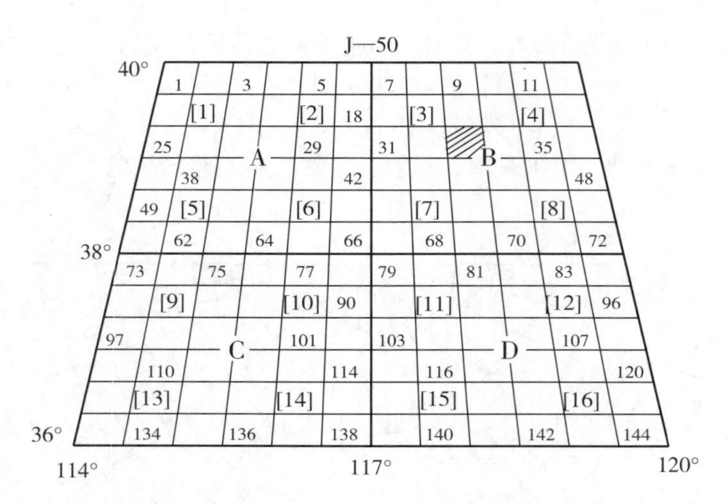

图 24.2　1∶50 万、1∶20 万、1∶10 万地形图分幅编号

(4)1∶5 万、1∶2.5 万地形图的分幅与编号。

将一幅 1∶10 万地形图，按经差 15′、纬差 10′等分成(2×2)4 幅，每幅为 1∶5 万的地形图，分别以代码 A、B、C、D 表示，程序中用 1、2、3、4 表示。

再将一幅 1∶5 万地形图，按经差 7′30″、纬差 5′等分成(2×2)4 幅，每幅为 1∶2.5 万的地形图，分别以代字 1、2、3、4 表示。

1∶5 万、1∶2.5 万地形图的编号是在前一级图幅编号上加上本幅代字，如某地 1∶5 万、1∶2.5 万地形图的编号分别为 I—49—48—C，I—49—48—C—4，程序中用 I49483，I494834 表示。

(5)1∶1 万地形图的分幅与编号。

1∶1 万地形图是在 1∶10 万地形图的基础上进行分幅和编号的。将一幅 1∶10 万地形图，按经差 3′45″、纬差 2′30″等分成(8×8)64 幅，每幅为 1∶1 万地形图，分别以代字(1)，(2)，(3)，…，(64)表示，程序中用 01，02，03，…，64 表示。1∶1 万地形图的编号是在 1∶10 万地形图的编号上加上本幅代码，如 I494864。

2. 根据经纬度(*L*，*B*)计算新图幅编号

新图幅分幅方法仍以 1∶100 万图幅为基础划分，各种比例尺图幅的经差和纬差也不变。

(1)1∶100 万图幅编号。

1∶100 万图幅编号计算与编号与传统图幅编号方法相同。

(2)1∶50 万、1∶25 万、1∶10 万、1∶5 万、1∶2.5 万、1∶1 万图幅编号。

比例尺代码规定见表 24-1。

表 24-1　**比例尺代码规定**

比例尺	1∶50 万	1∶25 万	1∶10 万	1∶5 万	1∶2.5 万	1∶1 万
代码	B	C	D	E	F	G

各图幅的编号均由 10 位字母和数字组成的代码构成，见表 24-2。

表 24-2　**图幅编码组成**

100 万行号(1 位)	100 万列号(2 位)	比例尺代码(1 位)	行号(3 位)	列号(3 位)

新图幅编号后 6 位是该图幅在 1∶100 万图幅中的位置代字，其中各用三位表示图幅在 1∶100 万图幅中的行号和列号，不够三位时前面补 0。行号从上到下依次增大排列，列号从左到右依次增大排列，例如，某地所在的 1∶50 万地形图，其 1∶100 万图幅号为 I49，1∶50 万地形图的比例尺代字为 B，该图幅在 1∶100 万图幅中位于第 1 行、第 2 列，故该图幅的新编号为 I49B001002。

行号及列号用下式计算：

$$\begin{cases} \text{行号} = 4°/\Delta B - \mathrm{INT}[\mathrm{MOD}(B/4°)/\Delta B] \\ \text{列号} = \mathrm{INT}[\mathrm{MOD}(L/6°)/\Delta L] + 1 \end{cases} \tag{24-3}$$

式中，INT 为取整操作，MOD 为取余操作，ΔL、ΔB 为相应比例尺经差和纬差。

各种比例尺地形图的经差、纬差及原传统图幅编号、新图幅编号示例见表 24-3。

表 24-3　**图幅编号示例**

比例尺	经差	纬差	原图幅编号	程序编号	新图幅编号
1∶100 万	6°	4°	I—49	I49	I49
1∶50 万	3°	2°	I—49—B	I492	I49B001002
1∶25 万	1.5°	1°	I—49—[8]	I4908	I49C002004
1∶10 万	30′	20′	I—49—48	I49048	I49D004012
1∶5 万	15′	10′	I—49—48—C	I490483	I49E008023
1∶2.5 万	7′30”	5′	I—49—48—C—4	I4904834	I49F016046
1∶1 万	3′45”	2′30”	I—49—48—(64)	I4904864	I49G032096

3. 根据图幅编号计算图廓点经纬度

(1)由 1∶100 万图幅编号计算图廓点经纬度。

先从图幅编号中取得行编号与列编号，如 I49 图幅的行编号为 I，对应第 9 行，列编号为 49，对应第 49 列，再根据 1∶100 万图的经差与纬差计算图幅左下角经纬度及其他三个图廓点经纬度。

(2)由其他比例尺图幅编号计算图廓点经纬度。

根据图幅编号计算图廓点经纬度的关键是由图幅编号获取相应行号与列号，计算时需要注意两点，一是除 1∶100 万外，其他比例尺图幅传统编号方法是用序列号，需换算为行列号。二是 1∶100 万的行号是由下至上编号，新编号中其他比例尺的行号是由上至下编号。图廓点经纬度计算方法在此不赘述。

4. 接图表计算

接图表用于表示某图幅与其相邻图幅的邻接关系，如 1∶5 万图幅 I—49—1—A (I490011)的相邻图幅见表 24-4，只要求计算传统图幅编号接图表。

表 24-4　**相邻图幅示例**

J—48—144—D J481444	J—49—133—C J49491333	I—49—133—D J49491334
I—48—1—B I480012	I—49—1—A I490011	I—49—1—B I490012
I—48—1—D I480014	I—49—1—C I490013	I—49—1—D I490014

计算接图表可根据图幅相邻关系确定，也可以根据经差纬差由本幅图中一点的经纬度计算相邻图幅中一点的经纬度，再用前面讲述的方法计算相应图幅编号。

三、用户界面设计

要求：(1)采用基于对话框的界面，数据由人机交互输入，结果显示在界面上。(2)要求功能正确，可正常运行，有一定的容错性，布局合理、美观大方、人性化。

四、参考源程序

源程序、可执行文件和样例数据在 https：//github. com/ybli/bookcode/tree/master/Part2-ch03/目录下。

1. 由经纬度计算图号

某点经度为 116 度 7 分 30 秒，纬度为 39 度 55 分 0 秒，在程序界面中输入“116. 0730”与“39. 5500”，选不同比例尺，计算结果如图 24. 3(a)和图 24. 3(b)所示。

2. 由图号计算经纬度及图廓信息

(1)由传统图幅编号计算经纬度及图廓信息。

先选择比例尺，再输入图幅编号“I491384”，如某 1∶5 万地形图传统图幅编号：转化成新图幅编号为 I49E024012，结果如图 24. 4(a)所示。

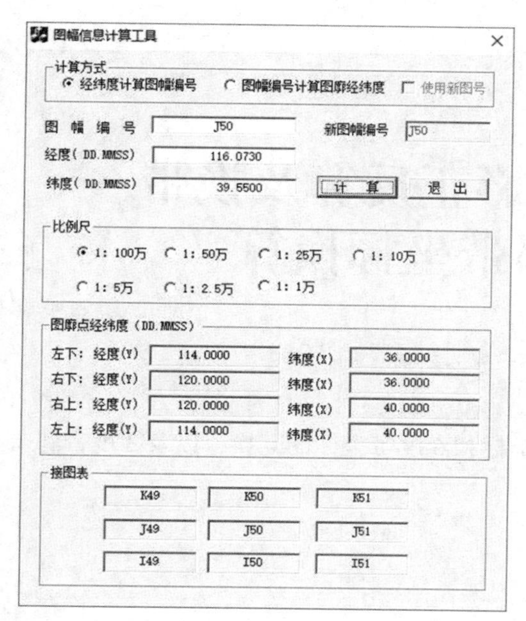

(a)1：100 万

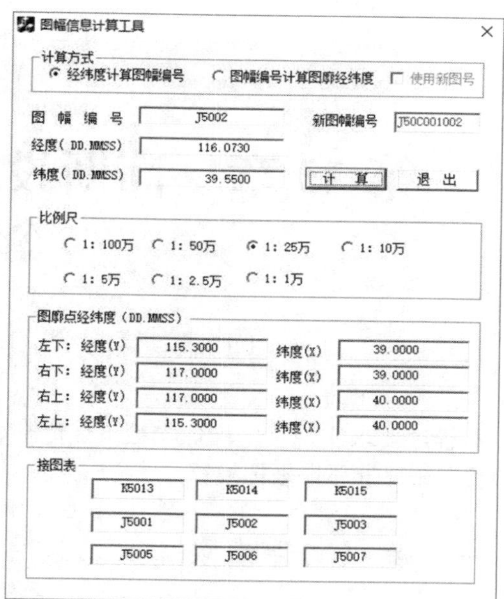

(b)1：25 万

图 24.3　由经纬度计算图号

(2)由新图幅编号计算经纬度及图廓信息。

先选择比例尺，再输入图幅编号“I491294”，勾选“使用新图号”复选框，输入新图号，如某1：5万地形图新图幅编号为 I49E022018，计算结果如图 24.4(b)所示。

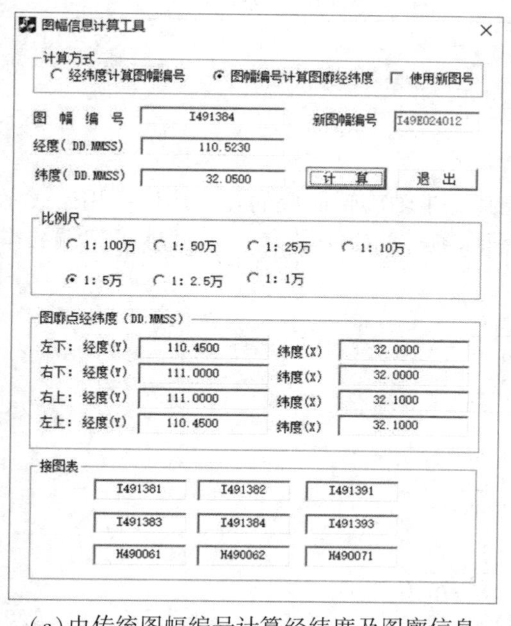

(a)由传统图幅编号计算经纬度及图廓信息

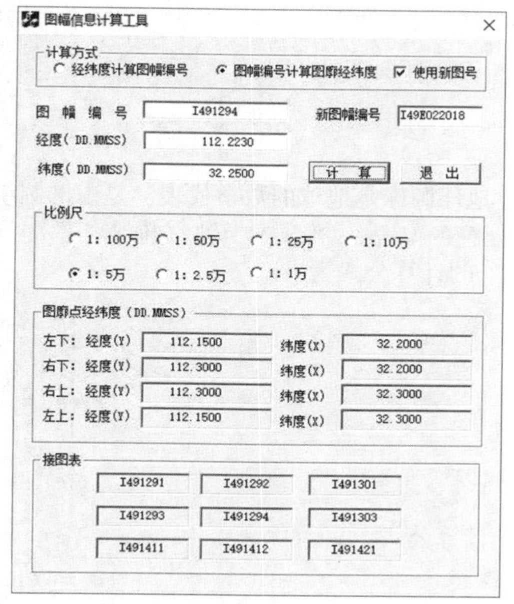

(b)由新图幅编号计算经纬度及图廓信息

图 24.4　由图号计算经纬度及图廓信息

第 25 章　高斯投影正反算及换带/邻带坐标换算

（作者：王同合，主题分类：地图学）

本程序要求实现一定椭球参数下 3 度带坐标和 6 度带坐标的互换，以及 3 度带邻带坐标换算、6 度带邻带坐标换算。

一、数据文件读取

编写程序，读取“3 度带转换 6 度带坐标 . txt”或“6 度带转换 3 度带坐标 . txt”文件，数据内容和格式见表 25-1 所示。邻带坐标换算采用人机交互输入输出。

表 25-1　**数据内容和数据格式**

数据内容				数据格式说明
1	4538610. 951	98666. 625	33598666. 625	每行数据由左至右依次是点号、X 坐标、Y 的自然坐标和 Y 的通用坐标
2	3924588. 054	104193. 075	38604193. 075	

二、椭球基本参数

地球椭球是地球的数学代表，是由椭圆绕其短半轴旋转而成的几何形体。用 a 表示椭球长半径，b 表示椭球短半轴。椭球扁率 f、椭球第一偏心率平方 e^2、椭球第二偏心率平方 e'^2 的计算公式为：

$$\begin{cases} f = \dfrac{a-b}{a} \\ e^2 = \dfrac{a^2-b^2}{a^2} \\ e'^2 = \dfrac{e^2}{1-e^2} \end{cases} \tag{25-1}$$

辅助计算公式：

$$\begin{cases} W = \sqrt{1-e^2\sin^2 B} \\ \eta^2 = e'^2\cos^2 B \\ t = \tan B \end{cases} \tag{25-2}$$

其中 B 为纬度。

卯酉圈的曲率半径 N、子午圈的曲率半径 M、子午圈赤道处的曲率半径 M_0：

$$\begin{cases} N = \dfrac{a}{W} \\ M = \dfrac{a(1-e^2)}{W^3} \\ M_0 = a(1-e^2) \end{cases} \tag{25-3}$$

克拉索夫斯基椭球元素：

$$\begin{cases} a = 6378245 \\ e^2 = 0.00669342162297 \\ e_1^2 = 0.00673852541468 \end{cases}$$

IUGG1975 椭球元素：

$$\begin{cases} a = 6378140 \\ e^2 = 0.00669438499959 \\ e_1^2 = 0.00673950181947 \end{cases}$$

CGCS2000 椭球元素：

$$\begin{cases} a = 6378137 \\ e^2 = 0.00669438002290 \\ e_1^2 = 0.00673949677548 \end{cases}$$

三、高斯投影正算

已知大地坐标(B, L)、中央子午线经度 L_0、带号和椭球元素，计算其通用坐标(X, Y)。

1. 子午弧长计算公式

$$\begin{cases} A_c = 1 + \dfrac{3}{4}e^2 + \dfrac{45}{64}e^4 + \dfrac{175}{256}e^6 + \dfrac{11025}{16384}e^8 + \dfrac{43659}{65536}e^{10} \\ B_c = \dfrac{3}{4}e^2 + \dfrac{15}{16}e^4 + \dfrac{525}{512}e^6 + \dfrac{2205}{2048}e^8 + \dfrac{72765}{65536}e^{10} \\ C_c = \dfrac{15}{64}e^4 + \dfrac{105}{256}e^6 + \dfrac{2205}{4096}e^8 + \dfrac{10395}{16384}e^{10} \\ D_c = \dfrac{35}{512}e^6 + \dfrac{315}{2048}e^8 + \dfrac{31185}{131072}e^{10} \\ E_c = \dfrac{315}{16384}e^8 + \dfrac{3465}{65536}e^{10} \\ F_c = \dfrac{693}{131072}e^{10} \end{cases} \tag{25-4}$$

$$\begin{cases}\alpha = A_c M_0 \\ \beta = -\dfrac{1}{2}B_c M_0 \\ \gamma = \dfrac{1}{4}C_c M_0 \\ \delta = -\dfrac{1}{6}D_c M_0 \\ \varepsilon = \dfrac{1}{8}E_c M_0 \\ \zeta = -\dfrac{1}{10}F_c M_0\end{cases} \tag{25-5}$$

子午弧长为：

$$\begin{aligned}X = &\alpha B + \beta\sin(2B) + \gamma\sin(4B) + \delta\sin(6B) \\ &\varepsilon\sin(8B) + \zeta\sin(10B)\end{aligned} \tag{25-6}$$

2. 经差计算公式

$$l = L - L_0 \tag{25-7}$$

式中，l 为经差，L 为待求点点位的大地经度，L_0 为中央子午线经度。

3. 计算辅助量

$$\begin{cases}a_0 = X \\ a_1 = N\cos B \\ a_2 = \dfrac{1}{2}N\cos^2 Bt \\ a_3 = \dfrac{1}{6}N\cos^3 B(1 - t^2 + \eta^2) \\ a_4 = \dfrac{1}{24}N\cos^4 B(5 - t^2 + 9\eta^2 + 4\eta^4)t \\ a_5 = \dfrac{1}{120}N\cos^5 B(5 - 18t^2 + t^4 + 14\eta^2 - 58\eta^2 t^2) \\ a_6 = \dfrac{1}{720}N\cos^6 B(61 - 58t^2 + t^4 + 270\eta^2 - 330\eta^2 t^2)t\end{cases} \tag{25-8}$$

4. 计算自然坐标(x, y)

$$\begin{cases}x = a_0 l^0 + a_2 l^2 + a_4 l^4 + a_6 l^6 \\ y = a_1 l^1 + a_3 l^3 + a_5 l^5\end{cases} \tag{25-9}$$

5. 计算通用坐标(X, Y)

$$\begin{cases}X = x \\ Y = n \cdot 1000000 + y + 500000\end{cases} \tag{25-10}$$

四、高斯投影反算

已知高斯通用坐标(X, Y)，计算大地坐标(B, L)。

1. 计算中央子午线经度 L_0

$$n = (\mathrm{int})(Y/1000000) \tag{25-11}$$

对于 3 度带：

$$L_0 = 3 \cdot n \tag{25-12}$$

对于 6 度带：

$$L_0 = 6 \cdot n - 3 \tag{25-13}$$

2. 计算自然坐标(x, y)

$$\begin{cases} x = X \\ y = (\mathrm{int})(Y/1000000) \cdot 1000000 - 500000 \end{cases} \tag{25-14}$$

3. 计算底点纬度

令 $X = x$，$B_0 = \dfrac{X}{\alpha}$，通过迭代计算底点纬度 B_f，计算公式为：

$$\begin{cases} B_f = \dfrac{X - \Delta}{\alpha} \\ \Delta = \beta\sin(2B_0) + \gamma\sin(4B_0) + \delta\sin(6B_0) + \varepsilon\sin(8B_0) + \zeta\sin(10B_0) \end{cases} \tag{25-15}$$

式中，α、β、γ、δ、ε、ζ 见公式(25-4)和公式(25-5)。

在每次计算结束后，判断当 $|B_f - B_0| \leqslant \varepsilon$（程序中取 $\varepsilon = 0.00000001$）时，停止计算；否则，令 $B_0 = B_f$ 继续迭代计算，直到满足条件。

4. 计算辅助量

$$\begin{cases} b_0 = B_f \\ b_1 = \dfrac{1}{N_f\cos B_f} \\ b_2 = -\dfrac{t_f}{2M_fN_f} \\ b_3 = -\dfrac{1 + 2t_f^2 + \eta_f^2}{6N_f^2}b_1 \\ b_4 = -\dfrac{5 + 3t_f^2 + \eta_f^2 - 9\eta_f^2t_f^2}{12N_f^2}b_2 \\ b_5 = -\dfrac{5 + 28t_f^2 + 24t_f^4 + 6\eta_f^2 + 8\eta_f^2t_f^2}{120N_f^4}b_1 \\ b_6 = \dfrac{61 + 90t_f^2 + 45t_f^4}{360N_f^4}b_2 \end{cases} \tag{25-16}$$

式中，N_f、η_f^2、M_f、t_f 是将 B_f 代入公式(25-2)和公式(25-3)的计算结果。

5. 计算(B，L)

$$\begin{cases} B = b_0 y^0 + b_2 y^2 + b_4 y^4 + b_6 y^6 \\ L = b_1 y^1 + b_3 y^3 + b_5 y^5 + L_0 \end{cases} \tag{25-17}$$

式中，L_0 为中央子午线经度，根据公式(25-18)和公式(25-19)计算。

五、计算中央子午线经度 L_0 和带号 n

1. 3 度带计算 L_0 和 n

$$\begin{cases} n = (\text{int})((L - 1.5)/3) + 1 \\ L_0 = 3 \cdot n \end{cases} \tag{25-18}$$

2. 6 度带计算 L_0 和 n

$$\begin{cases} n = (\text{int})(L/6) + 1 \\ L_0 = 6 \cdot n - 3 \end{cases} \tag{25-19}$$

六、3 度带与 6 度带的互换

1. 计算(B，L)

根据通用坐标(X，Y)、椭球参数，由高斯反算公式计算得到对应分度带的(B，L)。

2. 计算目标分度带的带号 n 及中央子午线 L_0

具体计算方法见公式(25-18)和公式(25-19)。

3. 计算目标分度带下的通用坐标(X'，Y')

根据带号 n、中央子午线 L_0、(B，L)、椭球参数，由高斯正算公式计算得到目标分度带的通用坐标。

七、邻带换算

1. 计算(B，L)

根据通用坐标(X，Y)和椭球参数，由高斯反算公式计算相对应的(B，L)。

2. 计算邻带的中央子午线经度及其带号

根据上文得出的(B，L)计算出对应的中央子午线经度 L_0 和带号 n，再由 $L_1 = L_0 \pm 3$(或 6)，$n_1 = n \pm 1$，得到邻带的中央子午线经度和带号。

3. 计算通用坐标(X', Y')

根据 B，L，L_1，n_1 以及椭球参数，由高斯正算公式计算得到邻带的通用坐标。

八、用户界面设计

要求实现：(1)包括菜单、工具条、表格、文本等功能；(2)要求功能正确，可正常运行，布局合理、美观大方、人性化；(3)将相关统计信息、计算报告在用户界面中显示；(4)保存为文本文件(*. txt)。

九、参考源程序

源程序、可执行文件和样例数据在 https：//github. com/ybli/bookcode/tree/master/Part2-ch04/目录下。

选“克拉索夫斯基椭球”的“3 度带转 6 度带”功能时转换，运行结果如图 25. 1 所示。

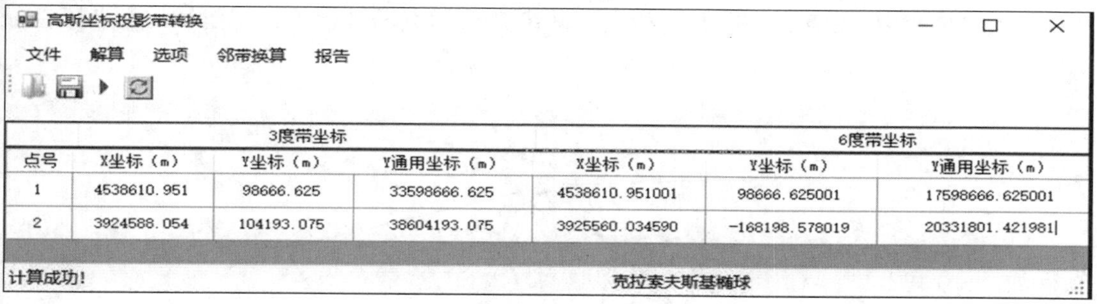

高斯坐标投影带转换

文件　解算　选项　邻带换算　报告

	3度带坐标			6度带坐标		
点号	X坐标 (m)	Y坐标 (m)	Y通用坐标 (m)	X坐标 (m)	Y坐标 (m)	Y通用坐标 (m)
1	4538610.951	98666.625	33598666.625	4538610.951001	98666.625001	17598666.625001
2	3924588.054	104193.075	38604193.075	3925560.034590	-168198.578019	20331801.421981

计算成功!　克拉索夫斯基椭球

图 25. 1　3 度带转 6 度带

邻带坐标换算结果如图 25. 2 所示。

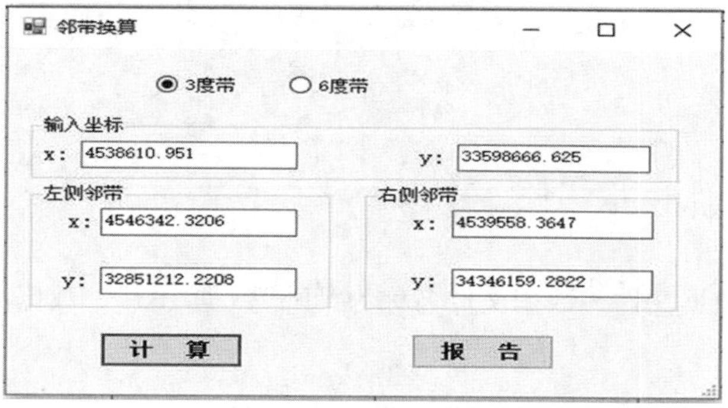

邻带换算

3度带　6度带

输入坐标 x: 4538610.951　y: 33598666.625

左侧邻带 x: 4546342.3206　y: 32851212.2208

右侧邻带 x: 4539558.3647　y: 34346159.2822

计 算　报 告

图 25. 2　邻带坐标

第26章　交会法定位计算

（作者：雷斌、周志浩，主题分类：工程测量）

在小区域范围的测图或工程测量中，当基本控制点的密度不能满足测量要求，而且需加密的控制点不多时，通常会采用交会定点的测量方法来加密控制点。常用的交会定点有前方交会、后方交会和距离交会。例如，在图26.1所示的加密点测量中，若分别在 A、B 两已知控制点上设站，观测至待定点 FP 的水平角 α、β，并结合已知点坐标，推算 FP 的坐标，称为前方交会法；若在待定点 BP 上设站，观测至 A、B、C 三个已知点的水平角 α、β、γ，并结合已知点坐标，推算待定点 BP 的坐标，称为后方交会法；若分别测量出 B、C 两已知点至待定点 DP 的边长 b、c，并结合已知点的坐标值，求解 DP 点坐标，称为距离交会法。

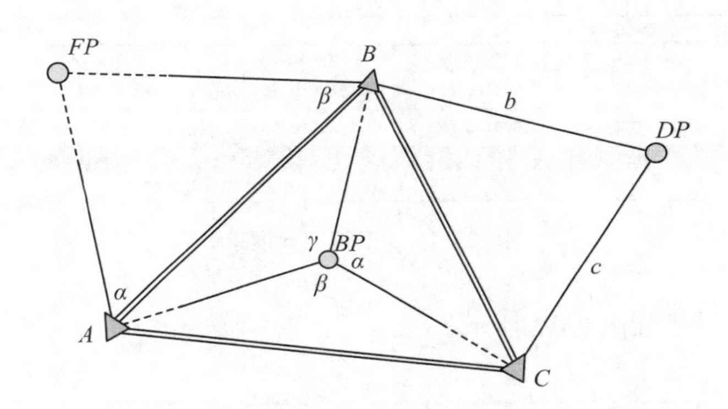

图26.1　交会法定点示意图

一、数据文件读取

编写程序读取数据文件。数据文件名称为“正式数据.txt”。数据由两部分组成，格式见表26-1～表26-4。

表 26-1　**已知数据文件格式**

数据内容	格式说明
GPS1，23171.431，55427.021 GPS2，23657.763，55341.626 GPS4，23997.311，55898.704 GPS5，24088.202，56340.556 GPS7，23601.394，56211.651 GPS9，23575.902，55739.227	已知点名，X 坐标，Y 坐标 ……

表 26-2　**前方交会数据文件格式**

数据内容	FMP1，GPS2，GPS4，42.16355，31.22097 FMP2，GPS5，GPS4，37.25338，35.50296 FMP3，GPS4，GPS5，39.51325，36.28275
格式说明	待定点名，已知点 A 名，已知点 B 名，角 α 值，角 β 值 ……

表 26-3　**后方交会数据文件格式**

数据内容	BMP1，GPS2，GPS9，GPS1，115.25364，121.56216，122.38115 BMP2，GPS2，GPS4，GPS9，112.08276，111.55456，135.55423 BMP3，GPS4，GPS7，GPS9，142.26036，98.55216，118.38274
格式说明	待定点名，已知点 A 名，已知点 B 名，已知点 C 名，α 角值，β 角值，γ 角值 ……

表 26-4　**距离交会数据文件格式**

数据内容	DMP1，GPS9，GPS1，382.655，227.989 DMP2，GPS7，GPS9，352.301，303.464 DMP3，GPS5，GPS7，422.206，377.802
格式说明	待定点名，已知点 A 名，已知点 B 名，边 a 值，边 b 值 ……

说明：上述各数据格式文件中角值格式为 dd.mmss。其中，dd 表示度(°)，mm 表示分(′)，ss 表示秒(″)。

二、前方交会

如图 26.2 所示，A、B 为已知点，α、β 分别为在 A、B 点设站后观测得到的水平角。则未知点 P 的计算公式为：

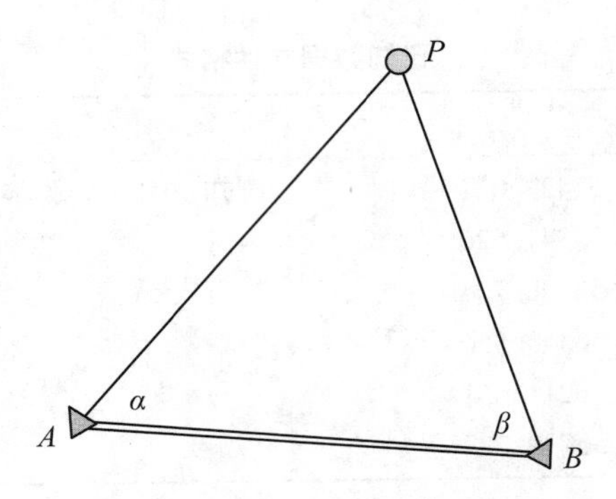

图 26.2　前方交会示意图

$$\begin{cases} x_P = \dfrac{x_A\cot\beta + x_B\cot\alpha - y_A + y_B}{\cot\alpha + \cot\beta} \\ y_P = \dfrac{y_A\cot\beta + y_B\cot\alpha + x_A - x_B}{\cot\alpha + \cot\beta} \end{cases} \tag{26-1}$$

三、后方交会

如图 26.3 所示，A、B、C 为已知点，α、β、γ 分别为在 A、B、C 点设站后观测得到的水平角。

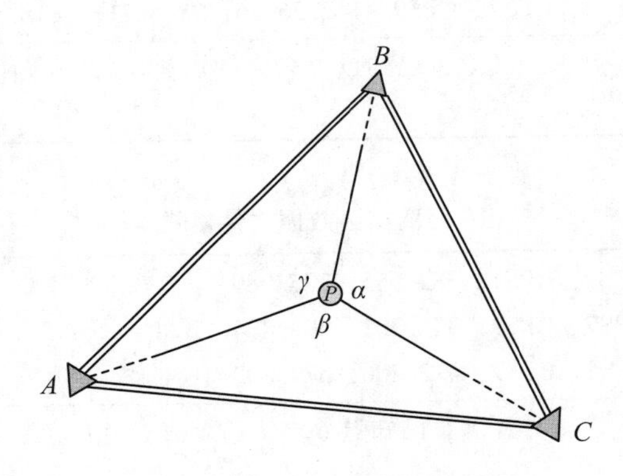

图 26.3　后方交会示意图

具体计算方法如下：

(1)计算已知边方位角：

已知两点 $A(x_A,\ y_A)$，$B(x_B,\ y_B)$，A 至 B 的坐标方位角计算如下：设象限角为 θ，则

$$\theta = \arctan\left(\frac{\Delta y_{AB}}{\Delta x_{AB}}\right) = \arctan\left(\frac{y_B - y_A}{x_B - x_A}\right) \tag{26-2}$$

方位角计算公式列于表 26-5。

表 26-5　　方位角判断方法

Δx_{AB}	Δy_{AB}	象限	θ 符号	坐标方位角
+	+	Ⅰ	+	$\alpha_{AB}=\theta$
−	+	Ⅱ	−	$\alpha_{AB}=\theta+180°$
−	−	Ⅲ	+	$\alpha_{AB}=\theta+180°$
−	+	Ⅳ	−	$\alpha_{AB}=\theta+360°$
0	>0	—	—	90°
0	<0	—	—	270°

同理，可以计算 α_{AC}、α_{BA}、α_{BC}、α_{CA}、α_{CB}。

(2)计算三角形内角：

设 A，B，C 三个顶点处的顶角分别为 $\angle A$、$\angle B$、$\angle C$，有：

$$\begin{cases}\angle A=\alpha_{AC}-\alpha_{AB}\\ \angle B=\alpha_{BA}-\alpha_{BC}\\ \angle C=\alpha_{CB}-\alpha_{CA}\end{cases}\tag{26-3}$$

(3)计算辅助量 P_A、P_B、P_C：

$$\begin{cases}P_A=\dfrac{1}{\cot A-\cot\alpha}\\ P_B=\dfrac{1}{\cot B-\cot\beta}\\ P_C=\dfrac{1}{\cot C-\cot\gamma}\end{cases}\tag{26-4}$$

式中，α、β、γ 为读入的观测角值。

(4)计算待定点 P 坐标：

$$\begin{cases}x_P=\dfrac{P_A\cdot x_A+P_B\cdot x_B+P_C\cdot x_C}{P_A+P_B+P_C}\\ y_P=\dfrac{P_A\cdot y_A+P_B\cdot y_B+P_C\cdot y_C}{P_A+P_B+P_C}\end{cases}\tag{26-5}$$

(5)危险圆检查。

三角形 ABC 的外接圆称为后方交会 P 点的危险圆。因为由几何原理得知，当 P 点位于该圆上时，仅凭测得的 α、β、γ 三个角值，P 点坐标无定解。所以，当 P 邻近该圆轨迹时，解算精度较差，可靠性不高，不具有应用价值。通常规定，P 点不得落入以该圆为中心，内外两侧各 $r/5$ 的范围内。r 为该圆的半径。

根据 A，B，C 三个已知点的坐标值，作辅助计算：

$$R_A=x_A^2+y_A^2,\ R_B=x_B^2+y_B^2,\ R_C=x_C^2+y_C^2\tag{26-6}$$

危险圆圆心 $O(x_0,\ y_0)$ 及半径 r 的计算公式为：

$$\begin{cases} x_0 = -\dfrac{y_A(R_B - R_C) + y_B(R_C - R_A) + y_C(R_A - R_B)}{2[x_A(y_B - y_C) + x_B(y_C - y_A) + x_C(y_A - y_B)]} \\ y_0 = -\dfrac{x_A(R_B - R_C) + x_B(R_C - R_A) + x_C(R_A - R_B)}{2[y_A(x_B - x_C) + y_B(x_C - x_A) + y_C(x_A - x_B)]} \\ r = \sqrt{(x_0 - x_A)^2 + (y_0 - y_A)^2} \end{cases} \tag{26-7}$$

待定点 $P(x_p, y_p)$ 至危险圆圆周的距离应小于危险圆半径 r 的 1/5，P 到危险圆圆心 O 点的距离为：

$$D_{OP} = \sqrt{(x_P - x_o)^2 + (y_P - y_o)^2} \tag{26-8}$$

当

$$|D_{OP} - r| \leqslant \frac{1}{5}r \tag{26-9}$$

判定为不合格，否则判定合格。

四、距离交会

如图 26.4 所示，A、B 为已知点，a，b 为 PA、PB 的距离观测值。

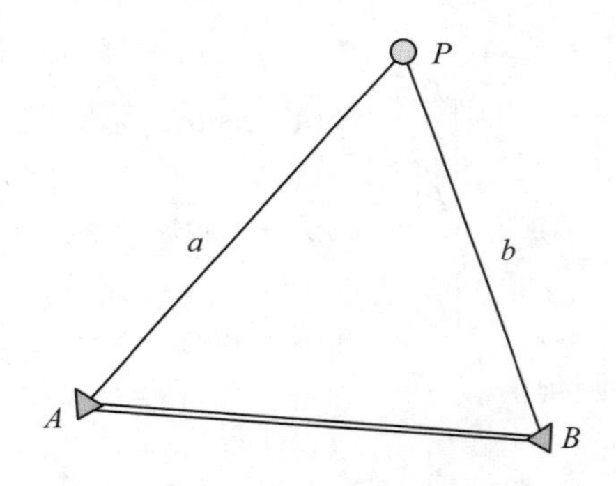

图 26.4 距离交会示意图

计算公式如下：

根据 A，B 两个已知点的坐标值，作辅助计算：

$$\begin{cases} \cos A = \dfrac{AB^2 + a^2 - b^2}{2 \cdot AB \cdot a} \\ \sin A = \sqrt{1 - \cos^2 A} \end{cases} \tag{26-10}$$

$$u = a\cos A,\ v = a\sin A = \sqrt{a^2 - u^2} \tag{26-11}$$

待定点坐标为：

$$\begin{cases} x_P = x_A + u \cdot \cos\phi_{AB} + v \cdot \sin\phi_{AB} \\ y_P = y_A + u \cdot \sin\phi_{AB} - v \cdot \cos\phi_{AB} \end{cases} \tag{26-12}$$

五、算法/界面设计要求

(1)程序应能根据计算项目自由切换前方交会、后方交会与距离交会三种计算模式。
(2)程序应能实现导入数据文件和界面手动键盘输入数据。
(3)实现交会图形绘制。
(4)主窗体设计应包括菜单栏和工具栏，其中菜单项不少于三项，工具项不少于三项。

六、计算结果报告

计算报告须输出原始数据和计算结果，以及计算时间，保存为文本文件(*.txt)。要求如下：

1. 已知点数据输出

具体格式如下：
点号，x 坐标值，y 坐标值
说明：坐标值保留三位小数。

2. 前方交会

(1)观测数据输出：待定点点号，A 点点号，B 点点号，α 角值，β 角值。
说明：角度输出格式为 dd°mm′ss.ssss″。
(2)计算结果输出：待定点点号，x 坐标值，y 坐标值。
说明：坐标值保留三位小数。

3. 后方交会

(1)观测数据输出：待定点点号，A 点点号，B 点点号，C 点点号，α 角值，β 角值，γ 角值。
说明：角度输出格式为 dd°mm′ss.ssss″。
(2)计算结果输出：待定点点号，x 坐标值，y 坐标值，危险圆半径 r 占比(%)，判断合格/不合格，A 角角值，B 角角值，C 角角值。
说明：坐标值保留三位小数；危险圆半径 r 占比(%)保留两位小数；计算角值输出格式为 dd°mm′ss.ssss″。

4. 距离交会

(1)观测数据输出：待定点点号，A 点点号，B 点点号，a 边值，b 边值。
说明：边长输出保留两位小数。
(2)计算结果输出：待定点点号，x 坐标值，y 坐标值。
说明：坐标值保留三位小数。

5. 输出结果示例

(1)文本输出示例:

```
==================================================
已知数据:
    GPS1:x=23171.431   y=55427.021
    GPS2:x=23657.763   y=55341.626
    GPS4:x=23997.311   y=55898.704
    GPS5:x=24088.202   y=56340.556
    GPS7:x=23601.394   y=56211.651
    GPS9:x=23575.902   y=55739.227
==================================================
前方交会观测数据:
待定点:FMP1   已知点:GPS2,GPS4
观测角值:42°16′35.50″,  31°22′09.70″
待定点:FMP2   已知点:GPS5,GPS4
观测角值:37°25′33.80″,  35°50′29.60″
待定点:FMP3   已知点:GPS4,GPS5
观测角值:39°51′32.50″,  36°28′27.50″

前方交会计算成果:
    FMP1:  x=23997.362,y=55441.321
    FMP2:  x=23879.880,y=56159.783
    FMP3:  x=24213.242,y=56070.569
==================================================
后方交会观测数据:
待定点:BMP1   已知点:GPS2,GPS9,GPS1
观测角值:115°25′36.40″,121°56′21.60″,  122°38′11.50″
待定点:BMP2   已知点:GPS2,GPS4,GPS9
观测角值:112°08′27.60″,111°55′45.60″,  135°55′42.30″
待定点:BMP3   已知点:GPS4,GPS7,GPS9
观测角值:142°26′03.60″,98°55′21.60″,  118°38′27.40″

后方交会计算成果:
    BMP1:  x=23514.031,y=55494.942
危险度:%28.75<%80   正常!
辅助计算系数:
PA:1.1478508254,PB:0.8994561180,PC:0.6439934685
    BMP2:  x=23702.294,y=55667.072
危险度:%56.09<%80   正常!
```

辅助计算系数:
PA:0.6759600898,PB:0.5928539862,PC:1.1456501202
　　BMP3:　x=23669.089,y=55973.222
危险度:%22.27<%80　正常!
辅助计算系数:
PA:0.5263855101,PB:1.1582789366,PC:1.0126002714
==
距离交会观测数据:
待定点:DMP1　已知点:GPS9,GPS1
观测边长:382.655m,　227.989m
待定点:DMP2　已知点:GPS7,GPS9
观测边长:352.301m,　303.464m
待定点:DMP3　已知点:GPS5,GPS7
观测边长:422.206m,　377.802m

距离交会计算成果:
　　DMP1:　x=23203.136,y=55652.795
　　DMP2:　x=23361.323,y=55953.811
　　DMP3:　x=23731.453,y=56566.361
==
(2)输出网图示例，如图 26.5 所示。

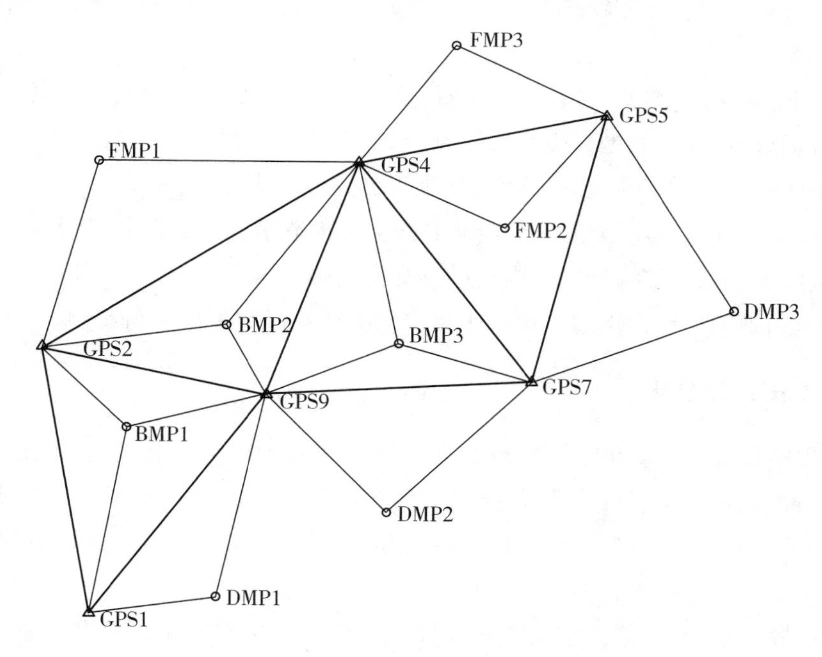

图 26.5　网图

七、参考源程序

源程序、可执行文件和样例数据在 https：//github. com/ybli/bookcode/tree/master/Part2-ch05/目录下。

1. 源程序

编程语言为 VB. net，项目名称为交会测量计算。项目中主要包含以下类：

(1) ContrPoint：控制点类，组织点的号、类型(已知或未知)、点的坐标、屏幕绘图坐标；

(2) Side：边类，组织边的端点、反馈边长、方位角等信息；

(3) ForwMeet：前方交会类，实例前方交会对象，进行前方交会计算，反馈未知点；

(4) BackMeet：后方交会类，实例后方交会对象，进行后方交会计算，反馈未知点、危险圆边长占比，以及判定合格与否；

(5) DistMeet：距离交会类，实例距离交会对象，进行距离交会计算，反馈未知点；

(6) DrawNetGraph：网图图形绘制，绘制网图，保存图片文件；

(7) Form_Calcu. vb：主窗体程序交互界面，计算模式控制，输入/导入数据信息，显示/输出结果文件；

(8) Form_Draw. vb：绘图窗体程序交互界面，执行绘图，显示图形，导出图形文件(. bmp)；

(9) CalcuProj：枚举类型，指示计算项目，前方交会、后方交会或距离交会；

(10) PointType：枚举类型，指示已知点/未知点；

(11) CalcuStatus：枚举类型，指示计算项目已完成或未完成；

(12) ForwDataStru：结构类型，构造前方交会类构造函数参数签名实例；

(13) BackDataStru：结构类型，构造后方交会类构造函数参数签名实例；

(14) DistDataStru：结构类型，构造距离交会类构造函数参数签名实例。

2. 测试数据计算结果

在运行程序目录下，给出了已知点数据文件“GPSContrPoint. txt”、前方交会观测数据文件“ForwMeetSurvry. txt”、后方交会观测数据文件“BackMeetSurvry. txt”、距离交会观测数据文件“DistMeetSurvry. txt”4 个数据文件；相应的计算成果文件为“计算成果 . txt”，以及“交会图形 . bmp”成果图片文件。

图 26. 6 是用户界面示例，用以交互计算模式、导入文件、输入数据、显示计算成果和保存相关内容。

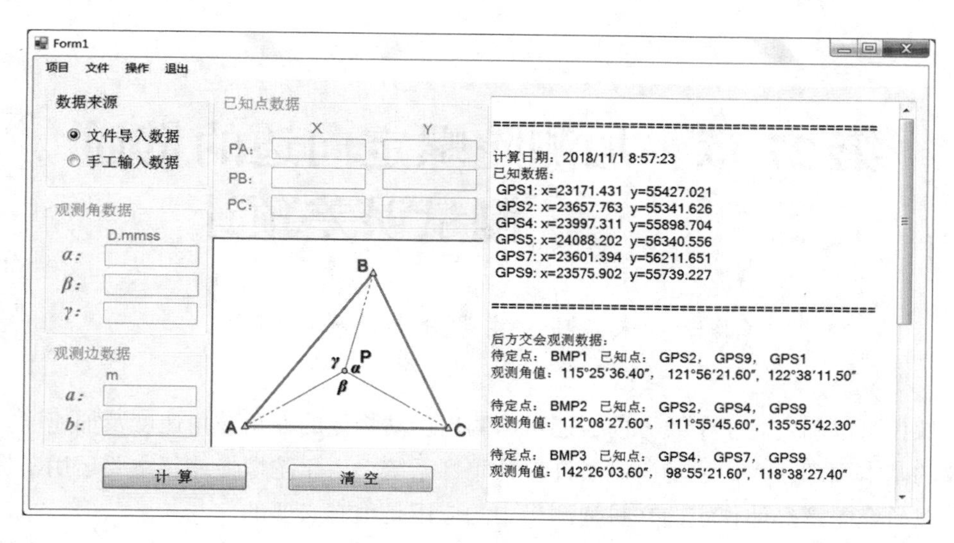
Form1
项目 文件 操作 退出
数据来源
文件导入数据
手工输入数据
已知点数据
X
Y
PA:
PB:
PC:
观测角数据
D.mmss
α:
β:
γ:
观测边数据
m
a:
b:
B
P
γ
α
β
A
C
计 算
清 空
计算日期：2018/11/1 8:57:23
已知数据：
GPS1: x=23171.431 y=55427.021
GPS2: x=23657.763 y=55341.626
GPS4: x=23997.311 y=55898.704
GPS5: x=24088.202 y=56340.556
GPS7: x=23601.394 y=56211.651
GPS9: x=23575.902 y=55739.227
后方交会观测数据：
待定点：BMP1 已知点：GPS2，GPS9，GPS1
观测角值：115°25′36.40″，121°56′21.60″，122°38′11.50″
待定点：BMP2 已知点：GPS2，GPS4，GPS9
观测角值：112°08′27.60″，111°55′45.60″，135°55′42.30″
待定点：BMP3 已知点：GPS4，GPS7，GPS9
观测角值：142°26′03.60″，98°55′21.60″，118°38′27.40″

图 26.6　用户界面示例

第 27 章　加测陀螺定向边的贯通测量误差预计

（作者：朱晓峻，主题分类：矿山测量）

陀螺仪可以确定真子午线方向，还可以测出运动物体的偏角、角速度及加速度。根据陀螺仪的基本原理，人们成功研制了许多种陀螺系统。由于陀螺经纬仪主要运用于贯通测量，所以研究陀螺经纬仪定向在贯通测量中的应用是很有必要的。

一、数据文件读取

编写程序，读取“观测数据 . txt”文件，数据内容见表 27-1。

表 27-1　　数据内容

数据内容	数据格式
DM，176. 180340，176. 130300 DM，176. 180340，176. 132400 DM，176. 180340，176. 131920 DM，176. 180340，176. 130780 DM，176. 180340，176. 131200 DM，176. 180340，176. 131680	DM（地面测角注记），地面已知测边地理方位角(dd. mmssss)，地面已知测边陀螺方位角(dd. mmssss)
0. 005，30 K，1773. 454，5735. 7683，0，0 13，1773. 454，5639. 5338，0，0 14，1774. 0036，5548. 7985，0，0 15，1773. 454，5464. 6621，0，0 16，1773. 454，5376. 6763，0，0 ……	(测距中误差) m_l (m)，(测角中误差) m_β (ssss) 点名，x，y，是否陀螺定向边，陀螺边测角次数

说明：格式 dd 表示度(dd°)，mm 表示分(mm′)，ssss 表示秒(ss. ss″)。

二、陀螺经纬仪定向精度评定

陀螺经纬仪的定向精度主要以陀螺方位角一次测定中误差 m_T 和一次定向中误差 m_α 表示。

1. 陀螺方位角一次测定中误差

因为陀螺仪轴与望远镜光轴及观测目镜分划板零线所代表的光轴通常不在同一竖直面中，所以假想的陀螺仪轴的稳定位置通常不与地理子午线重合。二者的夹角称为仪器常数，一般用 Δ 表示。如果陀螺仪子午线位于地理子午线的东边，Δ 为正；反之，则为负，如图 27.1 所示。

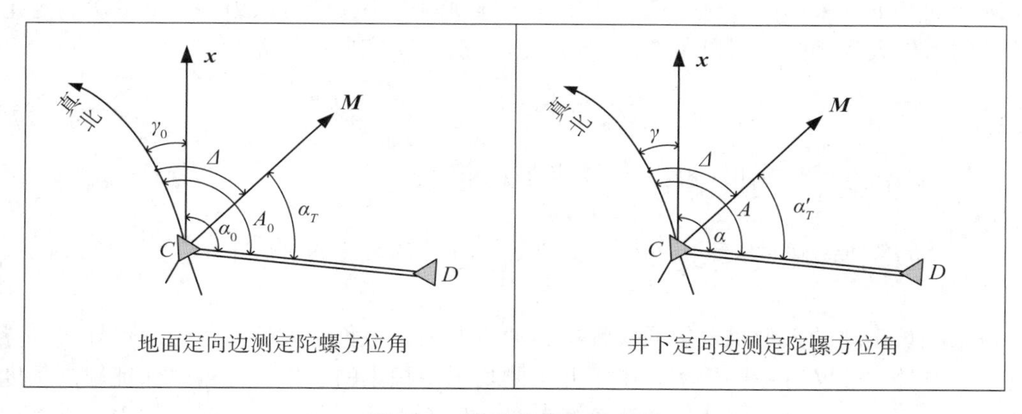

图 27.1　陀螺仪定向示意图

仪器常数 Δ 可以在已知方位角的精密导线边或三角网边上直接测出来。精密导线边 CD 的地理方位角为 Δ。若在 C 点安置陀螺经纬仪，通过陀螺运转和观测可求出 CD 边的陀螺方位角，可按下式求出仪器常数：

$$\Delta = A_0 - \alpha_T \tag{27-1}$$

按《煤矿测量规范》规定，前后共需测 4~6 次，这样就可按白塞尔公式求算陀螺方位角一次测定中误差，即仪器常数一次测定中误差为：

$$m_\Delta = m_T = \pm\sqrt{\frac{[vv]}{n_\Delta - 1}} \tag{27-2}$$

式中，v 为仪器常数的平均值与各次仪器常数的差值；n_Δ 为测定仪器常数的次数。

则测定仪器常数平均的中误差为：

$$m_{\Delta平} = m_{T平} = \pm\frac{m_T}{\sqrt{n_\Delta}} \tag{27-3}$$

2. 一次定向中误差

如图 27.2 所示，井下陀螺定向边(即待定边)的坐标方位角为：

$$\alpha = \alpha'_T + \Delta_{平} - \gamma \tag{27-4}$$

式中，α'_T 为井下陀螺定向边的陀螺方位角；$\Delta_{平}$ 为仪器常数平均值；γ 为井下陀螺定向边仪器安置点的子午线收敛角。

所以一次定向中误差可按下式计算

$$m_\alpha = \pm\sqrt{m_{\Delta平}^2 + m'^2_{T平} + m_\gamma^2} \tag{27-5}$$

式中，$m_{\Delta平}$ 为仪器常数平均值中误差；$m'_{T平}$ 为待定陀螺方位角平均值中误差；m_γ 为确定子午线收敛角的中误差。

因确定子午线收敛角的误差 m_γ 较小，可忽略，故上式可写为：

$$m_\alpha = \pm\sqrt{m_{\Delta平}^2 + m'^2_{T平}} \tag{27-6}$$

因地面井下都采用同一台仪器，使用同一种观测方法，则可认为井上下一次测定陀螺方位角的条件大致相同，所以可取 $m'_T = m_\Delta$，此时一次定向中误差为：

$$m_\alpha = \pm\sqrt{m_{\Delta平}^2 + m'^2_{T平}} = \pm\sqrt{\frac{m_\Delta^2}{n_{井上}} + \frac{m_\Delta^2}{n_{井下}}} \tag{27-7}$$

式中，$n_{井上}$ 为井上观测次数；$n_{井下}$ 为井下观测次数。

三、加测陀螺定向边的一井内巷道贯通误差预计

在某些长距离的大型重要贯通工程中，通常要测设很长距离的井下经纬仪导线，导线在巷道转弯处往往又有一些短边，由于井下测角误差积累的结果往往难以保证较高精度的贯通要求，而在井下大幅度地提高测角精度是比较困难的，所以在实际工作中经常采用在导线中加测一些高精度的陀螺定向边的方法来进行井下平面控制，尤其是用于大型重要贯通的平面控制，它可以在不增加测角工作量以提高测角精度的前提下，显著减少测角误差对于经纬仪导线点位误差的影响，从而保证了巷道的正确贯通。

若一个巷道贯通测量中，在贯通导线 $K-E-A-B-C-D-F-K$ 中加测了三条陀螺定向边 $E-A$、$B-C$ 和 $D-F$，将导线分成四段，其中 $A-B$ 和 $C-D$ 两段是两端附合在陀螺定向边上的方向附合导线，其重心分别为 O_1 和 O_2，而 $E-K$ 和 $F-K$ 两段是支导线，导线独立施测两次。这时 K 点在水平重要方向 x' 上的贯通误差估算公式为：

(1)求取各段重心坐标：

$$\begin{cases} x_{O_j} = \dfrac{\sum_1^{n_j} x_i}{n_j} \\ y_{O_j} = \dfrac{\sum_1^{n_j} y_i}{n_j} \end{cases} \quad (j = 1,\ 2,\ \cdots,\ N) \tag{27-8}$$

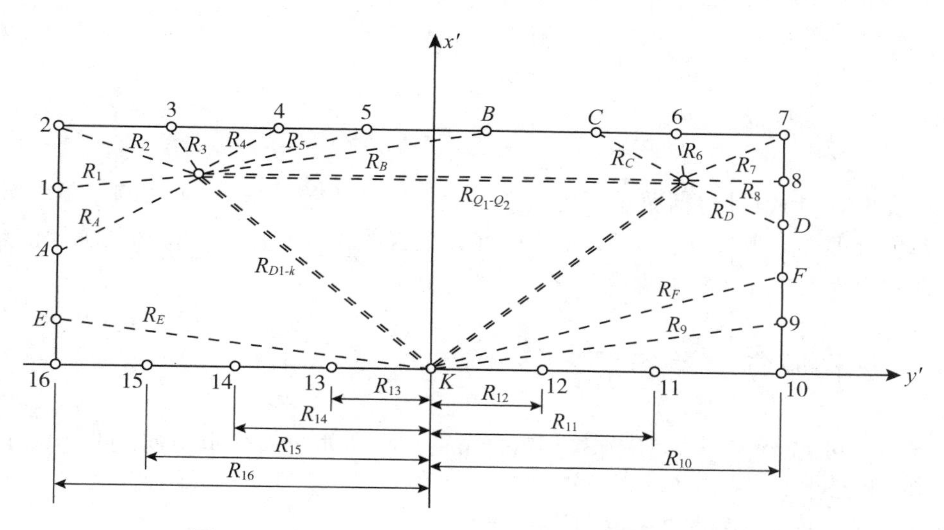

图 27.2　加测陀螺定向边的一井内巷道贯通误差预计

(2)由测角量边引起的终点 K 的贯通误差：

$$M_{x'_{Kl}}^2 = \frac{1}{2}\sum m_{li}^2 \cos^2\alpha_i \tag{27-9}$$

式中，m_{li} 为量边中误差，α' 为导线边与其贯通重要方向 x' 之间的夹角。

(3)由导线测角误差引起的 K 点贯通误差：

$$M_{x'_{K\beta}}^2 = \frac{m_\beta^2}{2\rho^2}\left\{\sum_A^B \eta^2 + \sum_C^D \eta^2 + \sum_E^K R'^2_y + \sum_F^K R'^2_y\right\} \tag{27-10}$$

式中，η 为各导线至本段导线重心 O 的连线在 y' 轴上的投影长度；R'_y 为 B 点至 K 点的支导线各导线点与 K 点连线在 y' 轴上的投影长度。

(4)由陀螺定向边的定向误差引起的 K 点贯通误差：

$$M_{x'_{K0}}^2 = \frac{m_{\alpha_1}^2}{\rho^2}(y'_K - y'_{O_1})^2 + \frac{m_{\alpha_2}^2}{\rho^2}(y'_{O_1} - y'_{O_2})^2 + \frac{m_{\alpha_3}^2}{\rho^2}(y'_{O_2} - y'_k)^2 \tag{27-11}$$

(5)最终 K 点在水平重要方向 x 上的贯通估计误差估算公式：

$$\begin{aligned} M_{x'_K}^2 &= M_{x'_{Kl}}^2 + M_{x'_{K\beta}}^2 + M_{x'_{KO}}^2 \\ &= \frac{m_\beta^2}{2\rho^2}\left\{\sum_A^B \eta^2 + \sum_C^D \eta^2 + \sum_E^K R_{y'}^2 + \sum_F^K R_{y'}^2\right\} \\ &\quad + \frac{m_{\alpha_1}^2}{\rho^2}(y'_K - y'_{O_1})^2 + \frac{m_{\alpha_2}^2}{\rho^2}(y'_{O_1} - y'_{O_2})^2 + \frac{m_{\alpha_3}^2}{\rho^2}(y'_{O_2} - y'_K)^2 \\ &\quad + \frac{1}{2}\sum m_{li}^2 \cos^2\alpha'_i \end{aligned} \tag{27-12}$$

(6)贯通相遇点 K 在水平重要方向 x' 上的预计误差：

$$M_{x'预} = 2M_{x'} \tag{27-13}$$

四、用户界面设计

要求实现：(1)设计包括菜单、工具条、表格、文本等功能；(2)功能正确、可正常运行，布局合理、美观大方、人性化；(3)计算报告的显示和保存，将相关统计信息、计算报告在用户界面中显示，并保存为文本文件(*. txt)。

五、源程序与参考答案

源程序、可执行文件和样例数据在 https://github. com/ybli/bookcode/tree/master/Part2-ch06/目录下。

人机交互界面设计如图 27. 3 所示。

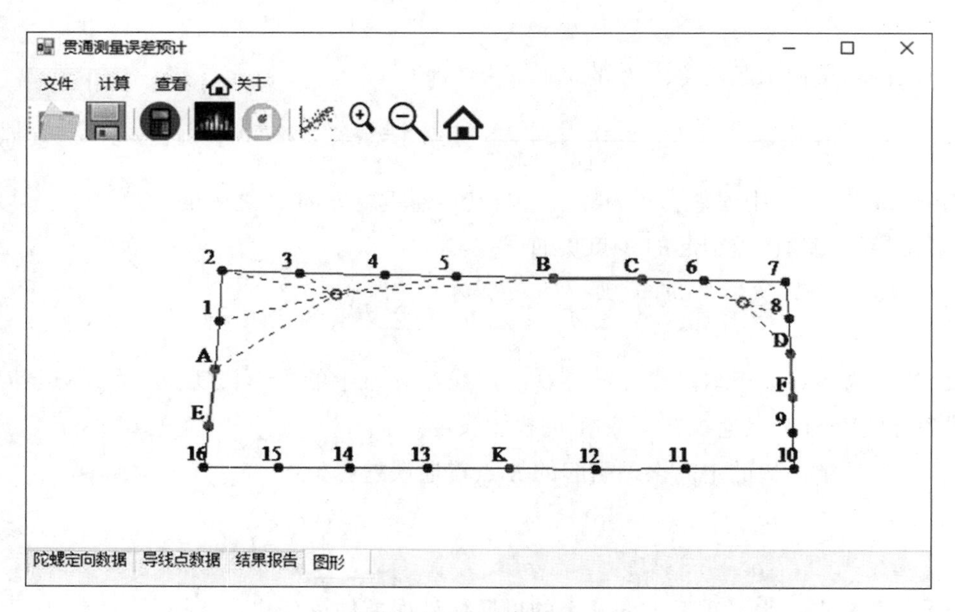

图 27. 3　程序界面

样例数据计算结果如下：

--------------------陀螺经纬仪定向精度评定--------------------

序号	地理方位角	陀螺方位角	仪器常数	差值
1	176°30′9. 44″	176°21′75″	0°5′0. 4″	-10. 8″
2	176°30′9. 44″	176°22′33. 33″	0°4′39. 4″	10. 2″
3	176°30′9. 44″	176°22′20″	0°4′44. 2″	5. 4″

4	176°30′9.44″	176°21′88.33″	0°4′55.6″	-6″
5	176°30′9.44″	176°22′0″	0°4′51.4″	-1.8″
6	176°30′9.44″	176°22′13.33″	0°4′46.6″	3″

仪器常数一次测定中误差为 7.7211

各个陀螺边的误差为：
陀螺边 1：6.30″
陀螺边 2：6.30″
陀螺边 3：6.30″
--------------------贯通误差预计--------------------
(1)各段重心坐标为：
方向附合导线 1 的重心在 y'轴坐标：5，531.9084m
方向附合导线 2 的重心在 y'轴坐标：6，008.8541m
(2)由测角量边引起的终点 K 的贯通误差为：
MxKl=0.011m
(3)由导线测角误差引起的 K 点贯通误差为：
方向附合导线边：

点号	η	$\eta 2$
A	-142.034	20173.706
1	-137.085	18792.289
2	-133.785	17898.552
3	-41.95	1759.834
4	58.133	3379.496
5	141.72	20084.538
B	255.002	65025.831

点号	η	$\eta 2$
C	-118.011	13926.577
6	-44.873	2013.561
7	51.362	2638.022
8	54.661	2987.845
D	56.861	3233.148

支导线边：

点号	η	η2
K	0	0
13	-96.234	9261.079

```
14 |        -186.97 |    34957.706
15 |       -271.106 |    73498.572
16 |       -359.092 |   128947.064
 E |       -353.593 |   125027.939
 F |        332.696 |   110686.761
 9 |        332.696 |   110686.761
10 |        334.346 |   111787.181
11 |        206.767 |    42752.427
12 |        102.283 |    10461.894
 K |              0 |            0
```

MxKb = 0. 099m

(4)由陀螺定向边的定向误差引起的 K 点贯通误差为：

MxKo = 0. 018

(5)最终 K 点在水平重要方向 x 上的贯通估计误差估算公式为：

MxK = 0. 101m

(6)贯通相遇点 K 在水平重要方向 x 上的预计误差为：

$MxK_{预}$ = 0. 203m

第 28 章　地形符号的绘制及自动成图

（作者：肖海红，主题分类：地理信息）

一、读取观测数据到表格中

数据文件名称为“散点数据．txt”。样例数据和格式见表 28-1。

表 28-1　　样例数据和格式说明

序号[点名]，编码，x 分量，y 分量，z 分量
1，DF1，3334.083，2971.250，8.107
2，XL1，3333.224，2973.065，8.343
3，LD1，3332.186，2978.404，8.582

正确读取“散点数据．txt”文件，将“点名，编码，x 分量，y 分量，z 分量”等数据读入交互式界面的表格中。

二、人机交互界面设计与实现

要求包括：菜单、工具条、表格、图形（显示、放大、缩小）、文本等功能。要求功能正确，可正常运行，布局合理、美观大方、人性化。

三、符号库的建立

1. 符号库包含的符号类型

符号库中的符号应包括“一般房屋”“砼房屋”“路灯”“小路”“公路”。

2. 符号对应编码

（1）一般房屋——“DF+房子序号”，例：DF1；
（2）砼房屋——“TF+房子序号+层数”，例：TF1-6；

(3)路灯——“LD+路灯序号”，例：LD1；

(4)小路：起点——“0XL+小路序号”，例：0XL1；

其余点——“XL+小路序号”，例：XL1；

(5)公路：起点——“GL+公路序号+路宽”，例：0GL1-10；

其余点——“GL1+公路序号”，例：GL1-10。

3. 配置文件

配置文件用来记录每种符号的颜色、线性以及比例；单独成类，在符号绘制时进行调用。

4. 参数计算

界面绘图的参数计算——将实地坐标转化为程序界面坐标，以及获取缩放参数；

DXF 文件参数计算——获取限定图形范围的参数。

5. 图形绘制

绘制给出数据文件的平面点，绘制出所有地物，并保存为 dxf 文件。

四、参考源程序

源程序、可执行文件和样例数据在 https：//github. com/ybli/bookcode/tree/master/Part2-ch07/目录下。用户界面样例如图 28. 1 所示。

自动成图

打开文件 成图 输出

打开文件 成图 输出DXF 清除

数据 图形

序号	编码	X	Y	Z
1	DF1	470004.9813	3831454.974	0
2	DF1	470004.9434	3831454.593	0
3	DF1	470005.4118	3831454.593	0
4	DF1	470005.3802	3831454.967	0
5	DF1	470004.9806	3831454.967	0
6	TF1-5	470005.6207	3831454.956	0
7	TF1-5	470006.1177	3831454.828	0
8	TF1-5	470005.9942	3831454.582	0
9	TF1-5	470006.3804	3831454.441	0
10	TF1-5	470005.8739	3831454.272	0
11	TF1-5	470005.6745	3831454.505	0
12	TF1-5	470005.7252	3831454.656	0
13	TF1-5	470005.6207	3831454.956	0
24	0GL1-0.1	470004.9782	3831455.108	0

图 28.1　用户界面样例

第 29 章　大地线长度计算

（作者：王同合，主题分类：大地测量）

根据指定椭球元素，计算椭球面上的两点 $P_1(B_1, L_1)$、$P_2(B_2, L_2)$间的大地线长度，其中两点坐标为大地经纬度。

一、数据文件读取

编程读取“数据 . txt”文件，数据内容和相应的说明见表 29-1。

表 29-1　**数据的内容及说明**

数据内容		数据说明
47. 46526470	35. 49363300	第 1 行：B_1，L_1(单位为 dd. mmss)
48. 04096384	36. 14450004	第 2 行：B_2，L_2(单位为 dd. mmss)

二、椭球基本参数

详见本书《三、进阶篇》“第 25 章　高斯投影正反算及换带/邻带坐标换算”的“二、椭球基本参数”相关内容。

三、大地线长度计算

已知：大地线起点 P_1 的大地坐标(B_1，L_1)、终点 P_2 的大地坐标(B_2，L_2)；

计算：大地线长度 S。

1. 辅助计算

$$\begin{cases} u_1 = \arctan(\sqrt{1-e^2}\tan B_1) \\ u_2 = \arctan(\sqrt{1-e^2}\tan B_2) \end{cases} \tag{29-1}$$

$$l = L_2 - L_1 \tag{29-2}$$

$$
\begin{cases}
a_1 = \sin u_1 \sin u_2 \\
a_2 = \cos u_1 \cos u_2 \\
b_1 = \cos u_1 \sin u_2 \\
b_2 = \sin u_1 \cos u_2
\end{cases} \tag{29-3}
$$

2. 计算起点大地方位角

用逐次趋近法同时计算起点大地方位角 A_1 和经差 $\lambda = \iota + \delta$。

第一次趋近时，取 $\delta = 0$，A_1 计算公式如下：

$$
\begin{cases}
p = \cos u_2 \sin\lambda \\
q = b_1 - b_2 \cos\lambda \\
A_1 = \arctan(p/q)
\end{cases} \tag{29-4}
$$

p 符号	+	+	−	−
q 符号	+	−	−	+
$A_1 =$	$\lvert A_1 \rvert$	$180° - \lvert A_1 \rvert$	$180° + \lvert A_1 \rvert$	$360° - \lvert A_1 \rvert$

若 $A_1 < 0$，$A_1 = A_1 + 360°$；若 $A_1 > 360°$，$A_1 = A_1 - 360°$。

$$
\begin{cases}
\sin\sigma = p\sin A_1 + q\cos A_1 \\
\cos\sigma = a_1 + a_2 \cos\lambda \\
\sigma = \arctan(\sin\sigma,\ \cos\sigma)
\end{cases} \tag{29-5}
$$

$\cos\sigma$ 符号	+	−
$\sigma =$	$\lvert \sigma \rvert$	$180° - \lvert \sigma \rvert$

其中，$\lvert A_1 \rvert$、$\lvert \sigma \rvert$ 是第一象限角。

$$
\begin{cases}
\sin A_0 = \cos u_1 \sin A_1 \\
\sigma_1 = \arctan\left(\dfrac{\tan(u_1)}{\cos(A_1)}\right) \\
\delta = (\alpha\sigma + \beta\cos(2\sigma_1 + \sigma)\sin(\sigma) + \gamma\sin(2\sigma)\cos(4\sigma_1 + 2\sigma))\sin A_0
\end{cases} \tag{29-6}
$$

其中 α，β，γ 按照下式计算：

$$
\begin{cases}
\alpha = \left(\dfrac{e^2}{2} + \dfrac{e^4}{8} + \dfrac{e^6}{16}\right) - \left(\dfrac{e^4}{16} + \dfrac{e^6}{16}\right)\cos^2 A_0 + \left(\dfrac{3e^6}{128}\right)\cos^4 A_0 \\
\beta = \left(\dfrac{e^4}{16} + \dfrac{e^6}{16}\right)\cos^2 A_0 - \left(\dfrac{e^6}{32}\right)\cos^4 A_0 \\
\gamma = \left(\dfrac{e^6}{256}\right)\cos^4 A_0
\end{cases} \tag{29-7}
$$

用求得的 δ 计算 $\lambda_1 = \iota + \delta$，依此，按上述步骤重新计算得 δ_2，再用 δ_2 计算 λ_2，依此一

直迭代，直到最后两次 δ 相同或差值小于给定的允许值(编程时取 1.0×10^{-10})。λ、A_1、σ 及 $\sin A_0$ 均采用最后一次计算的结果。

3. 计算大地线长度 S

$$\begin{cases}\sigma_1 = \arctan\left(\dfrac{\tan(u_1)}{\cos(A_1)}\right)\\ x_s = C\sin(2\sigma)\cos(4\sigma_1 + 2\sigma)\\ S = \dfrac{\sigma - B\sin(\sigma)\cos(2\sigma_1 + \sigma) - x_s}{A}\end{cases} \tag{29-8}$$

其中，A，B，C 按照下式计算：

$$\cos^2A_0 = 1 - \sin^2A_0，\ k^2 = e'^2\cos^2A_0$$

$$\begin{cases}A = \left(1 - \dfrac{k^2}{4} + \dfrac{7k^4}{64} - \dfrac{15k^6}{256}\right)\Big/ b\\ B = \left(\dfrac{k^2}{4} - \dfrac{k^4}{8} + \dfrac{37k^6}{512}\right)\\ C = \left(\dfrac{k^4}{128} - \dfrac{k^6}{128}\right)\end{cases} \tag{29-9}$$

四、用户界面设计

要求实现：(1)包括菜单、表格显示、文本显示等功能。要求功能正确，可正常运行，布局合理、美观大方、人性化；(2)计算报告的显示与保存，将相关统计信息、计算报告在用户界面中显示，并保存为文本文件(＊.txt)。

五、参考源程序

源程序、可执行文件和样例数据在 https：//github. com/ybli/bookcode/tree/master/Part2-ch08/目录下。图 29. 1 是用户界面示例。

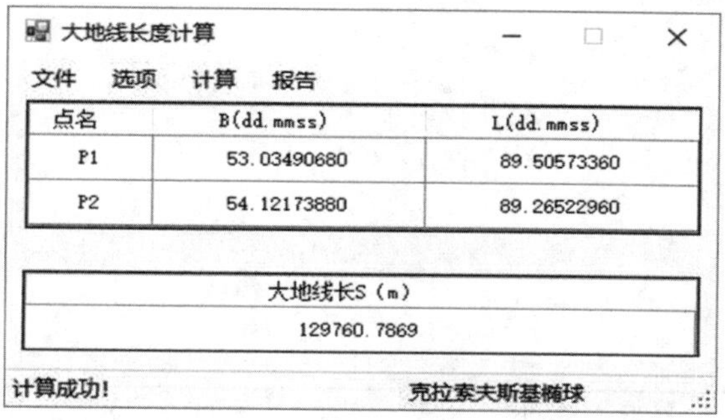

大地线长度计算

文件　选项　计算　报告

点名	B(dd.mmss)	L(dd.mmss)
P1	53.03490680	89.50573360
P2	54.12173880	89.26522960

大地线长S (m)
129760.7869

计算成功!　克拉索夫斯基椭球

图 29. 1　用户界面

第 30 章　构建不规则三角网进行等高线的自动绘制

（作者：肖海红，主题分类：测量学）

一、读取文件

编写程序，正确读取“散点数据 . txt”文件，样例数据及格式说明见表 30-1。

表 30-1　　样例数据及其格式说明

样例数据	格式说明
1，3334. 083，2971. 250，8. 107 2，3333. 224，2973. 065，8. 343 3，3332. 186，2978. 404，8. 582	序号[点名]，*X* 分量，*Y* 分量，*Z* 分量

二、凸包多边形的生成

1. 查找基点

遍历所有离散点，寻找 y 值最小的点，若有多个 y 值最小的点，则取其 x 值最小的点。记为基点 $P0$，如图 30. 1 所示。

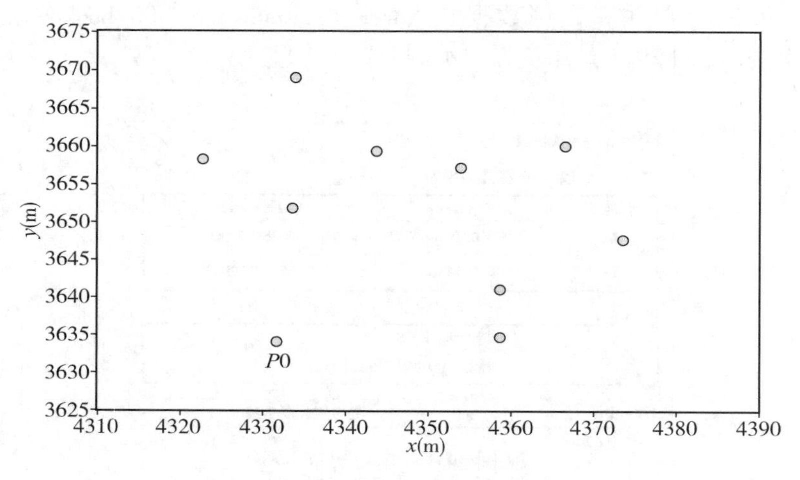

图 30. 1　基点 $P0$ 示意图

2. 按夹角由小到大对 *Q* 中的点进行排序

以基点 *P*0 为起点，以其余点为终点(记为 *Pi*)构成一个向量<*P*0，*Pi*>，逐个计算每个向量与轴正方向的夹角，并按夹角由小到大进行排序，得到一个排序后的点集 $O=\{p1, p2, p3, \cdots, p(N-1)\}$；对于夹角相同的点，剔除离基点近的点，只保留离基点最远的那个点，如图 30.2 所示。

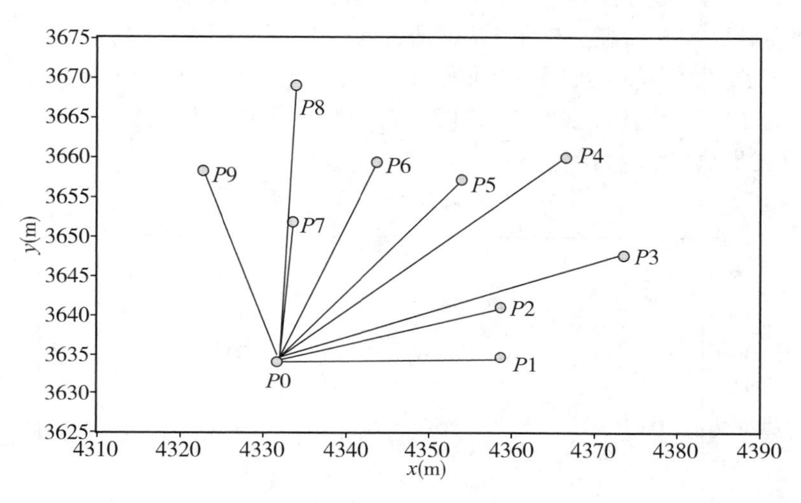

图 30.2　离散点按夹角排序示意图

3. 建立由凸包点构成的列表或堆栈 *S*

(1)从点集 *O* 中取出 *P*1、*P*2，依次将 *P*0、*P*1、*P*2 压入栈 *S*(如图 30.3 所示)。

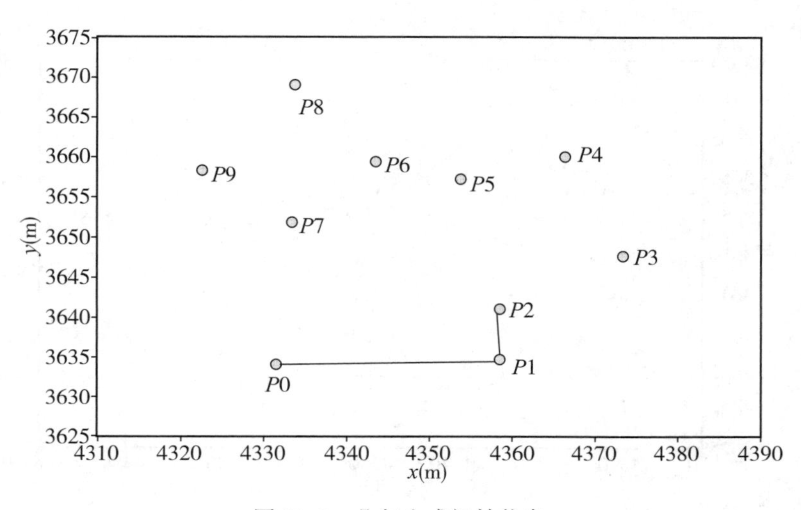

图 30.3　凸包生成初始状态

(2)利用左转或右转判定原则进行凸包点筛选。

①构建两相邻向量 **V**1=<*Pj*，*Pi*>，**V**2=<*Pj*，*Pk*>，其中 $Pi(x_1, y_1)$，$Pj(x_2, y_2)$是堆栈 *S* 中的点，*Pi* 是次栈顶元素，*Pj* 是栈顶元素，$Pk(x_3, y_3)$是待压入栈的点。

②计算向量 **V**1 与 **V**2 的叉积，根据叉积结果判断从向量 **V**1 到 **V**2 是左转还是右转。向量 **V**1 和 **V**2 的叉积 *m* 计算公式为：

$$m = (x_1 - x_2)(y_3 - y_2) - (y_1 - y_2)(x_3 - x_2) \tag{30-1}$$

当 $m>0$，则从 **V**1 到 **V**2 做左转，当 $m<0$，则从 **V**1 到 **V**2 做右转。

(3)根据左转或右转情况，确定 *Pk* 点是否入栈。

情况 1：若 *Pk* 发生左转(如图 30.4 所示)，栈顶元素 *Pj* 出栈，重复步骤(1)(2)操作；

情况 2：若 *Pk* 发生右转(如图 30.5 所示)，则 *Pk* 入栈，从点集 *O* 中取下一点作为当前处理点，重复步骤(1)(2)操作。

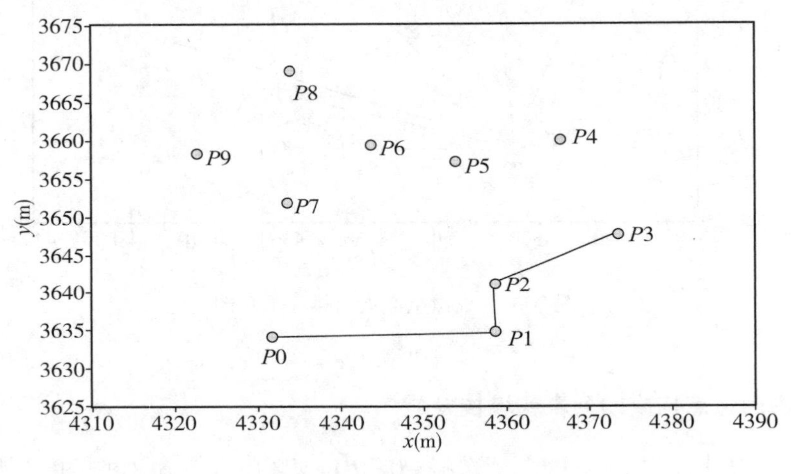

图 30.4　左转示意图

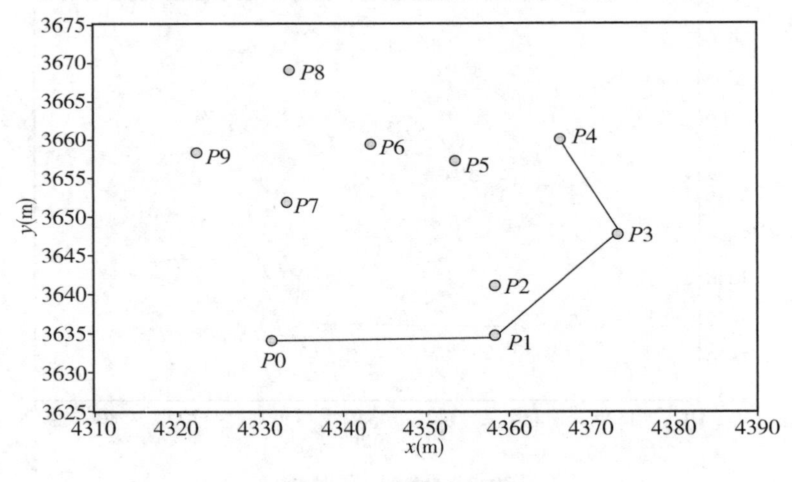

图 30.5　右转示意图

(4)如点集 O 中所有点处理完成，栈 S 中存储的点即为凸包点，如图 30.6 所示。

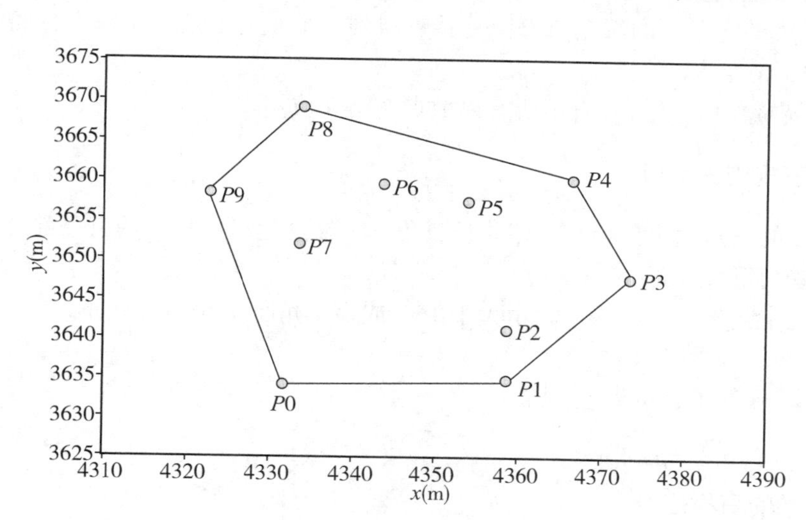

图 30.6　凸包生成完成

三、编程实现不规则三角网的构建

1. 生成初始三角网

首先删除离散点中的凸包点，再从离散点中取出一点，与凸包多边形的每一条相连，构成多个三角形。把生成的三角形加入三角形列表 $T1$ 中。

2. 通过遍历离散点，生成平面三角网

(1)从离散点列表中取出一点作为待插点 P；

(2)按顺序从 T1 中取出一个三角形 ABC，设其顶点为 $A(x_1, y_1)$，$B(x_2, y_2)$，$C(x_3, y_3)$，并计算该三角形外接圆的圆心 $O(x_0, y_0)$ 及半径 r，计算公式为：

$$\begin{cases} x = \dfrac{(y_2 - y_1)(y_3^2 - y_1^2 + x_3^2 - x_1^2) - (y_3 - y_1)(y_2^2 - y_1^2 + x_2^2 - x_1^2)}{2(x_3 - x_1)(y_2 - y_1) - 2(x_2 - x_1)(y_3 - y_1)} \\ y = \dfrac{(x_2 - x_1)(x_3^2 - x_1^2 + y_3^2 - y_1^2) - (x_3 - x_1)(x_2^2 - x_1^2 + y_2^2 - y_1^2)}{2(y_3 - y_1)(x_2 - x_1) - 2(y_2 - y_1)(x_3 - x_1)} \\ r = \sqrt{(x_0^2 - x_1^2)^2 + (y_0^2 - y_1^2)^2} \end{cases} \tag{30-2}$$

判断 P 点是否在△ABC 外接圆的内部，若是，将该三角形剪切到影响三角形列表 $T2$ 中(即从 $T1$ 移动到 $T2$)；

(3)重复步骤(2)，直到 $T1$ 中全部三角形遍历完毕；

(4)在 $T2$ 的三角形中寻找所有公共边，并删除这些公共边，再将剩下的边加入边列

表 S 中，然后清空 $T2$；

(5)将 S 中的每条边的端点与 P 点连接，得到多个新的三角形，并将它们添加到三角形列表 $T1$ 中，清空 S。

(6)重复步骤(1)~(5)，直至所有离散点遍历完成。

3. 构成不规则三角网

由于生成的三角网边界会有一些狭长三角形，在这里可以加入约束条件进行约束，从而删除一些三角形。

例如，约束条件为：删除最大角大于160°或最小角小于5°的三角形。

四、等高线的自动绘制

1. 等高线的高程范围

遍历所有网点，找到高程的最大值 Z_{max} 与最小值 Z_{min}；

等高线的最小高程值：$H_{min} = \text{Floor}(Z_{min}) + \text{DH}$ (DH 为等高线高程间隔，这里 DH 取 1)；

等高线的最大高程值：$H_{max} = \text{Floor}(Z_{max})$。

2. 等高线点位置的确定

设某待插值的等高线高程为 z，该等值线通过某三角形某边，其两个端点的三维坐标分别为(x_1, y_1, z_1)和(x_2, y_2, z_2)，则该等高线与该边相交的等高线点的平面坐标为：

$$\begin{cases} x_z = x_1 + \dfrac{x_2 - x_1}{z_2 - z_1}(z - z_1) \\ y_z = y_1 + \dfrac{y_2 - y_1}{z_2 - z_1}(z - z_1) \end{cases} \tag{30-3}$$

3. 等高线追踪

(1)对给定的等高线高程 h，将其与所有三角网的网点高程 z_i ($i=1, 2, \cdots, n$)进行比较。若 $z_i=h$，则将 z_i 加上(或减去)一个微小正数 ε。(微量调整，ε 取 10^{-10})

(2)设立三角形标志数组，其初始值为 0，每一个元素与一个三角形对应，处理过的三角形将标志值设为 1，以后不再处理。等高线高程改变后，三角形的标志数组应清零。

(3)遍历 T1，寻找到高程为 h 的等高线所穿过的所有三角形。设某个三角形的一条边两个端点得到的高程分别为 z，z_1，如果：

$$(h - z) \cdot (h - z_1) < 0 \ (h\text{ 为等高线高程}) \tag{30-4}$$

则高程为 h 的等高线穿过这个三角形，将三角形加入三角形列表 Intpedgs 中。

(4)寻找“搜索起点”：按照顺序从 Intpedgs 中取出一个三角形，找到高程为 h 的等高线与三角形的第一个交点，计算此交点的坐标，并将此三角形进行标记，以后不再处理。

(5)寻找离去边：在三角形的另外两条边上搜索等高线在三角形上的离去边，内插其平面坐标。

(6)进入相邻三角形：根据已知的离去边，在未处理的三角形中搜索相邻三角形，找到后，对其进行标记，以后不再处理，重复步骤(5)，直到没有相邻三角形(此时等高线为开曲线)，或相邻三角形即搜索起点所在的三角形(此时等高线为闭曲线)为止。

(7)对于开曲线，将已搜索到的等高线点顺序倒过来，并回到搜索起点向另一方向搜索，直到达到边界。

(8)当一条等高线全部跟踪完后，将等高线加入等高线列表 Contour 中。然后继续三角形的搜索(4)~(6)，直至全部三角形处理完毕，再改变等高线高程，重复以上过程，直到全部等高线搜索完毕为止。

五、计算报告输出

将相关统计信息形成计算报告，保存为文本文件(*.txt)。报告内容包括：(1)前 20 个三角形，用顶点名表示三角形；(2)按照顺序输出凸包点的点名；(3)每个高程的等高线数量。

六、参考源程序

源程序、可执行文件和样例数据在 https://github.com/ybli/bookcode/tree/master/Part2-ch09/目录下。图 30.7 是用户界面样例。

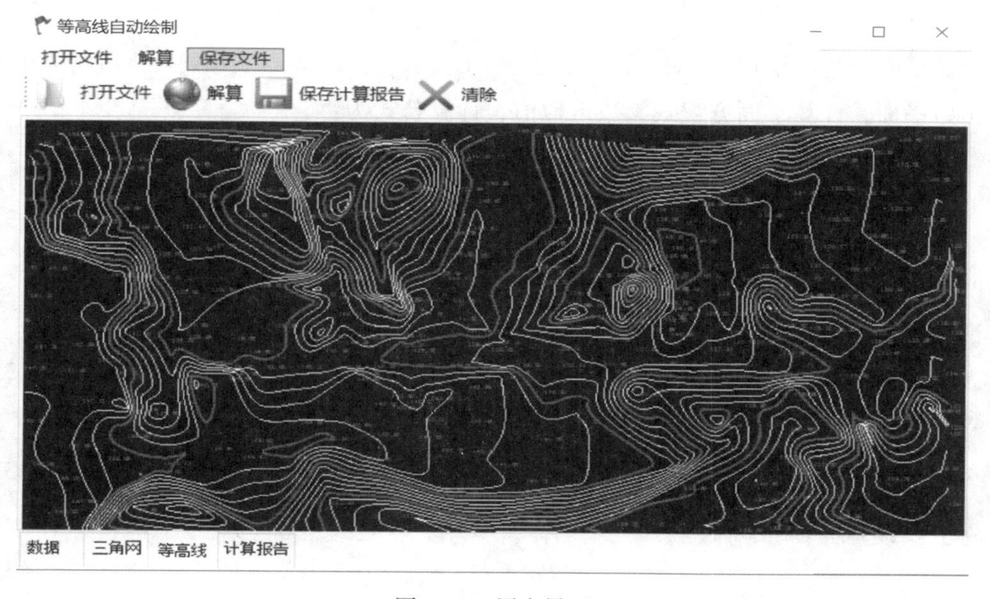

图 30.7　用户界面

第 31 章　空间平面平整度测定计算

（作者：肖海红，主题分类：测量学）

一、读取文件

编写程序，正确读取“散点数据 . txt”文件，样例数据及格式说明见表 31-1。

表 31-1　　样例数据及格式说明

3 1，3334. 083，2971. 250，8. 107 2，3333. 224，2973. 065，8. 343 3，3332. 186，2978. 404，8. 582	坐标数量 序号[点名]，x 分量，y 分量，z 分量

二、计算平面方程式的参数近似值

选择平面上的三个点 $P_1(x_1, y_1, z_1)$、$P_2(x_2, y_2, z_2)$、$P_3(x_3, y_3, z_3)$ 所定义的平面作为初始平面，计算平面方程式参数近似值，计算公式为：

$$\begin{cases} A_0 = (y_1 - y_2)(z_1 - z_3) - (y_1 - y_3)(z_1 - z_2) \\ B_0 = (x_1 - x_3)(z_1 - z_2) - (x_1 - x_2)(z_1 - z_3) \\ C_0 = (x_1 - x_2)(y_1 - y_3) - (x_1 - x_3)(y_1 - y_2) \\ D_0 = - x_1 A_0 - y_1 B_0 - z_1 C_0 \end{cases} \tag{31-1}$$

设按照观测的 m 点拟合出的平面方程式应为：

$$Ax + By + Cz + D = 0 \tag{31-2}$$

将上式同时除以 D 可得：

$$\frac{A}{D}x + \frac{B}{D}y + \frac{C}{D}z + 1 = 0 \tag{31-3}$$

将上式改写为：

$$A'x + B'y + C'z + 1 = 0 \tag{31-4}$$

三、计算法方程式系数及常数项

将 m 个观测点的平面观测值方程式组成法方程式：

$$\begin{bmatrix} \sum x_i x_i & \sum x_i y_i & \sum x_i z_i \\ \sum x_i y_i & \sum y_i y_i & \sum y_i z_i \\ \sum x_i z_i & \sum y_i z_i & \sum z_i z_i \end{bmatrix} \cdot \begin{bmatrix} \delta A' \\ \delta B' \\ \delta C' \end{bmatrix} + \begin{bmatrix} \sum x_i\ l_i \\ \sum y_i\ l_i \\ \sum z_i\ l_i \end{bmatrix} = 0 \tag{31-5}$$

根据上式计算出法方程系数以及常数项的值。

四、计算法方程的协因数阵

计算法方程系数阵的行列式值，公式为：

$$\begin{aligned} \det = & \left(\sum x_i x_i \cdot \sum y_i y_i \cdot \sum z_i z_i\right) + \left(2 \cdot \sum x_i y_i \sum x_i z_i \cdot \sum y_i z_i\right) - \\ & \left(\sum x_i x_i \cdot \sum y_i z_i \cdot \sum y_i z_i\right) + \left(\sum y_i y_i \sum x_i z_i \cdot \sum x_i z_i\right) \end{aligned} \tag{31-6}$$

计算法方程的协因数阵，公式为：

$$\begin{cases} Q_{11} = \left[\left(\sum y_i y_i \cdot \sum z_i z_i\right) - \left(\sum y_i z_i \cdot \sum y_i z_i\right)\right] \Big/ \det \\ Q_{22} = \left[\left(\sum x_i x_i \cdot \sum z_i z_i\right) - \left(\sum x_i z_i \cdot \sum x_i z_i\right)\right] \Big/ \det \\ Q_{33} = \left[\left(\sum x_i x_i \cdot \sum y_i y_i\right) - \left(\sum x_i y_i \cdot \sum x_i y_i\right)\right] \Big/ \det \\ Q_{12} = \left[\left(\sum x_i z_i \cdot \sum y_i z_i\right) - \left(\sum z_i z_i \cdot \sum x_i y_i\right)\right] \Big/ \det \\ Q_{13} = \left[\left(\sum x_i y_i \cdot \sum y_i z_i\right) - \left(\sum y_i y_i \cdot \sum x_i z_i\right)\right] \Big/ \det \\ Q_{23} = \left[\left(\sum x_i y_i \cdot \sum x_i z_i\right) - \left(\sum x_i x_i \cdot \sum y_i z_i\right)\right] \Big/ \det \end{cases} \tag{31-7}$$

五、计算平面方程式参数近似值的改正值

改正值计算公式为：

$$\begin{cases} A' = \left(Q_{11} \cdot \sum x_i l_i + Q_{12} \cdot \sum y_i l_i + Q_{13} \cdot \sum z_i l_i\right) \cdot (-1) + A' \\ B' = \left(Q_{12} \cdot \sum x_i l_i + Q_{22} \cdot \sum y_i l_i + Q_{23} \cdot \sum z_i l_i\right) \cdot (-1) + B' \\ C' = \left(Q_{13} \cdot \sum x_i l_i + Q_{23} \cdot \sum y_i l_i + Q_{33} \cdot \sum z_i l_i\right) \cdot (-1) + C' \end{cases} \tag{31-8}$$

六、计算各点离拟合平面的起伏(d_i)和平面的平整度

各点离拟合平面的起伏（d_i）计算公式为：

$$d_i = \frac{A'x_i + B'y_i + C'z_i + 1}{\sqrt{(A'^2 + B'^2 + C'^2)}},\ (i = 1,\ 2,\ \cdots,\ m) \tag{31-9}$$

平面平整度的计算公式为：

$$m_0 = \pm\sqrt{\frac{\sum d_i^2}{m - 3}} \tag{31-10}$$

七、计算报告输出

将相关统计信息形成计算报告，保存为文本文件(*. txt)。报告内容包括：(1)平面方程式参数的近似值；(2)点位起伏以及平面平整度。

八、参考源程序

源程序、可执行文件和样例数据在 https：//github. com/ybli/bookcode/tree/master/Part2-ch10/目录下。图 31. 1 是用户界面样例。

空间平面平整度测定

打开文件 解算 保存

打开文件 解算 保存计算报告 显示图形 清除

数据 图形 计算报告

点名	X(M)	Y(M)	Z(M)
1	10. 4905	12. 2388	9. 7042
2	4. 60920	12. 3875	3. 7880
3	15. 6086	12. 0752	3. 7811
4	13. 0664	12. 1673	9. 7117
5	7. 24130	12. 3349	9. 7384
6	4. 65640	12. 4177	9. 8910
7	7. 30560	12. 3335	7. 4167
8	9. 82900	12. 2589	7. 3938
9	12. 9471	12. 1689	7. 6146
10	15. 5846	12. 0959	7. 6740
11	15. 5568	12. 0932	6. 3526

图 31. 1　用户界面样例

第32章　水准网最小闭合环搜索算法

（作者：钱如友，主题分类：测量平差）

在一个大规模的水准网中，因为有闭合与附合的水准路线，所以算法设计需要包含三个算法，分别是最短路线搜索算法、最小独立闭合环搜索算法、任意两个已知点之间的最短附合路线搜索算法。而最小独立闭合环搜索算法和任意两个已知点之间的最短附合路线搜索算法的核心是最短路线搜索算法。

一、最短路线搜索算法

最短水准路线搜索问题一般是指“求解其中某一个水准点到其余各个水准点”的最短路径问题，是“求解其余各个水准点到其中某一个水准点”的最短路径问题。

设有一个水准网线路图，如图32.1所示，图中有7个水准点，分别为A、B、C、D、E、F、G，其中两个已知的水准点为A和B；图中还有10条水准路线，分别为AB、AC、AD、BC、CD、BG、BF、CF、FE、DE，其中一条附合水准路线为ABG。将该水准网记作图$G(V,E)$，其中$V=V(G)=\{A,B,C,D,E,F,G\}$为水准点的集合，$E=E(G)=\{(A,B),(A,C),(A,D),(B,C),(C,D),(B,G),(B,F),(C,F),(F,E),(D,E)\}$为水准路线的集合。

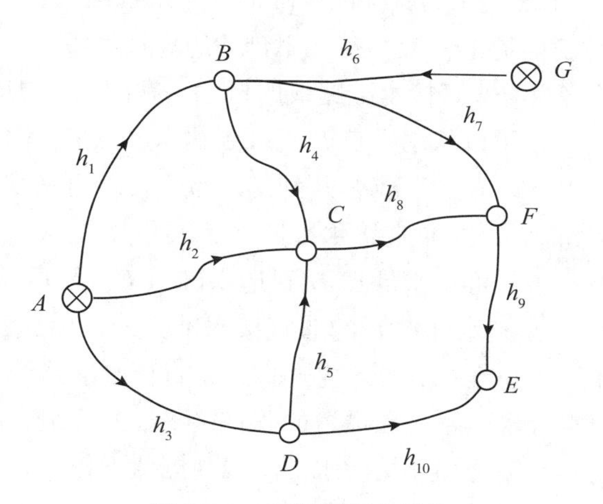

图32.1　水准路线示意图

在图论中，设有图 $G(V, E)$，$V=\{V_i\}$，$E=\{(V_i, V_j)\}$，其中 $i, j=1, 2, \cdots, n$。若(V_i, V_j)为图的一条边，则称 V_i 与 V_j互为邻接点，即 V_i 为 V_j的邻接点，V_j也为 V_i 的邻接点。

在水准网线路图 32.1 中，假设选取 A 点作为目标水准点，要搜索出其余各个水准点到目标水准点 A 的最短路线，有些水准点和目标水准点 A 是直接相联系的，比如：水准点 B、C、D；而还有些水准点和目标水准点 A 不是直接相联系的，比如：水准点 E、F、G。这些点必须借助其他水准点才能和目标水准点 A 发生联系，比如：水准点 F 选取水准点 C 和目标水准点 A 发生联系，则称 C 水准点是 F 水准点的邻接水准点；同样，水准点 F 还可以选取水准点 B 和目标水准点 A 发生联系，则称 B 水准点是 F 水准点的邻接水准点。因此，邻接水准点的选取并不是唯一的。

如果让水准网线路图中每个点的邻接水准点变成唯一确定，那么从其余各个水准点出发，找出其余各个水准点的邻接水准点，再按照从邻接水准点出发，找出其余邻接水准点的方法依次进行，最终会找到某个水准点的邻接水准点是目标水准点 A，此时其余各个水准点到目标水准点 A 的路线也就是唯一确定的，满足要求。

由此可知，任何一个需要借助邻接水准点才能和目标水准点 A 发生联系的水准点，经过它的邻接水准点到目标水准点 A 的路线长度也就是它的邻接水准点到目标水准点 A 的路线长度加上某一水准点到它的邻接水准点的路线长度。

二、最小独立闭合环搜索算法

在水准网线路图中，从某个水准点开始，由水准路线观测值首尾依次连接，最终又回到这个水准点，这样可以形成很多的闭合环。但是在实际的闭合差计算问题中，一般只计算最小独立闭合环。要构成最小独立闭合环，所需要满足的条件包括：

(1)最小独立闭合环不能表示为其他闭合环的一个线性组合；

(2)在满足条件(1)的前提下，最小独立闭合环的环长最短。

下面介绍直接水准路线与非直接水准路线的概念。在图 32.1 所示的水准网线路图中，水准点 B 和水准点 F 之间，可以从水准点 B 直接到达水准点 F，称 BF 为水准点 B 到水准点 F 的直接水准路线；也可以先从水准点 B 到达水准点 C，再从水准点 C 到达水准点 F，称 BCF 为水准点 B 到水准点 F 的非直接水准路线；还可以先从水准点 B 到达水准点 C，再从水准点 C 到达水准点 D，再从水准点 D 到达水准点 E，最后从水准点 E 到达水准点 F，也称 BCDEF 为水准点 B 到水准点 F 的非直接水准路线。因此，直接水准路线是唯一的，但是非直接水准路线不是唯一的。若先选择一条直接水准路线，然后选择一条非直接水准路线中最短的，由直接水准路线和最短的非直接水准路线组合成闭合环，则闭合环就一定是最小的。将已经参与闭合环连接的水准路线观测值不作为直接水准路线，则闭合环就一定是独立的。

故：满足(1)、(2)条件，就能搜索出最小独立闭合环。

最小独立闭合环搜索算法求解步骤如下：

(1)首先判断是否存在最小独立闭合环，理论上计算最小独立闭合环个数公式如下：

$$U = V - W + 1 \tag{32-1}$$

其中：U 为最小独立闭合环的个数，V 为水准路线观测值个数，W 为水准点个数。若最小独立闭合环的个数 U 小于1，则不存在最小独立闭合环；若最小独立闭合环的个数 U 大于或者等于1，则存在最小独立闭合环。

(2)定义 loopPoint 数组，用来存储每个最小独立闭合环上的水准点名称。

(3)执行最短路径搜索算法。

(4)依次输出 loopPoint 数组的数组元素，得到最小独立闭合环。

三、任意两个已知点之间的最短附合路线搜索算法

在水准网线路图中，从某个已知水准点开始，由水准路线观测值首尾依次连接，最终附合到另一个已知水准点结束，由此可以形成许多附合水准路线。但是在实际的附合差计算问题中，一般只计算最短附合路线。要构成最短附合路线所需要满足的条件是：

(1)最短附合路线的起始点和终止点都是已知水准点；

(2)在满足(1)的条件下，最短附合路线的长度是最短的。

如果先选取一个已知水准点作为目标水准点，再在其余已知水准点中选择一个已知水准点，那么这个已知水准点与已知目标水准点之间的最短路线也就是这个已知水准点与已知目标水准点之间的最短附合路线，满足(1)、(2)条件，就能搜索出最短附合路线。

任意两个已知点之间的最短附合路线搜索问题求解步骤如下：

(1)首先判断是否存在最短附合水准路线，最短附合水准路线的条数理论上应该为：

$$N = m(m - 1)/2 \tag{32-2}$$

其中：N 为最短附合水准路线的条数，m 为已知水准点的个数。若最短附合水准路线的条数 N 小于1，则不存在最短附合水准路线；若最短附合水准路线的条数 N 大于或者等于1，则存在最短附合水准路线。

(2)定义 linePoint 数组，用来存储每条最短附合水准路线上的水准点名称。

(3)执行最短路径搜索算法。

(4)依次输出 linePoint 数组的数组元素，得到任意两个已知点之间的最短附合路线。

四、数据文件读取

编程读取“正式数据.txt”文件，数据内容和格式说明见表32-1。

表 32-1 样例数据和格式说明

样例数据	格式说明
A,01,0.004 B,00,0 C,00,0 D,00,0 E,00,0 F,01,11.410 G,00,0	点名，属性(00 表示未知点，01 表示已知点)，高程
1,A,B,20.4,73.795 2,A,D,18.8,14.005 3,A,G,15.4,14.167 4,C,B,8.9,71.949 5,D,B,14.2,59.780 6,C,D,12.8,12.159 7,C,E,9.8,15.364 8,F,E,19.6,5.797 9,G,E,15.1,3.044 10,D,G,10.0,0.169	边编号，测站点名，照准点名，水准路线长度(km)，测段高差(m)

五、人机交互界面设计与实现

要求实现：(1)包括菜单、工具条、表格、文本等功能，功能正确，可正常运行，布局合理、美观大方、人性化；(2)计算报告的显示与保存，将相关统计信息、计算报告在用户界面中显示，保存为文本文件(*.txt)。

六、参考源程序

源程序、可执行文件和样例数据在 https://github.com/ybli/bookcode/tree/master/Part2-ch11/目录下。

1. 源程序

编程语言为 C#，项目名称为 MiniClosedLoopSearch。项目中主要包含以下类：

(1)LevelingPoint.cs：水准点的定义，包括点名、点编号、属性、高程等；

(2)LevelingLine.cs：水准路线测段的定义，包括测段编号、测段起点、测段终点、测段长度、测段高差等；

(3)CLevelingAdjust.cs：包括搜索最短路径算法、最小闭合环搜索算法、最短附合路线闭合差算法的实现。

2. 测试数据计算结果

==========环闭合差计算==============
闭合环：　A—D—B—A　　闭合差：W=-0.01
闭合环：　A—D—G—A　　闭合差：W=0.007
闭合环：　C—D—B—C　　闭合差：W=-0.01
闭合环：　C—D—G—E—C　闭合差：W=0.008
观测值 F-E 与任何观测边不构成闭合环

=====附合路线闭合差计算==========
附合路线：F—E—G—A　闭合差 W=-0.008
附合路线：A—G—E—F　闭合差 W=0.008

3. 用户界面

图 32.2 是表格显示界面，显示输入的水准点信息(点名、属性和高程)。

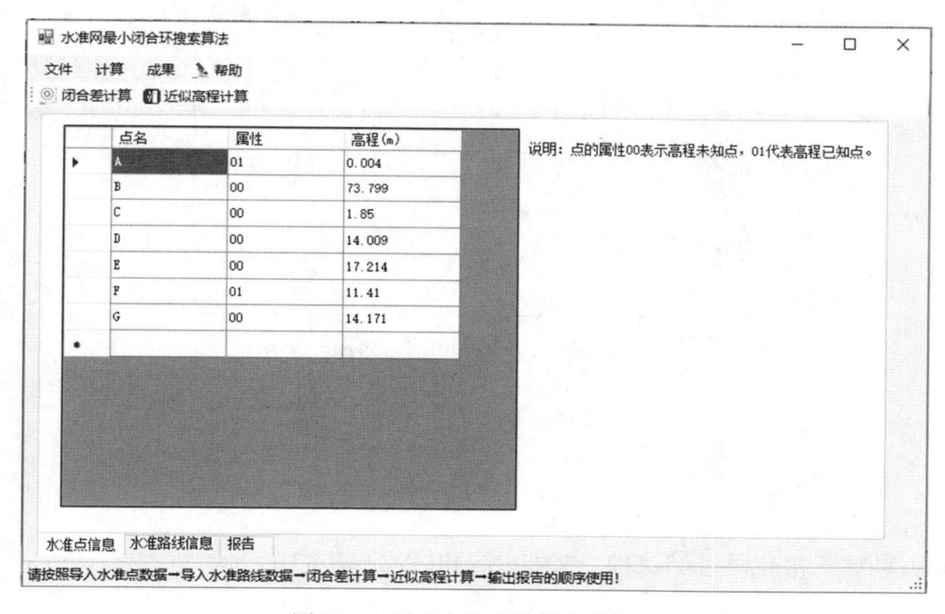

图 32.2　导入水准点数据的主界面

第 33 章　三角高程平差计算

（作者：王红梅，主题分类：测量学）

三角高程测量是根据两点间的距离和垂直角计算两点间的高差。适用于在地形起伏大的地区进行高程控制。如图 33.1 所示，在地面上 A、B 两点间测定高差 h_{AB}，在 A 点设置仪器，在 B 点竖立标尺。量取望远镜旋转轴中心 I 到地面上 A 点的仪器高 i，用望远镜中的十字丝的横丝照准 B 点标尺上的一点 M，它距 B 点的高度称为目标高 v，测出倾斜视线 IM 与水平视线 IN 间所夹的竖角(垂直角)α，若 A、B 两点间的斜距离已知为 S，则由此可得 A、B 两点间的高差。

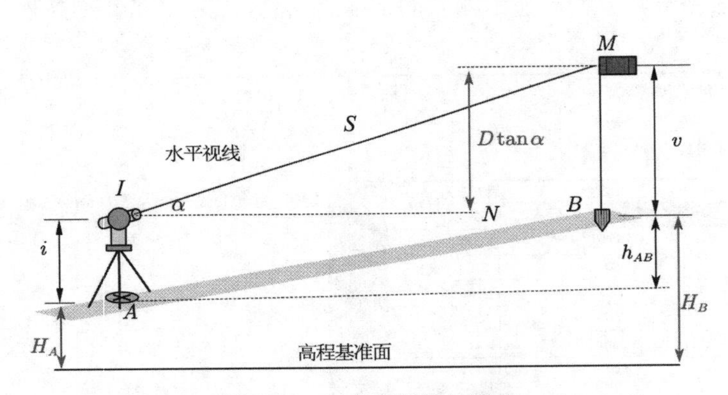

图 33.1　三角高程测量原理

一、数据文件读取

编程读取“三角高程 . txt”文件，文件内容和格式见表 33-1。

二、编程实现观测数据记录手簿与数据预处理

1. 读取观测数据到表格中

在用户界面中实现表 33-2 所示的表格，将读取的数据填写到表格中。

表 33-1　　**数据内容和数据格式**

数据内容	数据格式
A,50	已知点 1 点名，高程
A-B 54.3355,-0.0435,1.54,1.473 54.3370,0.0340,1.471,1.525 B-C 133.0065,0.0240,1.471,1.573 133.0115,-0.0138,1.547,1.492 C-D 52.5685,0.0138,1.547,1.540 52.5665,-0.0044,1.534,1.560 D-A 133.2220,-0.0136,1.534,1.502 133.2225,0.0002,1.540,1.515	测段名 往测数据：站点，觇点，斜距(m)，垂直角(dd.mmss)，仪器高(m)，目标高(m) 返测数据：站点，觇点，斜距(m)，垂直角(dd.mmss)，仪器高(m)，目标高(m)

表 33-2　　**观测数据记录手簿**

测段	往返	斜距	垂直角	仪器高	目标高	球气差	平距	高差	高差平均值	超限标识
A-B	往：	54.3355	−0°04′35″	1.54	1.473	0.1	54.33	0.6	0.6	T
	返：	54.337	0°03′40″	1.471	1.525	0.1	54.33	0.6		

要求：若超限则为 F，合格则为 T。

2. 球气差改正数计算

计算两点间平距 D，地球曲率的影响 P，大气折光影响 r，公式为

$$\begin{cases} D = S \cdot \cos\alpha \\ p = \dfrac{D^2}{2R} \\ r = \dfrac{-kD^2}{2R} \end{cases} \tag{33-1}$$

式中，R 为地球半径，k 为大气折光系数，k=0.14~0.16。

计算球气差改正 f：

$$f = p + r \tag{33-2}$$

要求：(1)在计算中，R 取 6378137，k=0.15；(2)计算结果填入观测数据记录手簿。

3. 计算各段往返高差

在测站 A 观测 B 的高差的计算公式为：

$$h_{AB} = D \cdot \tan\alpha + i - v + f \quad (33\text{-}3)$$

4. 测段超限检查

根据对向观测可以得到正向观测高差 h_{AB} 和逆向观测高差 h_{BA}。对它们进行比较，判断其较差是否满足限差要求。

$$|h_{AB} + h_{BA}| < \Delta \quad (33\text{-}4)$$

三角高程限差要求见表 33-3，在编程时采用五等限差标准。

表 33-3　　三角高程限差要求

等级	仪器	测距边测回数	指标差较差(″)	垂直角较差(″)	对向观测高差较差(mm)	附合或闭合线路闭合差(mm)
四等	DJ2	往返各 1	≤7	≤7	$40\sqrt{D}$	$20\sqrt{\sum D}$
五等	DJ2	1	≤ 10	≤ 10	$60\sqrt{D}$	$30\sqrt{\sum D}$

5. 高程计算

计算测段高差平均值

$$h = \frac{h_{AB} - h_{BA}}{2} \quad (33\text{-}5)$$

若 A 点的高程已知为 H_A，则 B 点的高程为：

$$H_B = H_A + h \quad (33\text{-}6)$$

三、近似平差计算

1. 计算高差闭合差

高差闭合差的计算公式为：

$$f_h = \sum h_i - (H_B - H_A) \quad (33\text{-}7)$$

并判断高差闭合差是否满足限差，限差值见表 33-3 三角高程限差要求，编程时采用五等标准。

2. 高差改正数计算

若第 i 段的平距为 D_i，测段数为 n，则该测段高差近似平差改正数为：

$$\delta_i = -f_h \cdot \frac{D_i}{\sum_{i=1}^{n} D_i} \quad (33\text{-}8)$$

3. 计算改正后的高差

改正后的高差为：

$$h'_i = h_i + \delta_i \tag{33-9}$$

4. 计算观测点高程

$$H_B = H_A + h'_{AB} \tag{33-10}$$

四、精度评定

单位权中误差为：

$$\mu = \sqrt{\frac{\sum_{i=1}^{n} P_i v_i v_i}{n - t}}, \quad P_i = \frac{C}{L_i} \tag{33-11}$$

式中，i 为测段序号，n 为总测段数，t 为待定点的个数，C 为任意常数。

要求：在程序实现时，C 取 1000。

计算每个待测水准点的高程中误差：

$$m_i = \pm \frac{\mu}{\sqrt{P_i}}, \quad P_i = \frac{C}{\sum_{1}^{i} L_i} + \frac{C}{\sum_{i+1}^{n} L_i} \tag{33-12}$$

式中，i 为测段序号，n 为总测段数。

五、参考源程序

源程序、可执行文件和样例数据在 https://github.com/ybli/bookcode/tree/master/Part2-ch12/目录下。

1. 程序说明

三角高程平差计算主要实现的功能是获取数据方式：手动输入和批处理。手动输入可实现添加、修改、删除功能。批处理主要是指可直接从文本文件中读取数据。然后，可分别按附合线路和闭合线路进行平差计算。分别先求出平距、气球差、高差，再检验是否超限。若超限，则停止计算，并给出提示。若没有超限，则进行下一步计算，计算出高差平均值、改正数、高程改正后的值。

主要的模块有：文件读模块、文件保存模块、文件打印模块、数据计算模块(分别计算平距、气球差、高差、高差平均值、改正数、高程改正数)。

2. 用户界面

用户界面如图 33.2 所示，样例程序使用了文本框、组合框、表格、命令按钮、菜单栏、工具栏、分组控件、表格控件等。

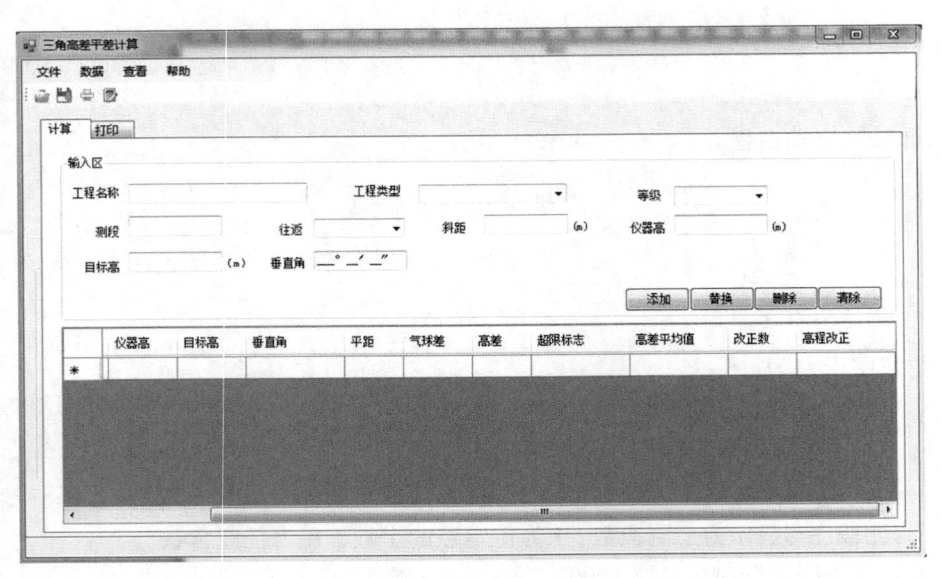

图 33.2　用户界面

四、竞赛篇

负责人：车德福

目标：学会复杂测绘程序设计，以及团队合作。

知识点：(1)程序架构设计；(2)文件读写；(3)复杂的测绘算法的实现；(4)用户界面设计、图形绘制、开发报告设计等。

题量：2人团队，6小时完成。

用途：(1)全国、省级、院校级测绘编程竞赛；(2)竞赛人才选拔。

第 34 章　附合水准路线平差计算

（作者：李英冰、周凌志、黄飞、汪志鹏，主题分类：测量平差）

一、评分规则

评分规则详见表 34-1。

表 34-1　评分细则

评测内容	评分细则
程序正确性（30 分）	2.2　测站数据计算(7 分)
	2.3　测站超限检查(2 分)
	3.1　水准路线闭合高差计算(2 分)
	3.2　高差改正数计算(5 分)
	4.1　采用伴随矩阵法求逆(3 分)
	4.2　矩阵相乘(1 分)
	4.3　矩阵转置(1 分)
	5.1　建立误差方程(3 分)
	5.2　间接平差(4 分)
	5.3　计算改正后的坐标(2 分)
程序完整与规范性（15 分）	数据读取正确(4 分)
	计算报告显示与保存功能齐全(4 分)
	程序结构完整(主要是函数与类结构)，设计清晰(3 分)
	注释规范(2 分)
	类、函数和变量命名规范(2 分)
程序优化性（15 分）	人机交互界面设计(5 分)
	图形绘制并保存(8 分)
	容错性、鲁棒性好(2 分)
开发文档（10 分）	程序功能简介(2 分)
	算法设计与流程图(2 分)
	主要函数和变量说明(2 分)
	主要程序运行界面(2 分)
	使用说明(2 分)

续表

评测内容	评分细则
完成时间 (30分)	$S = \left(1 - \frac{T_i - T_1}{T_n - T_1} \times 40\%\right) \times 30$ (其中 T_1, T_i, T_n 分别表示第一组，第 i 组和最后一组提交的时间)

二、算法实现

1. 水准测量的基本原理

水准测量是使用水准仪和水准尺，根据水平视线测定两点之间的高差，从而由已知点推求未知点的高程。如图 34.1 所示，已知 A 点的高程为 H_A，A 点与 B 点的高差测量值是 h_{AB}，于是 B 点的高程 H_B 为：

$$H_B = H_A + h_{AB} \tag{34-1}$$

其中 A 点称为后视点，a 为后视读数，B 为前视点，b 为前视读数。

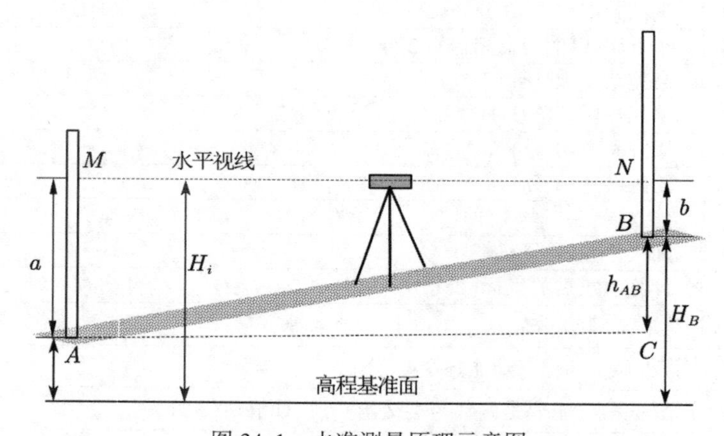

图 34.1　水准测量原理示意图

当两点之间的距离较远或者高差较大时，需要加设若干个临时的立尺点，作为传递高程的过渡点，即转点，基本测量方法为：(1)将水准尺立于已知高程的水准点上作为后视，安置水准仪和前视点。圆水准气泡粗平，瞄准后视尺，精平，读数。旋转望远镜瞄准前视尺，精平读数。记录、计算高差。(2)后尺和测站向前移动，前尺不动并转为第二测站的后尺，原后尺变为前尺，同第一站的方法一样继续向前观测。

2. 数据记录与测站检查

(1)水准测量数据记录。

对于利用数字水准仪测量的数据，可以采用表 34-2 所示记录手簿进行检核，表中(1)至(4)是后视-前视读数，分别为后距、后视中丝、前距、前距中丝读数，(5)至(8)是前视-后视读数，分别为前距、前距中丝、后距、后视中丝读数。

表 34-2　**水准测量的观测记录与数据检查手簿**

测站编号	后视点名	后距 1	后距 2		后视中丝 1	后视中丝 2	后视中丝差	
	前视点名	前距 1	前距 2	距离差 d	前视中丝 1	前视中丝 2	前视中丝差	
	后-前	距离差 1	距离差 2	$\sum d$	高差 1	高差 2	中丝差	高差
		(1)	(7)		(2)	(8)	(10)	
		(3)	(5)	(14)	(4)	(6)	(9)	
		(12)	(13)	(15)	(16)	(17)	(11)	(18)
1	P24	106. 4965	106. 4982		0. 8187	0. 8175	0. 0012	
	转点 1	103. 7130	103. 7138	2. 7840	1. 0776	1. 0759	0. 0017	
	后-前	2. 7835	2. 7844	2. 7840	-0. 2589	-0. 2584	-0. 0005	-0. 2587

说明：采用数字水准仪测量时，无须进行上丝和下丝读数，下表的设计省略了相关部分，与传统的三(四)等水准测量观测手簿有所不同。

(2)测站数据计算。

对每一站的测量结果需要进行检验，只有当检验通过之后，才能进行下一站的测量。表 34-2 中的第(9)至(18)是计算数据。

表中(9)至(11)是高差部分，其中(9)是前视标尺的黑红面读数(或两次读数)之差，(10)是后视标尺的黑红面读数(或两次读数)之差，(11)是黑红面所测的高差，计算方法为：

$$\begin{cases}(9)=(4)-(6)\\(10)=(2)-(8)\\(11)=(10)-(9)\end{cases}\tag{34-2}$$

表中(9)至(11)是视距部分，(12)是后视距离之差，(13)是前视距离之差，(14)是前后视距差，(15)为前后视距累计差，计算公式为：

$$\begin{cases}(12)=(1)-(3)\\(13)=(7)-(5)\\(14)=[(12)+(13)]/2\\(15)=\text{本站的}(14)+\text{前站的}(15)\end{cases}\tag{34-3}$$

表中(16)为黑面所得到的高差，(17)是红面所得到的高差，(18)是本站高差，计算公式为：

$$\begin{cases}(16)=(2)-(4)\\(17)=(8)-(6)\\(18)=[(16)+(17)]/2\end{cases}\tag{34-4}$$

说明：(1)在计算报告中输出如表34-2所示的水准测量记录与数据检查成果；(2)将上述内容在表格中显示。

(3)测站超限检查。

如果测站上有关观测限差超限，在本站检查发现后可立即重测。若迁站后才检查发现，则应该从水准点或间歇点起，重新观测。三、四等水准测量作业限差见表34-3。

表34-3　　三、四等水准测量作业限差

等　　级	三等	四等
仪器类型	S3	S3
标准视线长度(m)	65	80
后前视距差(m)	3.0	5.0
后前视距差累计(m)	6.0	10.0
黑红面读数差(mm)	2.0	3.0
黑红面所测高差之差(mm)	3.0	5.0
监测间歇点高程之差(mm)	3.0	5.0

说明：对每站进行限差统计并输出，与表34-3中四等作业限差进行比较，在计算报告中给出是否超限的说明。

3. 附合水准路线的近似平差计算公式

(1)水准路线闭合高差计算。

附合水准路线是水准测量中的常用方法，如图34.2所示。图中A、B高程分别为H_A、H_B，测量得到的高差依次为h_1，…，h_n，相应的距离为L_1，…，L_n。

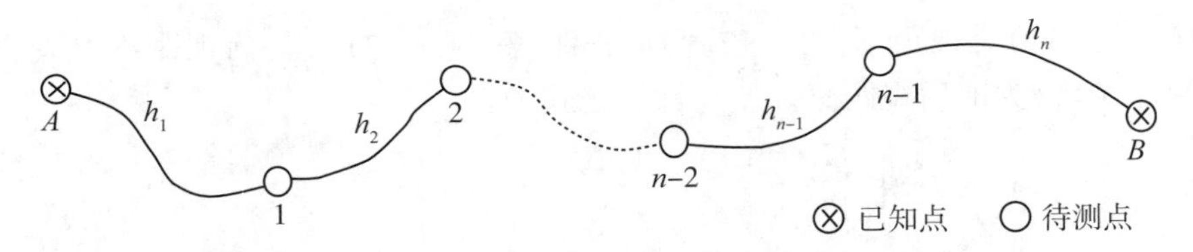

图34.2　附合水准路线示意图

计算水准路线的高程闭合差 f_h，即

$$f_h = \sum_{i=1}^{n} h_i - (H_B - H_A) \tag{34-5}$$

说明：在计算报告中输出高程闭合差，小数点后保留 3 位数值。

(2)高差改正数计算：

计算各段高差改正数 v_i：

$$v_i = -\frac{f_h}{\sum_{i=1}^{n} L_i} \cdot L_i \tag{34-6}$$

计算各测段观测高差的平差值 $\overline{h_i}$ 和待定点高程平差值 H_i，即

$$\begin{cases} \overline{h_i} = h_i + v_i \\ H_i = H_A + \overline{h_1} + \cdots + \overline{h_i} \end{cases} \tag{34-7}$$

说明：(1)在计算报告中输出各测段观测高差改正数 v_i 和距离 L_i，小数点后保留 3 位数值；(2)在计算报告中输出待定点的高差平差值 H_i，小数点后保留 3 位数值。

4. 矩阵运算

设 $\boldsymbol{A} = (a_{ij})$ 是 $n \times n$ 的矩阵，其定义如下所示：

$$\boldsymbol{A} = \begin{pmatrix} a_{11} & a_{12} & \cdots & a_{1n} \\ a_{21} & a_{22} & \cdots & a_{2n} \\ \vdots & \vdots & & \vdots \\ a_{n1} & a_{n2} & \cdots & a_{nn} \end{pmatrix} \tag{34-8}$$

(1)采用伴随矩阵法求逆：

$\boldsymbol{A}$ 的逆矩阵计算公式：

$$\boldsymbol{A}^{-1} = \frac{1}{\det(\boldsymbol{A})}\boldsymbol{A}^{*} = \frac{1}{\det(\boldsymbol{A})}\begin{pmatrix} A_{11} & A_{12} & \cdots & A_{1n} \\ A_{21} & A_{22} & \cdots & A_{2n} \\ \vdots & \vdots & & \vdots \\ A_{n1} & A_{n2} & \cdots & A_{nn} \end{pmatrix} \tag{34-9}$$

其中 $\boldsymbol{A}^*$ 为 $\boldsymbol{A}$ 的伴随矩阵，$\boldsymbol{A}_{ij} = (-1)^{i+j}\boldsymbol{M}_{ij}$，其中 $\boldsymbol{M}_{ij}$ 为余子式，计算公式如下：

$$\boldsymbol{M}_{ij} = \begin{vmatrix} a_{11} & \cdots & a_{1j-1} & a_{1j+1} & \cdots & a_{1n} \\ \vdots & \ddots & \vdots & \vdots & & \vdots \\ a_{i-1,1} & \cdots & a_{i-1,j-1} & a_{i-1,j+1} & \cdots & a_{i-1,n} \\ a_{i+1,1} & \cdots & a_{i+1,j-1} & a_{i+1,j+1} & \cdots & a_{i+1,n} \\ \vdots & \ddots & \vdots & \vdots & & \vdots \\ a_{n1} & \cdots & a_{n,j-1} & a_{n,j+1} & \cdots & a_{nn} \end{vmatrix} \tag{34-10}$$

$$\det(A)=\begin{cases}\sum_{i=1}^{i=n}a_{1,i}\det(A_{1,i}),\ 2\leqslant n\\ a_{1,1},\ n=1\end{cases} \tag{34-11}$$

说明：对数据文件中的 **A** 矩阵进行求逆，将计算结果在计算报告中输出，小数点后保留 3 位数值。

(2)矩阵相乘：

设 $\boldsymbol{A}=(a_{ij})$ 是一个 $m\times s$ 矩阵，$\boldsymbol{B}=(b_{ij})$ 是一个 $s\times n$ 矩阵，矩阵 $\boldsymbol{A}$ 与矩阵 $\boldsymbol{B}$ 的乘积是一个 $m\times n$ 的矩阵 $\boldsymbol{C}=(c_{ij})$，其中

$$\begin{aligned}c_{ij}&=\sum_{k=1}^{s}a_{ik}b_{kj}\\&=a_{i1}b_{1,j}+a_{i2}b_{2j}+\cdots+a_{is}b_{sj}(i=1,2,\cdots,m;\ j=1,2,\cdots,n)\end{aligned} \tag{34-12}$$

说明：对数据文件中的 **A** 矩阵和 **B** 矩阵进行相乘运算，将计算结果在计算报告中输出，小数点后保留 3 位数值。

(3)矩阵转置：

设 $\boldsymbol{A}=(a_{ij})$ 是一个 $m\times n$ 的矩阵，$\boldsymbol{A}$ 的转置为 $n\times m$ 的矩阵 $\boldsymbol{A}^{\mathrm{T}}=(a_{ji})$。

说明：对数据文件中的 **A** 矩阵进行转置运算，将计算结果在计算报告中输出，小数点后保留 3 位数值。

5. 附合水准路线的间接平差

使用近似平差后的高程值作为近似高程坐标，得到表 34-2 中的(18)关于以未知点的高程作为参数的方程，然后建立误差方程、法方程、间接平差。

(1)建立误差方程：

针对本题的水准路线，建立如下误差方程：

$$\underbrace{\begin{pmatrix}v_1\\v_2\\\vdots\\v_{n-1}\\v_n\end{pmatrix}}_{\boldsymbol{V}}=\underbrace{\begin{pmatrix}\hat{x}_1\\-\hat{x}_1+\hat{x}_2\\\vdots\\-\hat{x}_{n-2}+\hat{x}_{n-1}\\-\hat{x}_{n-1}\end{pmatrix}}_{\boldsymbol{BX}}-\underbrace{\begin{pmatrix}h_1+H_A-X_1^0\\h_2+X_1^0-X_2^0\\\vdots\\h_{n-1}+X_{n-2}^0-X_{n-1}^0\\X_{n-1}^0-H_B+h_n\end{pmatrix}}_{\boldsymbol{L}} \tag{34-13}$$

其中，$\boldsymbol{X}$ 矩阵为 $[\hat{x}_1\quad\hat{x}_2\quad\cdots\quad\hat{x}_{n-2}\quad\hat{x}_{n-1}]^{\mathrm{T}}$，$v_i$ 为高差 h_i 的改正数，$\hat{x}_i$ 为第 i 个点的高程平差值，X_i^0 为第 i 个点的高程近似值。

说明：在计算报告中输出 **L** 矩阵，小数点后保留 6 位数值。

(2)间接平差：

取 10km 的观测高差为单位权观测，即按 $P_i=\dfrac{C}{S_i}=\dfrac{10}{S_i}$ 定权，得到观测值的权阵

$$P = \begin{pmatrix} P_1 & & 0 \\ & \ddots & \\ 0 & & P_n \end{pmatrix} \tag{34-14}$$

组成法方程：

$$\underbrace{B^{\mathrm{T}}PB}_{N}\hat{x} = B^{\mathrm{T}}PL \tag{34-15}$$

得到最小二乘解，

$$\hat{x} = (B^{\mathrm{T}}PB)^{-1}B^{\mathrm{T}}PL = N^{-1}B^{\mathrm{T}}PL \tag{34-16}$$

说明：在计算报告中输出 $\hat{x}$、N^{-1} 这 3 个矩阵，小数点后保留 6 位数值。

(3)计算改正后的高程：

根据公式(34-7)的计算结果计算改正后的高程。

说明：在计算报告中输出改正后的高程，小数点后保留 3 位数值。

三、数据文件读取和计算报告输出

1. 数据文件读取

编程读取“正式数据 . txt”文件，数据内容见表 34-4。

表 34-4　数据内容

```
P96，248.197
P47，246.980

P96，-1，59.1975，0.6581，59.1216，0.8432，59.1195，0.8416，59.1958，0.6564
-1，-1，59.2505，0.6596，59.1746，0.8251，59.1726，0.8235，59.2488，0.6580
-1，Q08，59.3032，0.6611，59.2273，0.8072，59.2253，0.8057，59.3016，0.6595
Q08，-1，59.3554，0.6625，59.2795，0.7899，59.2776，0.7885，59.3539，0.6610
-1，-1，59.4070，0.6639，59.3311，0.7734，59.3293，0.7720，59.4055，0.6624
-1，-1，59.4579，0.6651，59.3820，0.7577，59.3802，0.7564，59.4565，0.6638
-1，B42，59.5079，0.6664，59.4320，0.7430，59.4303，0.7418，59.5066，0.6651
……

1，3
3，4

1，3，2
2，4，5
```

数据格式说明见表 34-5。

表 34-5 **数据格式说明**

点名，已知高程 点名，已知高程 起点，终点，后视距离，后视中丝读数，前视距离，前视中丝读数，前视距离，前视中丝读数，后视距离，后视中丝读数(当点名为-1 时表示转点) 矩阵 ***A***(用于矩阵求逆和转置的测试) 矩阵 ***B***(用于矩阵乘积测试)

2. 计算报告的显示与保存

说明：(1)将相关统计信息、计算报告在用户界面中显示，在开发文档中给出 1 张相关截图；(2)保存为文本文件(*. txt)，并将计算的结果插入到开发文档中。

四、程序优化

1. 人机交互界面设计与实现

要求实现：(1)包括菜单、工具条、表格、图形(显示)、文本等功能，要求功能正确、可正常运行，布局合理、美观大方、人性化；(2)在开发文档中，给出 1 至 2 张相关的界面截图。

2. 图形绘制与保存

(1)图形绘制。

要求：①以到第一个基准点的距离为 *X* 坐标，高程作为 *Y* 坐标；②在开发文档中，给出 1 张显示界面的截图。

(2)图形文件保存。

要求：①将“图形绘制”的图形保存为 DXF 格式的文件；②在开发文档中，给出一张用 CAD 打开的保存图形文件的界面。

五、开发文档

内容包括：(1)程序功能简介；(2)算法设计与流程图；(3)主要函数和变量说明；(4)主要程序运行界面；(5)使用说明。

六、参考源程序

参考源程序在“https：//github. com/ybli/bookcode/tree/master/Part3-ch01”目录下。图

34.3 是用户界面样例。

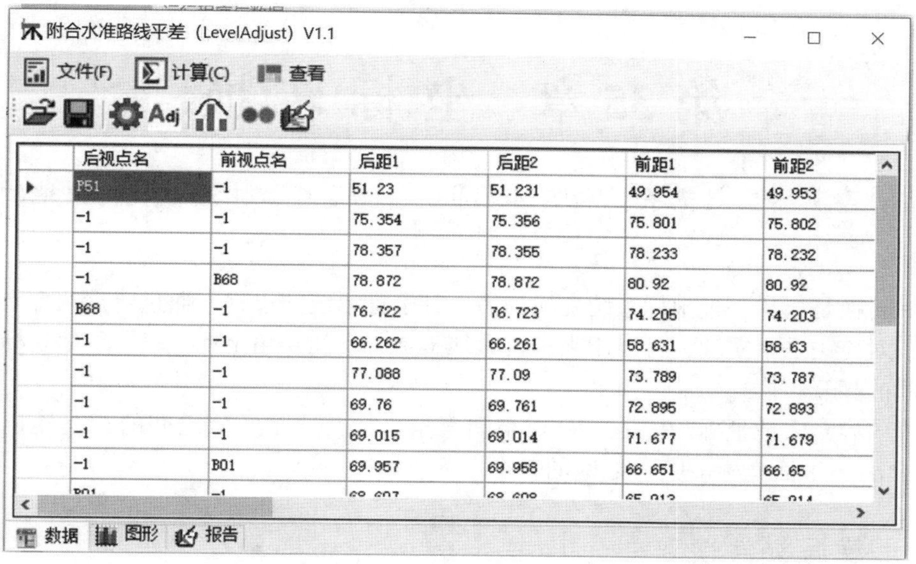

附合水准路线平差 (LevelAdjust) V1.1

文件(F) 计算(C) 查看

后视点名	前视点名	后距1	后距2	前距1	前距2
P51	-1	51.23	51.231	49.954	49.953
-1	-1	75.354	75.356	75.801	75.802
-1	-1	78.357	78.355	78.233	78.232
-1	B68	78.872	78.872	80.92	80.92
B68	-1	76.722	76.723	74.205	74.203
-1	-1	66.262	66.261	58.631	58.63
-1	-1	77.088	77.09	73.789	73.787
-1	-1	69.76	69.761	72.895	72.893
-1	-1	69.015	69.014	71.677	71.679
-1	B01	69.957	69.958	66.651	66.65

数据 图形 报告

图 34.3 用户界面样例

说明：本章内容是 2018 年全国大学生测绘技能大赛测绘程序设计试题，有部分改动。

第35章 坐标转换

(作者：李英冰、赵望宇、幸绍铭、李萌、杨潘丰，主题分类：大地测量)

坐标转换是指从一种坐标系统变换到另一种坐标系统的过程，通过建立两个坐标系统之间一一对应关系来实现，可以用来进行大地坐标、空间直角坐标、高斯平面坐标等多种格式之间的相互转换。

考查内容：大地坐标(B，L，H)与空间直角坐标(X，Y，Z)之间的相互转换；大地坐标(B，L)与平面坐标(x，y)之间的转换。

一、数据文件读取

编写程序，读取"坐标数据.txt"文件，数据内容和数据格式见表35-1。

表35-1 **数据内容和数据格式**

数据内容	数据格式
a，6378137.000 1/f，298.3 L0，111	长半轴a，数值 扁率倒数1/f，数值 中央子午线经度L0，数值
Q71，36.082771，109.191366，33.025 …… (详见"坐标数据.txt"数据文件)	点名，纬度B(dd.mmssssss)，经度L(dd.mmssssss)，椭球高H(米)

说明：格式dd表示度(dd°)，mm表示分(mm′)，ssssss表示秒(ss.ssss″)。

二、算法实现

1. 地球椭球基本公式

地球椭球是地球的数学代表，是由椭圆绕其短半轴旋转而成的几何形体。用a表示椭球长半径，b表示椭球短半轴。椭球扁率f、椭球第一偏心率平方e^2、椭球第二偏心率平方e'^2，卯酉圈的曲率半径N、子午圈曲率半径M、子午圈赤道处的曲率半径M_0等参数计算方法见《三、进阶篇》"第25章 高斯投影正反算及换带/邻带坐标换算"的公式

(25-1)至公式(25-3)。

2. 大地坐标(B,L,H)转换为空间坐标(X,Y,Z)

如图 35.1 所示,已知点 P 的大地坐标(B,L,H),计算其空间直角坐标(X,Y,Z),计算公式为:

$$\begin{cases} X = (N + H)\cos B\cos L \\ Y = (N + H)\cos B\sin L \\ Z = [N(1 - e^2) + H]\sin B \end{cases} \tag{35-1}$$

其中,B 是纬度、L 是经度、H 是椭球高,X、Y、Z 分别是空间直角坐标系的三个分量。

要求:(1)用"坐标数据 . txt"文件中的 B、L、H 数据进行计算;(2)计算结果输出到计算报告中;(3)计算结果插入表格中。

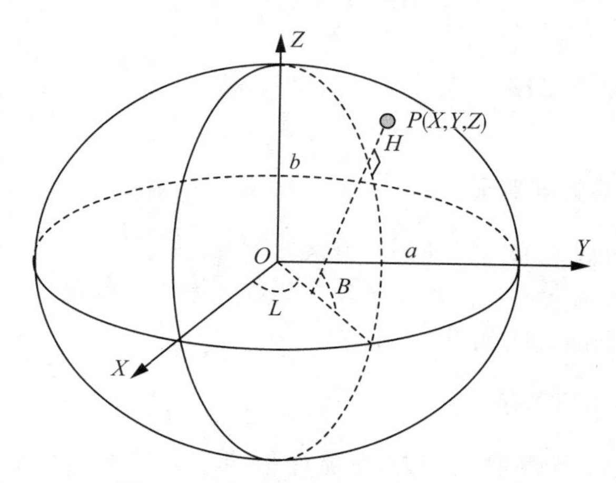

图 35.1 大地坐标与空间直角坐标

3. 空间直角坐标(X,Y,Z)转换为大地坐标(B,L,H)

已知空间直角坐标(X,Y,Z),计算其大地坐标(B,L,H),计算公式为:

$$\begin{cases} L = \arctan\left(\dfrac{Y}{X}\right) \\ B = \arctan\left(\dfrac{Z + Ne^2\sin B}{\sqrt{X^2 + Y^2}}\right) \\ H = \dfrac{\sqrt{X^2 + Y^2}}{\cos B} - N \end{cases} \tag{35-2}$$

其中:X、Y、Z 是空间直角坐标系的三个分量,B 是纬度,L 是经度,H 是椭球高。

要求:(1)用"大地坐标(B,L,H)转换为空间坐标(X,Y,Z)"中的计算结果(X,Y,Z),令 X=X+1000,Y=Y+1000,Z=Z+1000,将增加 1000 后的值作为起算数据进行计算;(2)计算结果输出到计算报告中。

4. 高斯投影正算

已知大地坐标(B, L)，计算其平面坐标(x, y)。计算方法见《三、进阶篇》“第 25 章 高斯投影正反算及换带/邻带坐标换算”的公式(25-4)至公式(25-9)。

要求：(1)用“坐标数据.txt”文件中的 B、L 数据进行计算；(2)不用考虑带号，计算结果中 y 坐标加 500km；(3)计算结果输出到计算报告中；(4)计算结果插入表格中。

5. 高斯投影反算

已知高斯平面坐标(x, y)，计算大地坐标(B, L)。计算方法见《三、进阶篇》“第 25 章 高斯投影正反算及换带/邻带坐标换算”的公式(25-11)至公式(25-17)。

要求：(1)用“高斯投影正算”中的计算结果(x, y)，令 $x=x+1000$，$y=y+1000$，作为起算数据进行计算；(2)计算结果输出到计算报告中；(3)在计算时不用考虑带号。

三、用户界面设计

1. 人机交互界面设计与实现

要求实现：(1)包括菜单、工具条、表格、图形(显示、放大、缩小)、文本等功能；(2)要求功能正确，可正常运行，布局合理、美观大方、人性化；(3)在开发文档与报告中，给出 1 至 2 张相关的界面截图。

2. 计算报告的显示与保存

要求：(1)在用户界面中显示相关统计信息、计算报告；(2)保存为文本文件(*.txt)；(3)在开发文档与报告中，给出 1 张有计算报告的显示界面的截图；(3)在开发文档与报告，给出 1 张用附件中的记事本打开保存文档的截图。

3. 图形绘制和保存

(1)图形绘制。

要求：①以高斯正算的计算结果(x, y)进行图形绘制，以 y 为横坐标，x 为纵坐标，绘制散点图；②在开发文档与报告中，给出 1 张用图形显示界面的截图。

(2)图形文件保存。

要求：①将“图形绘制”的图形保存为 DXF 格式的文件；②在开发文档与报告中，给出 1 张用 CAD 打开的保存图形文件的界面。

四、开发文档与报告

内容包括：(1)程序功能简介；(2)算法设计与流程图；(3)主要函数和变量说明；(4)主要程序运行界面；(5)使用说明。

五、参考源程序

1. 源程序

在“https：//github. com/ybli/bookcode/tree/master/Part3-ch01/CoorTrans”目录下给出了参考源程序，编程语言为 C#，项目名称为：CoorTrans，静态链接库为：CoorLib。项目中主要包含以下几类：

(1)FileHelper：源文件读取，以及计算结果输出；

(2)DrawChart. cs：绘制高斯平面点位的散点图；

(3)Ellipsoid. cs：椭球体的定义，包括长半轴、扁率等；

(4)Gauss. cs：实现高斯正反算；

(5)GeoPro. cs：实现弧度、角度、度分秒三种表示方法之间的转换；

(6)ObsData：读取观测数据到表格中；

(7)PointInfo. cs：点的数据结构，包括 Name、B、L、H 等；

(8)Position. cs：(X, Y, Z)与(B, L, H)相互转换的算法的实现；

(9)Report. cs：产生计算报告，包括(X, Y, Z)与(B, L, H)之间的转换以及(B, L)与(x, y)之间的转换。

2. 测试数据计算结果

在“https：//github. com/ybli/bookcode/tree/master/Part3-ch01/运行程序与数据”目录下，给出了可执行文件和“坐标数据 . txt”数据文件。相应的成果保存于“报告 . txt”中。

3. 用户界面

图 35. 2 是表格显示界面，显示输入的大地坐标(B, L, H)、计算的空间直角坐标(X, Y, Z)和高斯平面坐标(x, y)坐标。

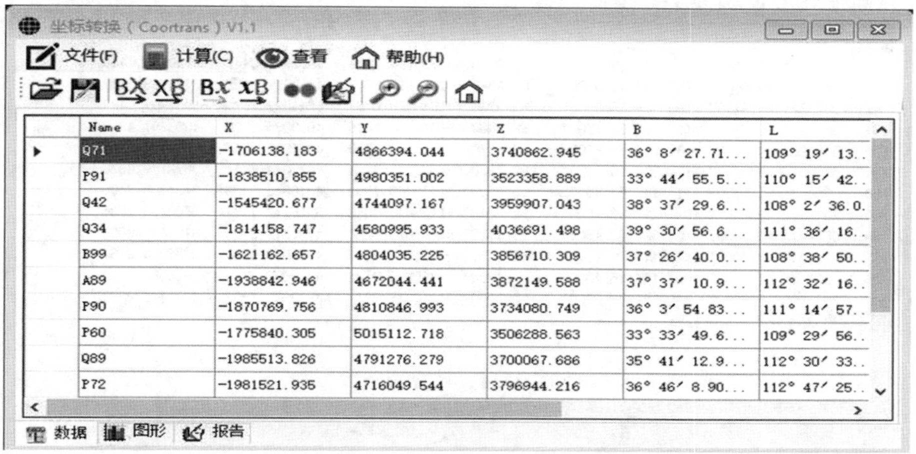

坐标转换（Coortrans）V1.1

文件(F)　计算(C)　查看　帮助(H)

Name	X	Y	Z	B	L
Q71	-1706138.183	4866394.044	3740862.945	36° 8′ 27.71...	109° 19′ 13..
P91	-1838510.855	4980351.002	3523358.889	33° 44′ 55.5...	110° 15′ 42..
Q42	-1545420.677	4744097.167	3959907.043	38° 37′ 29.6...	108° 2′ 36.0.
Q34	-1814158.747	4580995.933	4036691.498	39° 30′ 56.6...	111° 36′ 16..
B99	-1621162.657	4804035.225	3856710.309	37° 26′ 40.0...	108° 38′ 50..
A89	-1938842.946	4672044.441	3872149.588	37° 37′ 10.9...	112° 32′ 16..
P90	-1870769.756	4810846.993	3734080.749	36° 3′ 54.83...	111° 14′ 57..
P60	-1775840.305	5015112.718	3506288.563	33° 33′ 49.6...	109° 29′ 56..
Q89	-1985513.826	4791276.279	3700067.686	35° 41′ 12.9...	112° 30′ 33..
P72	-1981521.935	4716049.544	3796944.216	36° 46′ 8.90...	112° 47′ 25..

数据　图形　报告

图 35. 2　表格显示

图 35.3 是图形显示界面，显示高斯平面点位的散点图。

图 35.4 是计算报告显示界面，显示了大地坐标(B，L，H)转换为空间直角坐标(X，Y，Z)、空间直角坐标(X，Y，Z)转换为大地坐标(B，L，H)、高斯正算、高斯反算等计算结果。

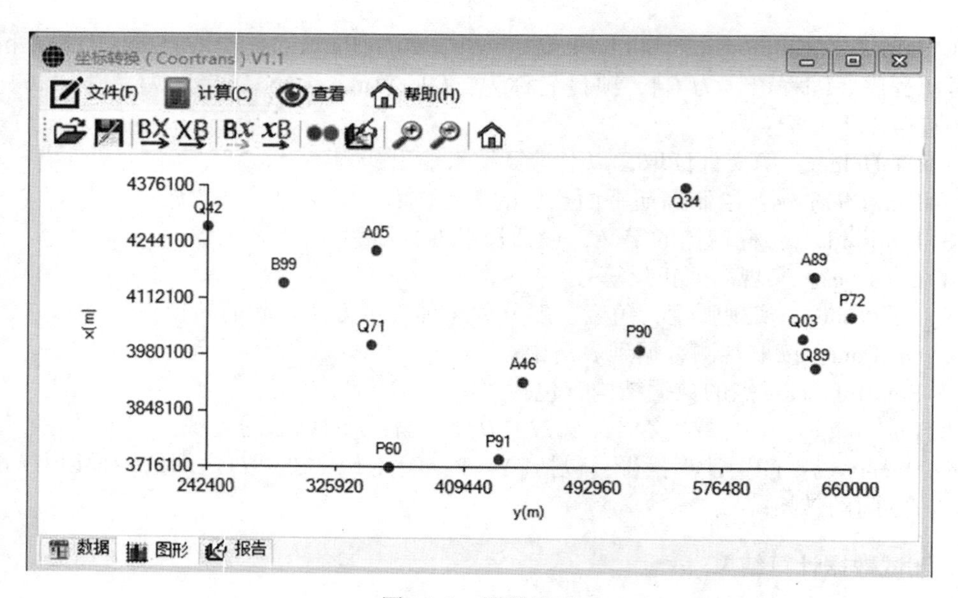

图 35.3 图形显示

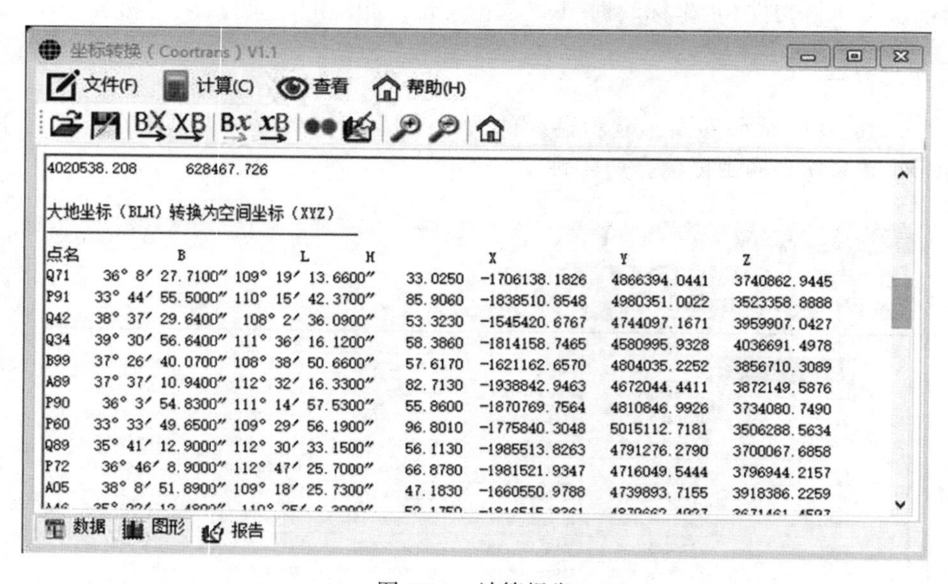

点名	B	L	H	X	Y	Z
Q71	36° 8′ 27.7100″	109° 19′ 13.6600″	33.0250	-1706138.1826	4866394.0441	3740862.9445
P91	33° 44′ 55.5000″	110° 15′ 42.3700″	85.9060	-1838510.8548	4980351.0022	3523358.8888
Q42	38° 37′ 29.6400″	108° 2′ 36.0900″	53.3230	-1545420.6767	4744097.1671	3959907.0427
Q34	39° 30′ 56.6400″	111° 36′ 16.1200″	58.3860	-1814158.7465	4580995.9328	4036691.4978
B99	37° 26′ 40.0700″	108° 38′ 50.6600″	57.6170	-1621162.6570	4804035.2252	3856710.3089
A89	37° 37′ 10.9400″	112° 32′ 16.3300″	82.7130	-1938842.9463	4672044.4411	3872149.5876
P90	36° 3′ 54.8300″	111° 14′ 57.5300″	55.8600	-1870769.7564	4810846.9926	3734080.7490
P60	33° 33′ 49.6500″	109° 29′ 56.1900″	96.8010	-1775840.3048	5015112.7181	3506288.5634
Q89	35° 41′ 12.9000″	112° 30′ 33.1500″	56.1130	-1985513.8263	4791276.2790	3700067.6858
P72	36° 46′ 8.9000″	112° 47′ 25.7000″	66.8780	-1981521.9347	4716049.5444	3796944.2157
A05	38° 8′ 51.8900″	109° 18′ 25.7300″	47.1830	-1660550.9788	4739893.7155	3918386.2259

图 35.4 计算报告

4. 评分标准

本题源于2016年"天宇杯全国高等学校测绘技能大赛"程序设计板块试题，数据文件和试题内容有改动。来自全国197所学校共198组队伍参与了本次比赛。每个参赛队伍由2人组成，小组的成员之间可以分工协作，比赛时间为6小时。

表35-2　第四届全国高等学校大学生测绘技能大赛测量程序设计评分标准

内　容	分值
1. 人机交互界面设计与实现：菜单(2分)；工具条(2分)；表格显示(2分)；图形显示(2分)；文本显示(2分)	10分
2. 读取观测数据到表格中	5分
3. 椭球基本公式	5分
4. 大地坐标(B, L, H)转换为空间坐标(X, Y, Z)	5分
5. 空间直角坐标(X, Y, Z)转换为大地坐标(B, L, H)	10分
6. 高斯投影正算：子午弧长计算公式(5分)；经度差计算公式(5分)；计算辅助量(5分)；高斯正算公式(10分)	25分
7. 高斯投影反算：计算底点纬度(5分)；计算辅助量(5分)；计算B、L(5分)	15分
8. 计算报告的显示与保存：在用户界面中显示(3分)；保存为文档(2分)	5分
9. 图形绘制和保存：图形绘制(5分)；图形文件保存(5分)	10分
10. 开发文档与报告：功能简介(2分)；算法设计与流程图(2分)；主要函数和变量说明(2分)；主要程序运行界面(2分)；使用说明(2分)	10分

第 36 章　不同空间直角坐标系的转换

（作者：陈艳红、曾相航、苟十权，主题分类：大地测量）

对于不同坐标系之间的坐标转换，广泛使用的是布尔莎(Bursa)七参数转换模型。布尔莎七参数转换模型为三维模型，在空间直角坐标系中，两坐标系之间存在严密的转换模型，不存在模型误差和投影变形误差，适合于任何区域的坐标转换。

一、数据文件读取

编写程序，读取“坐标数据 . txt”文件，数据内容和格式见表 36-1。

表 36-1　　样例数据内容和格式

```
//计算七参数所需公共点
//数据说明:点名,旧坐标 X,旧坐标 Y,旧坐标 Z,新坐标 X,新坐标 Y,新坐标 Z
GPS01,-1964734.9635,4484768.5466,4075386.7697,-1964642.8359,4484908.5860,4075486.8981
GPS02,-1967174.8023,4490401.5079,4067948.1663,-1967082.7160,4490541.6460,4068048.1509
……
//待转换的数据
GPS11,-1964642.8359,4484908.5860,4075486.8981
GPS12,-1967082.7160,4490541.6460,4068048.1509
……
//矩阵 A(用于矩阵求逆和转置的测试)
1,3
3,4
//矩阵 B(用于矩阵乘积测试)
1,3,2
2,4,5
```

二、利用布尔莎七参数模型进行不同空间直角坐标系的转换

两个空间直角坐标系的坐标换算包含旋转和平移算法，存在三个平移参数(ΔX_0、

ΔY_0、ΔZ_0)和三个旋转参数(ε_X，ε_Y，ε_Z)，再顾及两个坐标系尺度不尽一致，还有一个尺度变化参数 m，共有 7 个参数。相应的坐标变换公式为：

$$\begin{bmatrix} X \\ Y \\ Z \end{bmatrix}_{新} = (1+m)\begin{bmatrix} X \\ Y \\ Z \end{bmatrix}_{旧} + \begin{bmatrix} 0 & \varepsilon_Z & -\varepsilon_Y \\ -\varepsilon_Z & 0 & \varepsilon_X \\ \varepsilon_Y & -\varepsilon_X & 0 \end{bmatrix}\begin{bmatrix} X \\ Y \\ Z \end{bmatrix}_{旧} + \begin{bmatrix} \Delta X_0 \\ \Delta Y_0 \\ \Delta Z_0 \end{bmatrix} \tag{36-1}$$

1. 求解七参数

为了求得 7 个转换参数，至少需要 3 个公共点，当多于 3 个公共点时，可按最小二乘法求得 7 个参数的最或是值。当根据多个公共点按最小二乘法求解转换参数时，对每个点，则有如下误差方程：

$$\begin{bmatrix} V_{X_{新i}} \\ V_{Y新i} \\ V_{Z新i} \end{bmatrix} = -\begin{bmatrix} 1 & 0 & 0 & 0 & -Z_{旧i} & Y_{旧i} & X_{旧i} \\ 0 & 1 & 0 & Z_{旧i} & 0 & -X_{旧i} & Y_{旧i} \\ 0 & 0 & 1 & -Y_{旧i} & X_{旧i} & 0 & Z_{旧i} \end{bmatrix}\begin{bmatrix} \Delta X_0 \\ \Delta Y_0 \\ \Delta Z_0 \\ \varepsilon_X \\ \varepsilon_Y \\ \varepsilon_Z \\ m \end{bmatrix} + \begin{bmatrix} X_{新i} \\ Y_{新i} \\ Z_{新i} \end{bmatrix} - \begin{bmatrix} X_{旧i} \\ Y_{旧i} \\ Z_{旧i} \end{bmatrix} \tag{36-2}$$

式中 $i=1，2，\cdots，n$，若设

$$\boldsymbol{B}_i = -\begin{bmatrix} 1 & 0 & 0 & 0 & -Z_{旧i} & Y_{旧i} & X_{旧i} \\ 0 & 1 & 0 & Z_{旧i} & 0 & -X_{旧i} & Y_{旧i} \\ 0 & 0 & 1 & -Y_{旧i} & X_{旧i} & 0 & Z_{旧i} \end{bmatrix} \tag{36-3}$$

$$\boldsymbol{l}_i = \begin{bmatrix} X_{旧i} \\ Y_{旧i} \\ Z_{旧i} \end{bmatrix} - \begin{bmatrix} X_{新i} \\ Y_{新i} \\ Z_{新i} \end{bmatrix} \qquad \hat{\boldsymbol{x}} = \begin{bmatrix} \Delta X_0 \\ \Delta Y_0 \\ \Delta Z_0 \\ \varepsilon_X \\ \varepsilon_Y \\ \varepsilon_Z \\ m \end{bmatrix} \tag{36-4}$$

当有 n 个公共点时，则有

$$\boldsymbol{B} = \begin{bmatrix} B_1 \\ B_2 \\ \vdots \\ B_{n-1} \\ B_n \end{bmatrix} \qquad \boldsymbol{l} = \begin{bmatrix} l_1 \\ l_2 \\ \vdots \\ l_{n-1} \\ l_n \end{bmatrix} \tag{36-5}$$

则公式(36-2)误差方程变为

$$\boldsymbol{V}=\boldsymbol{B}\hat{\boldsymbol{x}}-\boldsymbol{l} \tag{36-6}$$

设观测值等权观测，权阵 $\boldsymbol{P}=\boldsymbol{E}$，则法方程为

$$\boldsymbol{N}_{BB}\hat{\boldsymbol{x}}-\boldsymbol{W}=0 \tag{36-7}$$

其中 $\boldsymbol{N}_{BB}=\boldsymbol{B}^{\mathrm{T}}\boldsymbol{PB}$，$\boldsymbol{W}=\boldsymbol{B}^{\mathrm{T}}\boldsymbol{Pl}$。求解法方程，得到最小二乘解

$$\hat{\boldsymbol{x}}=\boldsymbol{N}_{BB}{}^{-1}\boldsymbol{W} \tag{36-8}$$

说明：在计算报告中输出 $\boldsymbol{B}$，$\boldsymbol{N}_{BB}{}^{-1}$，$\hat{\boldsymbol{x}}$ 这 3 个矩阵，小数点后保留 6 位数值。

2. 采用配置法计算非公共点转换值的改正数

当利用 3 个以上的公共点求解转换参数时存在多余观测，由于公共点误差的影响而使得转换的公共点的坐标值与已知值不完全相同，而实际工作中又往往要求所有已知点的坐标值保持固定不变。为了解决这一矛盾，可采用配置法，将公共点的转换值改正为已知值，对非公共点的转换值进行相应的配置。

(1)计算公共点转换值的改正数 V=已知值−转换值，公共点的坐标采用已知值。

(2)采用配置法计算非公共点的转换值的改正数。

$$V'=\frac{\sum_{i=1}^{n}P_iv_i}{\sum_{i=1}^{n}P_i},\ i=1,\ 2,\ \cdots,\ n \tag{36-9}$$

式中，n 为公共点的个数，P 为权，可根据非公共点与公共点的距离(S_i)来定权，常取 $P_i=1/S_i{}^2$。

说明：在计算报告中输出待转换点的改正数，小数点后保留 6 位数值。

3. 计算待转换点在新坐标系下的坐标值

利用求解的七参数和布尔莎模型计算待转换点在新坐标系下的坐标值，并按公式(36-9)对待转换点的坐标进行改正，得到待转换点在新坐标系下的坐标。

说明：在计算报告中输出待转换点在新坐标系下的坐标值，小数点后保留 4 位数值。

三、矩阵运算

详见《四、竞赛篇》“第 34 章　附合水准路线平差计算”第二节中“4. 矩阵运算”相关内容。

四、程序优化与开发文档撰写

1. 人机交互界面设计与实现

要求：(1)包括菜单、工具条、表格、图形(显示、放大、缩小)、文本等功能；(2)

要求功能正确，可正常运行，布局合理、美观大方、人性化。

2. 计算报告的显示与保存

要求：(1)将相关统计信息、计算报告在用户界面中显示；(2)保存为文本文件(*.txt)。

3. 图形绘制和保存

(1)图形绘制要求：以“坐标数据.txt”中带转换数据的 *X*，*Y* 进行图形绘制，以 *Y* 为横坐标，*X* 为纵坐标，绘制散点图。

(2)图形文件保存要求：将“图形绘制”的图形保存为 DXF 格式的文件。

4. 开发文档与报告

内容包括：(1)程序功能简介；(2)算法设计与流程图；(3)主要函数和变量说明；(4)主要程序运行界面；(5)使用说明。

五、参考源程序

1. 源程序

参考源程序在“https://github.com/ybli/bookcode/tree/master/Part3-ch02/SevenParameterTransformation”目录下，编程语言为 C#，项目名称为 SevenParameterTransformation。项目中主要包含以下类：

(1)FileHandle：源文件读取以及计算结果输出；

(2)DrawChart.cs：绘制点位的散点图；

(3)Matrix.cs：矩阵计算；

(4)Point.cs：点的数据结构；

(5)Calculate.cs：计算的类，包括求解七参数，坐标转换的计算。

2. 测试数据计算结果

在“https://github.com/ybli/bookcode/tree/master/Part3-ch02/运行程序与数据”目录下，给出了可执行文件和“data.txt”数据文件。相应的成果保存于“report.txt”中。

3. 用户界面

图 36.1 是表格显示界面，显示读取的公共点坐标和待转换点的已知坐标；图 36.2 是计算报告显示界面，显示求取七参数所需的 $\boldsymbol{B}$ 矩阵、七参数矩阵、$\boldsymbol{N}_{BB}$ 矩阵、坐标转换等计算结果。

七参数坐标转换

文件(F) 计算(C) 查看(V) 帮助(H)

打开 保存 计算 转换 放大 缩小 帮助

点名	X	Y	Z	转换后坐标:	X1	Y1	Z1
GPS01	-1964734.9635	4484768.5466	4075386.7697		-1964642.8359	4484908.5860	4075486.8981
GPS02	-1967174.8023	4490401.5079	4067948.1663		-1967082.7160	4490541.6460	4068048.1509
GPS03	-1958198.6099	4481934.1931	4081954.0888		-1958106.3701	4482074.1789	4082054.3211
GPS04	-1958489.2289	4485256.3985	4077866.1343		-1958396.9949	4485396.4450	4077966.2971
GPS05	-1953456.7885	4481362.6794	4084841.9629		-1953364.4591	4481502.6550	4084942.2649
GPS06	-1958020.995	4492625.1514	4069911.5369		-1957928.7551	4492765.3050	4070011.5630
GPS11	-1964642.8359	4484908.586	4075486.8981				
GPS12	-1967082.716	4490541.646	4068048.1509				
GPS13	-1958106.3701	4482074.1789	4082054.3211				
GPS14	-1958396.9949	4485396.445	4077966.2971				
GPS15	-1953364.4591	4481502.655	4084942.2649				
GPS16	-1957928.7551	4492765.305	4070011.563				

数据 图形 报告

图 36.1 表格显示

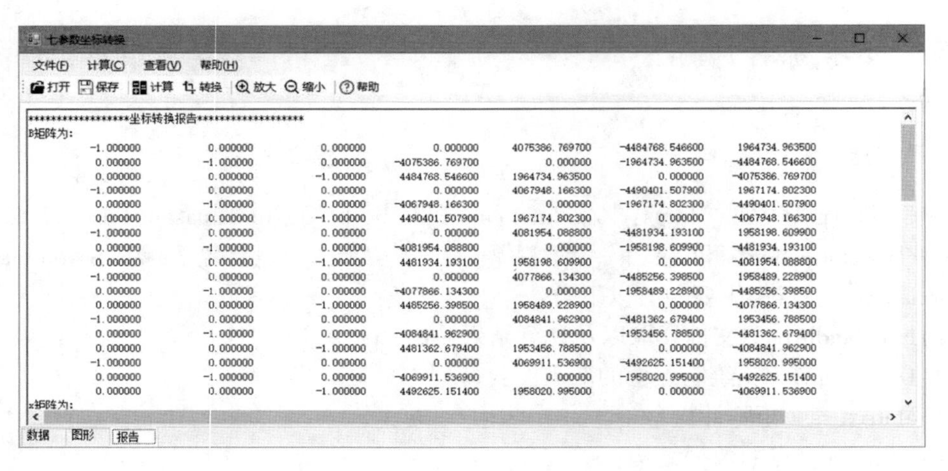

七参数坐标转换

文件(F) 计算(C) 查看(V) 帮助(H)

打开 保存 计算 转换 放大 缩小 帮助

```
******************坐标转换报告*******************
B矩阵为:
   -1.000000    0.000000    0.000000        0.000000  4075386.769700  -4484768.546600   1964734.963500
    0.000000   -1.000000    0.000000 -4075386.769700        0.000000  -1964734.963500  -4484768.546600
    0.000000    0.000000   -1.000000  4484768.546600  1964734.963500         0.000000  -4075386.769700
   -1.000000    0.000000    0.000000        0.000000  4067948.166300  -4490401.507900   1967174.802300
    0.000000   -1.000000    0.000000 -4067948.166300        0.000000  -1967174.802300  -4490401.507900
    0.000000    0.000000   -1.000000  4490401.507900  1967174.802300         0.000000  -4067948.166300
   -1.000000    0.000000    0.000000        0.000000  4081954.088800  -4481934.193100   1958198.609900
    0.000000   -1.000000    0.000000 -4081954.088800        0.000000  -1958198.609900  -4481934.193100
    0.000000    0.000000   -1.000000  4481934.193100  1958198.609900         0.000000  -4081954.088800
   -1.000000    0.000000    0.000000        0.000000  4077866.134300  -4485256.398500   1958489.228900
    0.000000   -1.000000    0.000000 -4077866.134300        0.000000  -1958489.228900  -4485256.398500
    0.000000    0.000000   -1.000000  4485256.398500  1958489.228900         0.000000  -4077866.134300
   -1.000000    0.000000    0.000000        0.000000  4084841.962900  -4481362.679400   1953456.788500
    0.000000   -1.000000    0.000000 -4084841.962900        0.000000  -1953456.788500  -4481362.679400
    0.000000    0.000000   -1.000000  4481362.679400  1953456.788500         0.000000  -4084841.962900
   -1.000000    0.000000    0.000000        0.000000  4069911.536900  -4492625.151400   1958020.995000
    0.000000   -1.000000    0.000000 -4069911.536900        0.000000  -1958020.995000  -4492625.151400
    0.000000    0.000000   -1.000000  4492625.151400  1958020.995000         0.000000  -4069911.536900
x矩阵为:
```

数据 图形 报告

图 36.2 报告显示

第 37 章　构建不规则三角网(TIN)进行体积计算

(作者：王同合，主题分类：地理信息)

不规则三角网(TIN)是由一系列不规则三角形组成的网络，通过读取一系列离散点数据文件，构建 TIN，进行体积计算。

一、数据文件读取

编程读取"TIN 数据.txt"文件，文件格式为"点名，x，y，h"，数据文件格式见表 37-1。

表 37-1　　数据文件格式

```
P01，3778.594，2885.732，9.468
P02，3773.103，2888.487，9.533
P03，3766.087，2892.923，9.669
P04，3762.06，2898.991，9.996
P05，3759.293，2906.144，10.081
……
```

二、编程实现不规则三角网的构建

构建不规则三角网的主要步骤包括：(1)生成初始矩形；(2)生成初始三角网；(3)遍历离散点，生成平面三角网；(4)构成不规则三角网。

相关计算方法见《三、进阶篇》"第 30 章　构建不规则三角网进行等高线的自动绘制"的"三、编程实现不规则三角网的构建"相关内容。

要求：在报告中输出面积最大的前 20 个三角形，用顶点名表示三角形。

三、利用不规则三角网进行体积计算

1. 计算平衡高程

设平衡高程为 H_e：

$$H_e = \frac{\sum_{i=1}^{n} \bar{h}_i \cdot S_i}{\sum_{i=1}^{n} S_i} \tag{37-1}$$

其中，n 为三角形个数，$\bar{h}$ 为三角形三点的平均高度，S 为三角形投影底面的面积。设三角形由 $P_1(x_1, y_1, h_1)$、$P_2(x_2, y_2, h_2)$ 和 $P_3(x_3, y_3, h_3)$ 组成，则 S_i 和 $\bar{h}_i$ 的计算公式为：

$$\begin{cases} S_i = \dfrac{|(x_2 - x_1)(y_3 - y_1) - (x_3 - x_1)(y_2 - y_1)|}{2} \\ \bar{h}_i = \dfrac{h_1 + h_2 + h_3}{3} - h_0 \end{cases} \tag{37-2}$$

2. 三角形的挖填方体积计算

设参考高程为 h_0，从 T1 中取一个三角形 $P_1(x_1, y_1, h_1) - P_2(x_2, y_2, h_2) - P_3(x_3, y_3, h_3)$。

(1)当三角形的 3 个顶点高程均小于参考高程时，为全填方，当三角形的 3 个顶点高程均大于参考高程时，为全挖方，全挖方和全填方体积用下式计算：

$$\begin{cases} V_{\text{cut}} = S_i \bar{h}_i \\ V_{\text{fill}} = S_i \bar{h}_i \end{cases} \tag{37-3}$$

其中，S_i 为△ABC 的投影底面面积，$\bar{h}_i$ 为平均高程与参考高程的高差，计算方法见公式(37-2)。

(2)当三角形顶点中 2 个顶点高程小于参考高程，1 个顶点高程大于参考高程时，如图 37.1 所示，则三角形 $P_1I_1I_2$ 为挖方区域，四边形 $I_1I_2P_3P_2$ 为填方区域。

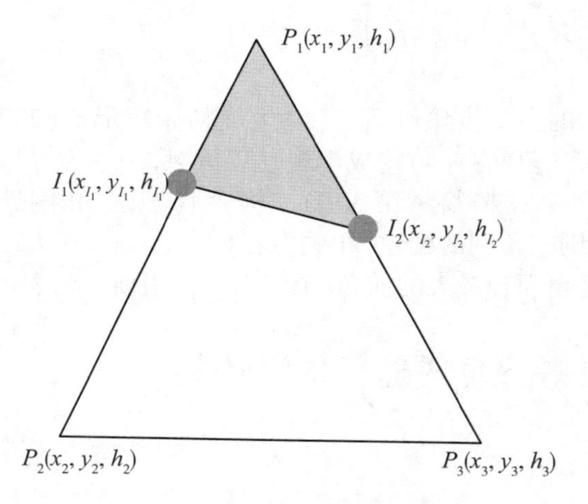

图 37.1　挖填方示意图

内插计算出三角形中 P_1P_2 边和 P_1P_3 边上高程为参考高程 h_0 的通过点 I_1、I_2。设 I_1 点的坐标为(x_{I_1}， y_{I_1})，则有：

$$
\begin{cases}
x_{I1} = x_1 + \left|\dfrac{h_0 - h_1}{h_2 - h_1}\right|(x_2 - x_1) \\
y_{I1} = y_1 + \left|\dfrac{h_0 - h_1}{h_2 - h_1}\right|(y_2 - y_1)
\end{cases}
\tag{37-4}
$$

同理，可计算出 I_2 点的坐标。则三角形中的挖方和填方体积用下式计算：

$$
\begin{cases}
S_{\triangle} = \dfrac{|(x_{I_1} - x_1)(y_{I_2} - y_1) - (x_{I_2} - x_1)(y_{I_1} - y_1)|}{2} \\
\bar{h}_i = \dfrac{h_1 + h_0 + h_0}{3} - h_0
\end{cases}
\tag{37-5}
$$

$$
\begin{cases}
V_{\text{cut}} = S_{\triangle} \cdot \left(\dfrac{h_1 + h_0 + h_0}{3} - h_0\right) \\
V_{\text{fill}} = (S_i - S_{\triangle}) \cdot \left(\dfrac{h_0 + h_0 + h_2 + h_3}{4} - h_0\right)
\end{cases}
\tag{37-6}
$$

(3)当三角形顶点中 2 个顶点高程大于参考高程，1 个顶点高程小于参考高程时，将 V_{cut} 与 V_{fill} 计算公式交换即可。

3. 计算所有三角形中挖方和填方体积

计算所有三角形对应的挖方与填方体积。

要求：在报告中输出所有三角形的顶点。

4. 计算总体积

计算总挖方体积与总填方体积，挖方体积与填方体积之和即为总体积。

要求：(1)基准高程可由人机交互任意给定；(2)在报告中输出挖方体积、填方体积及总体积。

四、程序优化与开发文档撰写

1. 人机交互界面设计与实现

要求：(1)设计包括菜单、工具条、表格、图形(显示、放大、缩小)、文本等功能；(2)功能正确，可正常运行，布局合理、美观大方、人性化。

2. 计算报告的显示与保存

要求：(1)在用户界面中显示相关统计信息、计算报告，并保存为文本文件(*.txt)；(2)在开发文档与报告中放 1 张有计算报告的显示界面的截图。

3. 图形绘制和保存

(1)图形绘制要求：绘制给出数据文件的平面点，并绘制三角网。

(2)图形文件保存要求：编程实现“图形绘制”的图形保存为 DXF 格式的文件。

4. 开发文档与报告

内容包括：(1)程序功能简介；(2)算法设计与流程图；(3)主要函数和变量说明；(4)主要程序运行界面；(5)使用说明。

五、参考源程序

在“https://github.com/ybli/bookcode/tree/master/Part3-ch08”目录下包含了源程序、可执行文件、样例数据等相关文件。

1. 测试数据计算结果

```
结果报告
-------------------基本信息----------------------
基准高程 10.0m
三角形个数：73
平衡高程：10.8180969358142
总挖方体积：3797.49710473163
总填方体积：-722.607377612568
总体积：3074.88972711906

------------------三角形说明------------------
序号    三个顶点
1       P06     P07     P08
2       P08     P09     P10
3       P05     P06     P11
4       P06     P08     P11
5       P08     P10     P11
6       P11     P12     P13
7       P13     P12     P15
8       P14     P13     P15
9       P14     P15     P17
……

------------------具体体积说明--------------------
序号    挖方体积    填方体积
1        2.942      0.000
2        1.593      0.000
3        7.558      0.000
```

4　　16.063　　0.000
5　　4.441　　0.000
6　　0.304　　-0.187
……

2. 用户界面

图 37.2 是数据显示界面，显示点名、X 坐标、Y 坐标和高程等数据信息。图 37.3 是图形显示界面，显示散点图，以及所构成的三角形。

不规则三角网体积计算

文件(F)　计算(C)　查看(L)　帮助(H)

新建　打开　计算　保存　+ 放大　— 缩小　基准高程：10　平衡高程：10.82　帮助

点名	X分量	Y分量	H分量
P01	3778.594	2885.732	9.468
P02	3773.103	2888.487	9.533
P03	3766.087	2892.923	9.669
P04	3762.06	2898.991	9.996
P05	3759.293	2906.144	10.081
P06	3758.296	2913.009	10.138
P07	3758.338	2918.692	10.244
P08	3760.633	2921.138	10.982
P09	3762.056	2923.66	10.599
P10	3765.44	2925.61	10.079
P11	3770.899	2926.411	10.235
P12	3777.081	2928.302	10.034

数据表格　示意图　计算报告

图 37.2　数据显示

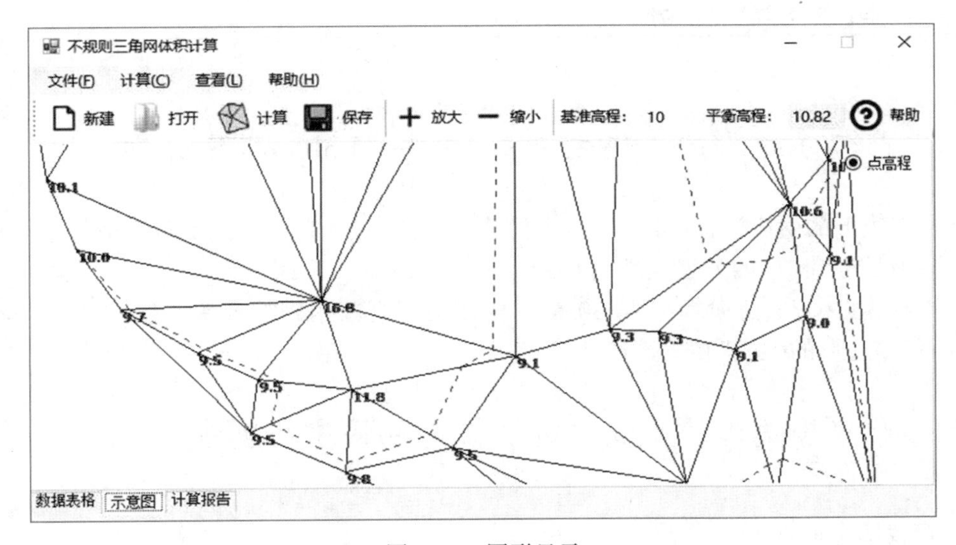

图 37.3　图形显示

第38章　构建规则格网(GRID)进行体积计算

(作者：梁丹，主题分类：地理信息)

一、数据文件读取

编程读取“正式数据.txt”文件。第一行数据格式是“基准高程”，第三行开始的数据格式是“点名，x分量，y分量，h分量”，见表38-1。编写程序读取相关内容。

表38-1　　数据文件内容

```
参考高程，9.0

P01，3793.011，2869.972，9.571
P02，3795.959，2868.952，9.615
……
P30，3764.824，2845.985，10.485
P31，3757.095，2846.279，10.65t
```

二、凸包多边形的生成之方法一——Graham's Scan法

凸包多边形的生成过程包括：(1)查找基点；(2)按夹角由小到大对离散点进行排序；(3)建立由凸包点构成的列表或堆栈CH。

具体算法见《三、进阶篇》“第30章　构建不规则三角网进行等高线的自动绘制”的“二、凸包多边形的生成”相关论述。

三、凸包多边形的生成之方法二——快速凸包法

1. 查找四个顶点

遍历所有顶点构成的离散点集M，在散点中找到上下左右4个顶点(x最大P3，x最

小 P1，y 最大 P2，y 最小 P4)，连接 4 个顶点把散点分为 5 个区域，如图 38.1 所示。并在原散点集 M 中删除 4 个顶点。

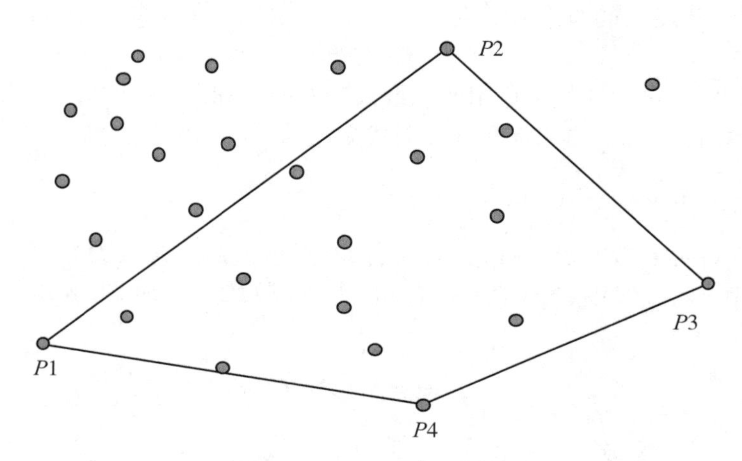

图 38.1　快速凸包示意图

2. 利用迭代求出凸包点

创建栈 CH(存放凸包点)把 $P1$ 放入 CH 中，初始化 $i=1$。

(1)取出 $P(i)$，$P(i+1)$，遍历散点集把 $P(i)-P(i+1)$ 的左边点放入 LP 点集列表中。

判断 $P(x, y)$ 在 $P1(x_1, y_1)-P2(x_2, y_2)$ 左侧的计算公式为：

$$\text{tem} = x_1y_2 - x_2y_1 + x(y_1 - y_2) + y(x_2 - x_1) \tag{38-1}$$

如果 tem>0 则 P 在 $P1-P2$ 的左侧；如果 tem=0 则 P 在 $P1-P2$ 的线上；如果 tem<0 则 P 在 $P1-P2$ 的右侧。

(2)求出 LP 点集中距离 $P1-P2$ 直线最远的点并记录为 $F1$，并在 LP 点集中删除 $F1$ 点，如图 38.2 所示。

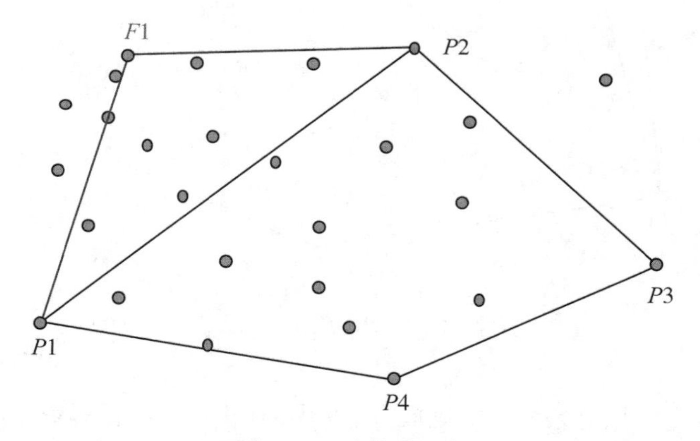

图 38.2　连接最远点

①如果 LP 点集为空，把 $P(i+1)$ 放入 CH 中，当 $i=(i+1)\%4$ 时，返回到步骤(1)继续。

②遍历求出 LP 点集的每个点，与 $P1$，$P2$ 连成的三角形面积，面积最大则点距离 $P1$-$P2$ 最远。

判断哪个点距离 $P1$-$P2$ 最远可用面积最大法判断，如图 38.3 所示。由 $P1(x_1, y_1)$、$P2(x_2, y_2)$、$P3(x_3, y_3)$三点求面积计算公式为：

$$\text{tem} = \frac{1}{2}\left|x_1(y_2 - y_3) + x_2(y_3 - y_1) + x_3(y_1 - y_2)\right| \tag{38-2}$$

(3)连接 $P(i)$-$F1$，$F1$-$P(i+1)$，并求出 LP 点集中的点在线段 $P(i)$-$F1$ 左侧的点，将其放入 $LP1$ 中，将在线段 $F1$-$P(i+1)$左侧的点放入 $LP2$ 中，如图 38.4 所示。

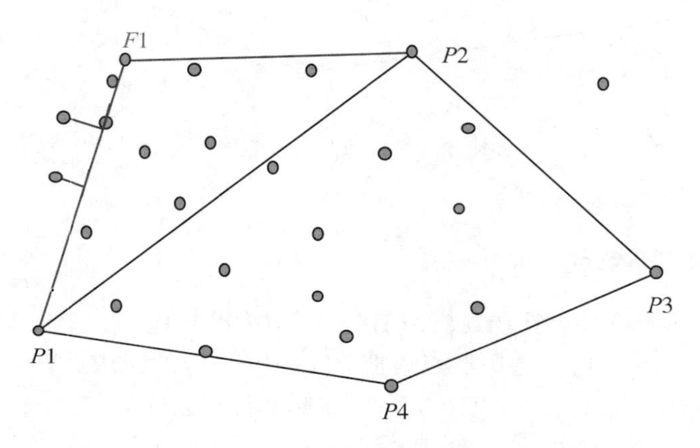

图 38.3　求 $P1$-$F1$ 最远点

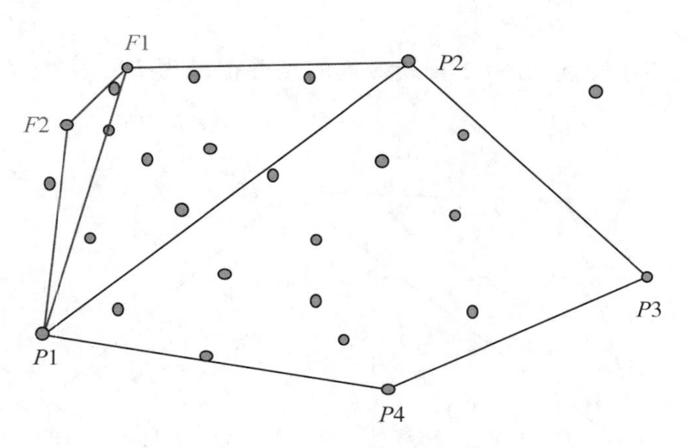

图 38.4　$P1$-$F1$ 边迭代

①如果 $LP1$ 为空，把这条线段的尾放入 CH 中。(例如：线段是 $P(i)$-$F1$，则把 $F1$ 放入 CH 中。线段是 $P(i)$-$F3$，则把 $F3$ 放入 CH 中)。

②如果 $LP1$ 不为空，返回步骤(2)，把 $LP1$ 当作 LP 运算，如图 38.5 所示。

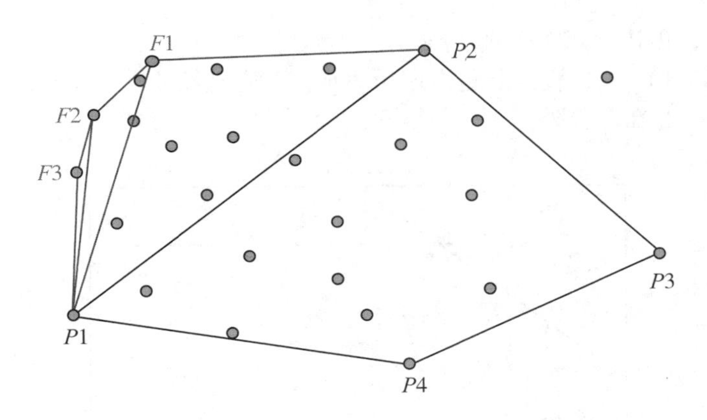

图 38.5　P1-F2 迭代结束，下一步迭代 F1-P2

③如果 LP2 为空，把这条线段的尾放入 CH 中。(例如：线段是 F1-P(i+1)，则把 P(i+1)放入 CH 中。线段是 F3-F2，则把 F2 放入 CH 中)。

④如果 LP2 不为空，返回步骤(2)，把 LP2 当作 LP，运算。

(4)如果 $i=4$，则结束，否则 $i=(i+1)\%4$，返回步骤(1)，继续。

四、规则格网的生成

1. 建立外包矩形，并进行二维格网划分

(1)遍历堆栈 S 中所有凸包点，查找平面 x 分量和 y 分量的最大值与最小值，记作 x_{max}，y_{max}，x_{min}，y_{min}。以 $P(x_{min}, y_{min})$作为矩形的左下角顶点，长(h)为 $y_{max}-y_{min}$，宽(w)为 $x_{max}-x_{min}$，生成最小外包矩形 R。

(2)设格网单元边长为 L，将 R 划分为二维格网。

说明：①在编程实践中，L 分别取 1m，5m，10m 三种情况进行计算；②在计算报告中输出外包矩形 4 个顶点的坐标，小数点后保留 3 位数值。

2. 判断格网中心点是否在凸包内

依次从二维格网中取一个格网 g，并计算其中心点 $C(x, y)$，根据过中心点 C 的水平直线与凸包交点的情况，判断点 C 是否在凸包内，判断方法为：

(1)按顺序遍历堆栈 S 中的凸包点集，依次获取相邻两个点 $Pi(x_i, y_i)$，$Pj(x_j, y_j)$，即获取凸包的一条边。

(2)判断点 C 与凸包边(如 Pi 和 Pj 组成的边)的关系，如图 38.6 所示。

若点 C 的 y 分量位于选定边两端点 Pi，Pj 的 y 分量之间，则求过待求点 C 的水平直线与选定边的交点 C′的 x'分量，计算公式为：

$$x' = \frac{x_j - x_i}{y_j - y_i}(y - y_i) + x_i \tag{38-3}$$

当 $x' > x$ 时，单边交点个数加 1。

(3)重复步骤(1)、(2)直至凸包点遍历完成。当单边交点个数为奇数时，则中心点 C 在凸包内，否则点 C 在凸包外。

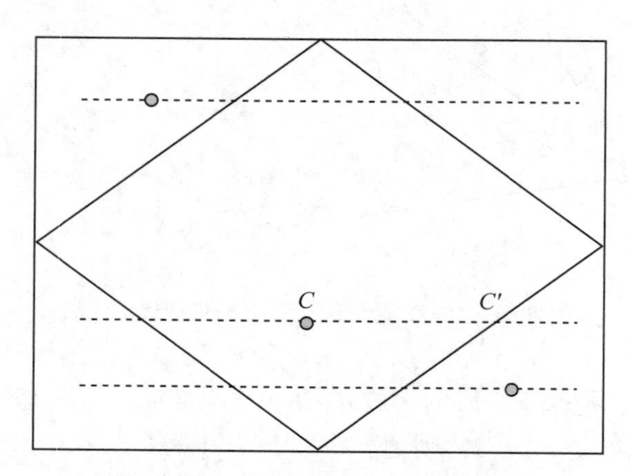

图 38.6　点 C 与凸包间的关系示意图

遍历所有网格，对凸包内的点进行标识。

说明：计算包含在凸包多边形内的格网总数。

五、体积计算

1. 采用反距离加权法求出格网四个顶点的高程

从格网中取出一个格网 g，判断格网 g 是否位于凸包内，若是，则采用反距离加权法求格网 g 4 个顶点的高程，分别记为 h_1，h_2，h_3，h_4。

反距离加权法求某点 P 高程的基本方法如下：

(1)以待插值点 $P(x, y)$ 为圆心，半径为 r 范围内所有离散点 $Qi(x_i, y_i)$，形成点集 Q；

(2)计算点 P 到 Q 中每一已知点 Qi 的距离 d_i，计算公式为：

$$d_i = \sqrt{(x - x_i)^2 + (y - y_i)^2} \tag{38-4}$$

(3)计算 P 点高程的插值结果：

设 Q 中离散点的个数为 n，$Qi(x_i, y_i)$的高程为 h_i，P 点高程的插值为：

$$h_i = \frac{\sum_{i=1}^{n}(h_i/d_i)}{\sum_{i=1}^{n} 1/d_i} \tag{38-5}$$

说明：①r 取外包矩形的长与宽的平均值的 0.4 倍，将 r 的值输出到计算报告中，小数点后保留 3 位数值；②计算凸包多边形顶点的高程，并输出到计算报告中，小数点后保留 3 位数值。

2. 体积计算

(1)计算第 i 个格网 g 对应的斜四棱柱体积 V_i：

$$V_i = \left(\frac{h_1 + h_2 + h_3 + h_4}{4} - h_0\right) \cdot L^2 \tag{38-6}$$

其中，h_1，h_2，h_3，h_4 是格网 g 4 个顶点的高程，h_0 是参考面高程，L 是格网单元的边长。

(2)依次处理每一格网，直至所有格网处理完毕。总体积 V 即为所有斜四棱柱体积 V_i 之和。

说明：①基准高程在数据文件中读出；②在报告中输出格网间隔为 1m、5m、10m 时的总体积。

六、程序优化与开发文档撰写

1. 人机交互界面设计与实现

要求：包括菜单(包括 5 项以上功能)、工具条(包括 5 个以上的功能)、表格(显示前面要求的数据)、图形(显示“图形绘制”要求的内容)、文本(显示计算报告内容)等功能，要求功能正确，可正常运行，布局合理、美观大方、人性化。

2. 计算报告的显示与保存

说明：(1)将相关统计信息、计算报告在用户界面中显示；(2)保存为文本文件(*.txt)。

3. 图形绘制和保存

(1)图形绘制要求：绘制给出数据文件的平面点，凸包多边形，并绘制格网。
(2)图形文件保存要求：将所绘制的图形保存为 DXF 格式的文件。

4. 开发文档

内容包括：(1)程序功能简介；(2)算法设计与流程图；(3)主要函数和变量说明；(4)主要程序运行界面；(5)使用说明。

七、参考源程序

在“https://github.com/ybli/bookcode/tree/master/Part3-ch05”目录下给出了参考答案、源程序、数据。

1. 测试数据计算结果

```
------------------------基本信息---------------------
基准高程：　9
网格间隔：　1
```

网格横格：　43
网格纵格：　26
总网格数：　1118
凸包内的网格数：　651
体积：　1217.252
-----------点位信息---------
外包矩形的顶点坐标：
X 坐标　　Y 坐标
3757.095　2845.174
3757.095　2870.586
……
报告基点是：

点号	X 坐标	Y 坐标	H 高程
P31	3757.095	2846.279	10.65

----------------------------------凸包点-------------------------------

点号	X 坐标	Y 坐标	H 高程
P31	3757.095	2846.279	10.65
……			
P31	3757.095	2846.279	10.65

2. 用户界面

程序运行界面如图 38.7 所示。

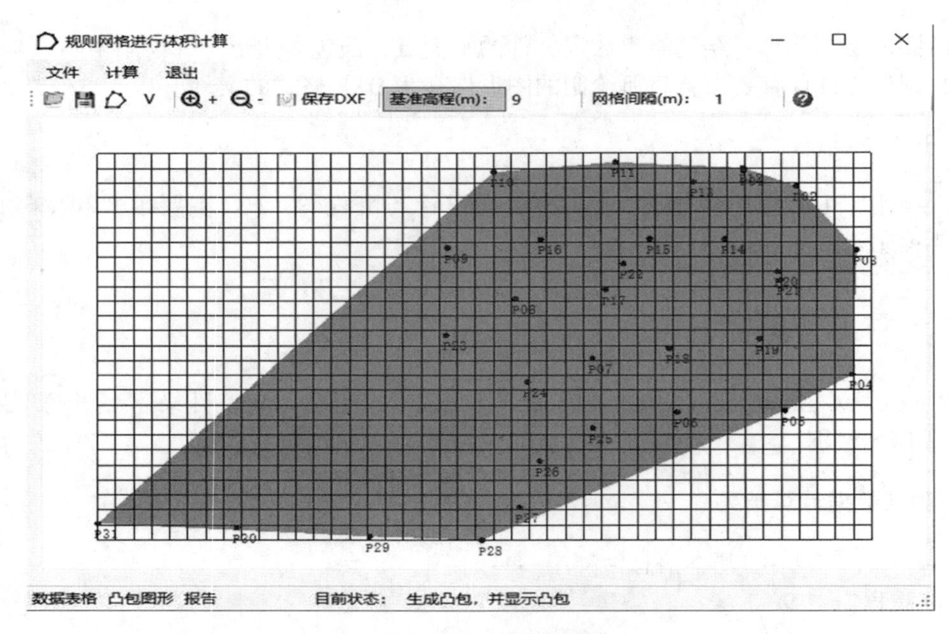

图 38.7　凸包图形显示

第 39 章　大地主题正反算

（作者：陈艳红，主题分类：大地测量）

椭球面点的大地经度 L、大地纬度 B，两点间的大地线长度 S 及其正、反大地方位角 A_1、A_2，统称为大地元素，如图 39.1 所示。如果知道某些大地元素推求另外一些大地元素，这样的计算就叫做大地主题解算。本试题利用白塞尔法进行大地主题正反算。

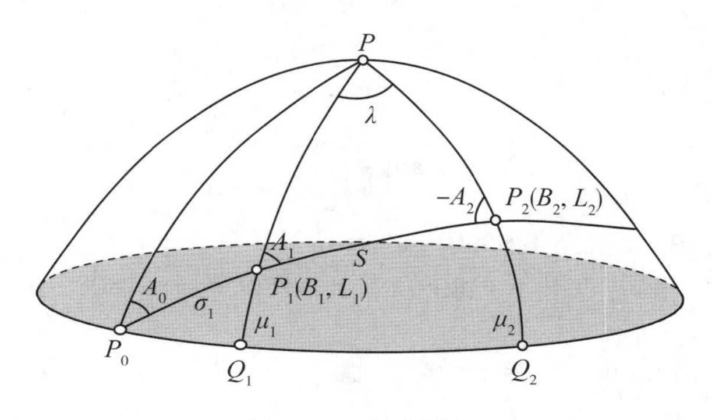

图 39.1　大地元素

一、椭球基本参数

详见《三、进阶篇》“第 25 章　高斯投影正反算及换带/邻带坐标换算”的“二、椭球基本参数”相关内容。

二、利用白塞尔法进行大地主题反算

已知：大地线起点 P_1 的大地坐标(B_1，L_1)、终点 P_2 的大地坐标(B_2，L_2)；

计算：大地线长度 S、起点 P_1 处的大地方位角 A_1、终点 P_2 处的大地方位角 A_2。

1. 辅助计算

详见《三、进阶篇》“第 29 章　大地线长度计算”的公式(29-1)和公式(29-2)相关内容。

说明：(1)用输入数据中的椭球长半轴、扁率倒数和所有点对的纬度，将计算结果输出到计算报告；(2)将经差 l 计算结果输出到计算报告，小数点后保留 3 位数值。

2. 计算起点大地方位角

用逐次趋近法同时计算起点大地方位角 A_1 和经差 $\lambda = l+\delta$。详见《三、进阶篇》“第 29 章　大地线长度计算”的公式(29-3)至公式(29-6)的相关内容。

说明：在计算报告中输出 A_1、λ，输出格式为 dd° mm′ ss. ssss″，其中 dd 表示度(dd°)，mm 表示分(mm′)，ss. ssss 表示秒(ss. ssss″)。

3. 计算大地线长度 S

详见《三、进阶篇》“第 29 章　大地线长度计算”的公式(29-7)和公式(29-8)相关内容。

说明：在计算报告中输出大地线长度 S，小数点后保留 3 位数值。

4. 计算反方位角

$$A_2 = \arctan\left(\frac{\cos u_1 \sin\lambda}{b_1\cos\lambda - b_2}\right) \tag{39-1}$$

若 $A_2<0$，$A_2=A_2+360°$；若 $A_2>360°$，$A_2=A_2-360°$；

若 $A_1<180°$ 且 $A_2<180°$，$A_2=A_2+180°$；若 $A_1>180°$ 且 $A_2>180°$，$A_2=A_2-180°$。

三、白塞尔法大地主题正算步骤

说明：编程实现时，起点(P_1)数据采用上节的起点，大地方位角 A_1 采用上节中的计算结果，大地线长度采用上节的计算结果与 2018 之和，即 $S=S+2018$。

已知：大地线起点 P_1 的纬度 B_1，经度 L_1，大地方位角 A_1，起点 P_1 到终点 P_2 的大地线长度 S；

计算：大地线终点 P_2 的纬度 B_2，经度 L_2 及大地方位角 A_2。

1. 计算起点的归化纬度

$$\begin{cases} W_1 = \sqrt{1 - e^2 \sin^2 B_1} \\ \sin u_1 = \dfrac{\sin B_1 \sqrt{1 - e^2}}{W_1} \\ \cos u_1 = \dfrac{\cos B_1}{W_1} \end{cases} \tag{39-2}$$

说明：在计算报告中输出 W_1，$\sin u_1$，$\cos u_1$，小数点后保留 3 位数值。

2. 计算辅助函数值

$$\begin{cases}\sin A_0 = \cos u_1 \sin A_1 \\ \cot\sigma_1 = \dfrac{\cos u_1 \cos A_1}{\sin u_1} \\ \sigma_1 = \arctan \dfrac{1}{\cot\sigma_1}\end{cases} \tag{39-3}$$

说明：在计算报告中输出 $\sin A_0$，$\cot\sigma_1$，小数点后保留 3 位数值，输出 σ_1，输出格式为 dd° mm′ ss. ssss″，其中 dd 表示度（dd°），mm 表示分（mm′），ss. ssss 表示秒（ss. ssss″）。

3. 计算系数 A，B，C 及 α，β，γ 的值

$$\cos^2 A_0 = 1 - \sin^2 A_0,\ k^2 = e'^2 \cos^2 A_0$$

$$\begin{cases}A = \left(1 - \dfrac{k^2}{4} + \dfrac{7k^4}{64} - \dfrac{15k^6}{256}\right)\Big/ b \\ B = \left(\dfrac{k^2}{4} - \dfrac{7k^4}{8} + \dfrac{37k^6}{512}\right) \\ C = \left(\dfrac{k^4}{128} - \dfrac{k^6}{128}\right)\end{cases} \tag{39-4}$$

$$\begin{cases}\alpha = \left(\dfrac{e^2}{2} + \dfrac{e^4}{8} + \dfrac{e^6}{16}\right) - \left(\dfrac{e^4}{16} + \dfrac{e^6}{16}\right)\cos^2 A_0 + \left(\dfrac{3e^6}{128}\right)\cos^4 A_0 \\ \beta = \left(\dfrac{e^4}{16} + \dfrac{e^6}{16}\right)\cos^2 A_0 - \left(\dfrac{e^6}{32}\right)\cos^4 A_0 \\ \gamma = \left(\dfrac{e^6}{256}\right)\cos^4 A_0\end{cases} \tag{39-5}$$

说明：在计算报告中输出（12）（13）的计算结果，小数点后保留 3 位数值。

4. 计算球面长度

取初始值 $\sigma = AS$，然后代入下式进行迭代计算：

$$\sigma = AS + B\sin(\sigma)\cos(2\sigma_1 + \sigma) + C\sin(2\sigma)\cos(4\sigma_1 + 2\sigma) \tag{39-6}$$

两次差值小于 1.0×10^{-10}时停止迭代计算。

说明：在计算报告中输出（14）的计算结果，小数点后保留 3 位数值。

5. 计算经度差改正数

$$\begin{aligned}\lambda - L &= \delta \\ &= \{\alpha\sigma + \beta\sin(\sigma)\cos(2\sigma_1 + \sigma) + \gamma\sin(2\sigma)\cos(4\sigma_1 + 2\sigma)\}\sin A_0\end{aligned} \tag{39-7}$$

说明：在计算报告中输出（15）的计算结果，输出格式为 dd°mm′ss. ssss″，其中 dd 表

示度(dd°)，mm 表示分(mm′)，ss. ssss 表示秒(ss. ssss″)

6. 计算终点大地坐标及坐标方位角

$$\begin{cases}\sin u_2 = \sin u_1 \cos\sigma + \cos u_1 \cos A_1 \sin\sigma \\ B_2 = \arctan\left(\dfrac{\sin u_2}{\sqrt{1-e^2}\sqrt{1-\sin^2 u_2}}\right) \\ \lambda = \arctan\left(\dfrac{\sin A_1 \sin\sigma}{\cos u_1 \cos\sigma - \sin u_1 \sin\sigma \cos A_1}\right)\end{cases} \tag{39-8}$$

$\sin A_1$ 符号	+	+	−	−
$\tan\lambda$ 符号	+	−	−	+
$\lambda=$	$\lvert\lambda\rvert$	$180°-\lvert\lambda\rvert$	$-\lvert\lambda\rvert$	$\lvert\lambda\rvert-180°$

$$\begin{cases}L_2 = L_1 + \lambda - \delta \\ A_2 = \arctan\left(\dfrac{\cos u_1 \sin A_1}{\cos u_1 \cos\sigma \cos A_1 - \sin u_1 \sin\sigma}\right)\end{cases} \tag{39-9}$$

$\sin A_1$ 符号	−	−	+	+
$\tan A_2$ 符号	+	−	+	−
$A_2=$	$\lvert A_2\rvert$	$180°-\lvert A_2\rvert$	$180°+\lvert A_2\rvert$	$360°-\lvert A_2\rvert$

其中，$\lvert\lambda\rvert$、$\lvert A_2\rvert$ 是其第一象限角。若 $A_2<0$，$A_2=A_2+360°$；若 $A_2>360°$，$A_2=A_2-360°$。

若 $A_1<180°$ 且 $A_2<180°$，$A_2=A_2+180°$；若 $A_1>180°$ 且 $A_2>180°$，$A_2=A_2-180°$。

说明：B_2，L_2，A_2 的计算结果输出到计算报告中，输出格式为 dd°mm′ss. ssss″，其中 dd 表示度(dd°)，mm 表示分(mm′)，ss. ssss 表示秒(ss. ssss″)。

四、数据文件读取和计算报告输出

1. 数据文件读取

编程读取“正式数据 . txt”，数据内容和相应的说明见表 39-1。数据由两部分组成，分别为参考高程和起算数据。其中涉及的角度格式为 dd. mmss，dd 表示度，mm 表示分，ss 表示秒。

表39-1　样例数据的内容及说明

数据内容	数据说明
6378245,298.3	椭球长半轴,扁率倒数
33.33232964 35.52240143	一对测试纬度
A58,45.36462600,83.38441960,B08,46.12279000,83.57155160 A67,39.28078600,85.08528360,P96,44.52121800,83.37080760 B86,46.38349800,84.35121560,P63,40.40553800,84.54191160 P41,43.59396600,83.48392760,Q14,46.54361800,85.33540360 P98,41.50468600,84.33165960,P62,43.00124200,84.08380760 Q75,47.00120600,86.53233160,P05,42.56169800,84.10023160	反算数据() 起点,纬度,经度,终点,纬度,经度

2. 计算报告的显示与保存

说明：(1)将相关统计信息、计算报告在用户界面中显示，在开发文档中给出1张相关截图；(2)保存为文本文件(＊.txt)，并将计算结果的全部内容插入开发文档中。

五、程序优化与开发文档撰写

1. 人机交互界面设计与实现

要求实现：包括菜单(包括5项以上功能)、工具条(包括5个以上的功能)、表格(显示前面要求的数据)、图形(显示“图形绘制”要求的内容)、文本(显示计算报告内容)等功能，要求功能正确，可正常运行，布局合理、美观大方、人性化。

2. 图形绘制和保存

图形绘制要求：(1)绘制“正式数据.txt”文件数据的坐标、点名，以及起点与终点之间的连线。

(2)图形文件保存要求：将“图形绘制”的图形保存为DXF格式的文件。

3. 开发文档

内容包括：(1)程序功能简介；(2)算法设计与流程图；(3)主要函数和变量说明；(4)主要程序运行界面；(5)使用说明。

六、参考源程序

参考源程序在“https://github.com/ybli/bookcode/tree/master/Part3-ch06”目录下。图

39.2 是用户界面样例。

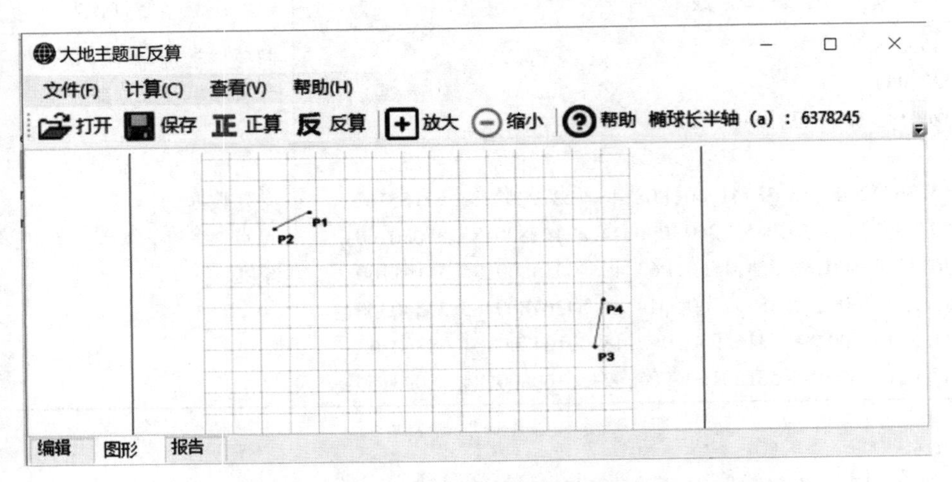

图 39.2　用户界面

第40章　基于内插和拟合的卫星轨道计算

（作者：刘宁，主题分类：卫星导航）

精密星历数据是间隔为15min的卫星三维坐标(X, Y, Z)，在实际定位计算时，GPS观测数据的采样间隔一般为30s、15s、5s，甚至更密，因此精密星历在使用时要采取一定的方法进行加密，与户的采样间隔保持一致。所以，对精密星历进行内插或拟合就成为数据处理等应用中的一项重要工作。

一、精密星历数据文件读取

编写程序分别读取“卫星坐标数据15min.txt”和“卫星坐标数据5min.txt”两个文件，部分数据内容如图40.1所示。

```
#aP2002  1  1  0  0  0.00000000       96     D ITR00 FIT  NGS
## 1147 172800.00000000   900.00000000 52275 0.0000000000000
+   27       1  2  3  4  5  6  7  8  9 10 11 13 14 15 17 18 20
+           21 22 23 25 26 27 28 29 30 31  0  0  0  0  0  0  0
+            0  0  0  0  0  0  0  0  0  0  0  0  0  0  0  0  0
+            0  0  0  0  0  0  0  0  0  0  0  0  0  0  0  0  0
+            0  0  0  0  0  0  0  0  0  0  0  0  0  0  0  0  0
++           4  4  4  4  4  4  0  3  4  4  4  4  4  4  5  4  4
++           4  4  4  4  4  3  4  4  3  4  0  0  0  0  0  0  0
++           0  0  0  0  0  0  0  0  0  0  0  0  0  0  0  0  0
++           0  0  0  0  0  0  0  0  0  0  0  0  0  0  0  0  0
++           0  0  0  0  0  0  0  0  0  0  0  0  0  0  0  0  0
%c cc cc ccc ccc cccc cccc cccc cccc ccccc ccccc ccccc ccccc
%c cc cc ccc ccc cccc cccc cccc cccc ccccc ccccc ccccc ccccc
%f  0.0000000  0.000000000  0.00000000000  0.000000000000000
%f  0.0000000  0.000000000  0.00000000000  0.000000000000000
%i    0    0    0    0      0      0      0      0         0
%i    0    0    0    0      0      0      0      0         0
/* CCCCCCCCCCCCCCCCCCCCCCCCCCCCCCCCCCCCCCCCCCCCCCCCCCCCCCCCC
/* CCCCCCCCCCCCCCCCCCCCCCCCCCCCCCCCCCCCCCCCCCCCCCCCCCCCCCCCC
/* CCCCCCCCCCCCCCCCCCCCCCCCCCCCCCCCCCCCCCCCCCCCCCCCCCCCCCCCC
/* CCCCCCCCCCCCCCCCCCCCCCCCCCCCCCCCCCCCCCCCCCCCCCCCCCCCCCCCC
*  2002  1  1  0  0  0.00000000
P  1  25107.086451    964.867806   8840.974554 999999.999999
P  2  15955.019725  -8899.126367 -18440.844698 999999.999999
P  3   6049.402064  14667.398150 -21355.417692 999999.999999
P  4   1151.236715 -18361.527246  19129.313994 999999.999999
P  5 -14282.746260  -7277.114587  21133.009608 999999.999999
P  6 -26136.056318   5161.839525   1333.446284 999999.999999
P  7  13278.517436 -16059.330626  16697.423506 999999.999999
P  8   9350.534691 -12448.802185 -21736.935579 999999.999999
P  9 -21451.368665 -13846.704828   7778.344143 999999.999999
P 10  -3622.983570 -21723.767875 -14688.318822 999999.999999
```

图40.1　精密星历数据

其中前22行是头文件信息，包含版本号、轨道数据首历元的时间、数据历元间隔、具有数据的卫星PRN号、数据的精度指数及注释等。第23行是时间行，内容由年、月、日、时、分、秒组成，时间是世界时。第24行及其以后分别是卫星标识(第1~4列)、卫星轨道X分量(第5~18列，以km为单位)、卫星轨道Y分量(第19~32列，以km为单位)、卫星轨道Z分量(第33~46列，以km为单位)。同时随机选取PRN2号卫星的星历数据，时段为2002年1月1日0时0分0秒—4时0分0秒，进行后续卫星轨道的计算。

二、插值和拟合算法实现

1. Lagrange 插值

设有$n+1$个节点时刻t_0，t_1，…，t_n对应的精密星历坐标(或钟差)某项为：y_0，y_1，…，y_n，则计算任意时刻卫星坐标(或钟差)的n阶插值多项式为：

$$y(t)=\sum_{i=0}^{n}\frac{(t-t_0)\cdots(t-t_{i-1})(t-t_{i+1})\cdots(t-t_n)}{(t_i-t_0)\cdots(t_i-t_{i-1})(t_i-t_{i+1})\cdots(t_i-t_n)}y_i \tag{40-1}$$

利用上式分别对卫星坐标的三个分量(X，Y，Z)和钟差进行内插计算，便得到采样时刻卫星的坐标和钟差。

2. Neville 插值

设有$n+1$个节点时刻t_0，t_1，…，t_n对应的精密星历坐标(或钟差)某项为：y_0，y_1，…，y_n，令$T_{i,0}=y_i(i=0,1,2,\cdots,n)$，则有：

$$T_{i,j}=\frac{(t-t_i)T_{i-1,j-1}-(t-t_{i-j})T_{i,j-1}}{t_{i-j}-t_i}\quad(i,j=1,2,\cdots,n) \tag{40-2}$$

其算法的详细流程见表40-1。

表40-1 **Neville 算法流程表**

历元时刻	第一步	第二步	第三步	…	第n步
t_0	$T_{0,0}$				
t_1	$T_{1,0}$	$T_{1,1}$			
t_2	$T_{2,0}$	$T_{2,1}$	$T_{2,2}$		
⋮	⋮	⋮	⋮	⋱	
t_n	$T_{n,0}$	$T_{n,1}$	$T_{n,2}$		$T_{n,n}$

3. Chebyshev 拟合

由于Chebyshev多项式只适用于自变量区间为[-1，1]的情况，假设插值的初始时

间为 t_0，在时间段 $[t_0, t_0+\Delta t]$ 的区间内采用 n 阶 Chebyshev 多项式逼近时，首先用以下公式：

$$\tau = \frac{2}{\Delta t}(t - t_0) - 1 \tag{40-3}$$

将变量 t 的区间归化到 $[-1, 1]$ 上。则卫星坐标的 Chebyshev 拟合多项式可表示为下式：

$$y(\tau) = \sum_{i=0}^{n} C_{y_i} T_i(\tau) \tag{40-4}$$

其中，n 为多项式阶数；C_{y_i} 为多项式系数；$T_i(\tau)$ 为第 i 阶 Chebyshev 多项式，可通过下列递推关系求出：

$$T_0(\tau) = 1,\ T_1(\tau) = t,\ T_{n+1}(\tau) = 2\tau T_n(\tau) - T_{n-1}(\tau) \quad (n = 1, 2, 3, \cdots) \tag{40-5}$$

在时间段 $[t_0, t_0+\Delta t]$ 选取 $m\ (m > n+1)$ 个节点历元，根据每个历元对应的卫星坐标，可列出误差方程

$$\boldsymbol{V} = \boldsymbol{BC} - \boldsymbol{l} \tag{40-6}$$

其中：$\boldsymbol{V}$ 为残差向量；$\boldsymbol{B}$ 为 Chebyshev 多项式矩阵；$\boldsymbol{C}$ 为待求的未知数向量，即多项式系数；$\boldsymbol{l}$ 为节点历元对应的卫星坐标。以上各符号写成矩阵的形式为：

$$\boldsymbol{V} = \begin{bmatrix} v_1 \\ v_2 \\ \vdots \\ v_m \end{bmatrix},\ \boldsymbol{B} = \begin{bmatrix} T_0(\tau_1) & T_1(\tau_1) & \cdots & T_n(\tau_1) \\ T_0(\tau_2) & T_1(\tau_2) & \cdots & T_n(\tau_2) \\ \vdots & \vdots & & \vdots \\ T_0(\tau_m) & T_1(\tau_m) & \cdots & T_n(\tau_m) \end{bmatrix},\ \boldsymbol{C} = \begin{bmatrix} C_{y_0} \\ C_{y_1} \\ \vdots \\ C_{y_n} \end{bmatrix},\ \boldsymbol{l} = \begin{bmatrix} Y(\tau_1) \\ Y(\tau_2) \\ \vdots \\ Y(\tau_m) \end{bmatrix} \tag{40-7}$$

根据最小二乘准则，可以得出 $\boldsymbol{C} = (\boldsymbol{B}^{\mathrm{T}}\boldsymbol{PB})^{-1}\boldsymbol{B}^{\mathrm{T}}\boldsymbol{Pl}$。由于各卫星轨道观测为等权观测，所以 $\boldsymbol{P}$ 为单位阵，因此 $\boldsymbol{C}$ 可改写为 $\boldsymbol{C} = (\boldsymbol{B}^{\mathrm{T}}\boldsymbol{B})^{-1}\boldsymbol{B}^{\mathrm{T}}\boldsymbol{l}$，将 $\boldsymbol{C}$ 回代入式(40-4)，并结合式(40-5)便可求解相应区间内任意时刻的卫星坐标。

4. Legendre 拟合

该算法与 Chebyshev 多项式拟合类似，归化时间 t 的区间后，GPS 卫星坐标的 Legendre 拟合多项式可表示为

$$y(\tau) = \sum_{i=0}^{n} C_{y_i} P_i(\tau) \tag{40-8}$$

上式中，$P_i(\tau)$ 为第 i 阶 Legendre 多项式，其他系数与 Chebyshev 多项式相同，$P_i(\tau)$ 通过下列递推关系求出：

$$P_0(\tau) = 1,\ P_1(\tau) = \tau,\ P_{n+1}(\tau) = \frac{2n+1}{n+1}\tau P_n(\tau) - \frac{n}{n+1}P_{n-1}(\tau) \quad (n = 1, 2, 3, \cdots) \tag{40-9}$$

求解 Legendre 多项式拟合系数矩阵的原理与 Chebyshev 多项式相同，只需将矩阵 $\boldsymbol{B}$ 中的各阶 Chebyshev 多项式换成同阶的 Legendre 多项式即可。

三、程序优化与开发文档撰写

1. 人机交互界面设计与实现

要求实现：包括菜单(包括5项以上功能)、工具条(包括5个以上的功能)、表格(显示前面要求的数据)、图形(显示“图形绘制”要求的内容)、文本(显示计算报告内容)等功能，要求功能正确，可正常运行，布局合理、美观大方、人性化。

2. 计算结果报告

通过上述内插和拟合算法对15min的星历数据进行加密处理，计算得到间隔5min的卫星轨道坐标，并分别输出Lagrange插值、Neville插值、Chebyshev拟合和Legendre拟合算法各自的计算结果文件。并与“卫星坐标数据5min. txt”文件中相应时刻的卫星轨道进行对比，评定4种算法的计算精度，输出中误差、最大误差和最小误差结果。

3. 开发文档

内容包括：(1)程序功能简介；(2)算法设计与流程图；(3)主要函数和变量说明；(4)主要程序运行界面；(5)使用说明。

四、参考源程序

参考源程序在“https：//github. com/ybli/bookcode/tree/master/Part3-ch07”目录下。

1. 源程序说明

程序中主要包含以下函数：
(1)IGS_Ephemeris_Fifteen()、IGS_Ephemeris_Five()：15min和5min原始数据读取；
(2)Zhuanzhi()、Mutliply()和MRinv()分别为矩阵转置、矩阵相乘及矩阵求逆；
(3)Lagrange_Click()为Lagrange插值计算5min卫星轨道的具体算法实现；
(4)Neville_Click()为Neville插值计算5min卫星轨道的具体算法实现；
(5)Chebyshev_Click()为Chebyshev拟合计算5min卫星轨道的具体算法实现；
(6)Legendre_Click()为Legendre拟合计算5min卫星轨道的具体算法实现；
(7)Mean_Square_Error_Click()为插值和拟合算法的中误差精度评定；
(8)Maximum_Error_Click()为插值和拟合算法的最大误差结果计算；
(9)Minimum_Error_Click()为插值和拟合算法的最大误差结果计算；
(10)Using_Document_Click()为使用本程序的帮助文档介绍。

2. 测试数据计算结果

在文件夹“data”下，给出了“ECF5MIN. txt”和“ECF15MIN”卫星轨道数据文件，相应的内插和拟合计算结果、精度评定结果在文件夹“result”下。使用时可利用可执行程序中的“帮助”菜单进行相应的操作。程序运行界面如图 40.2 所示。

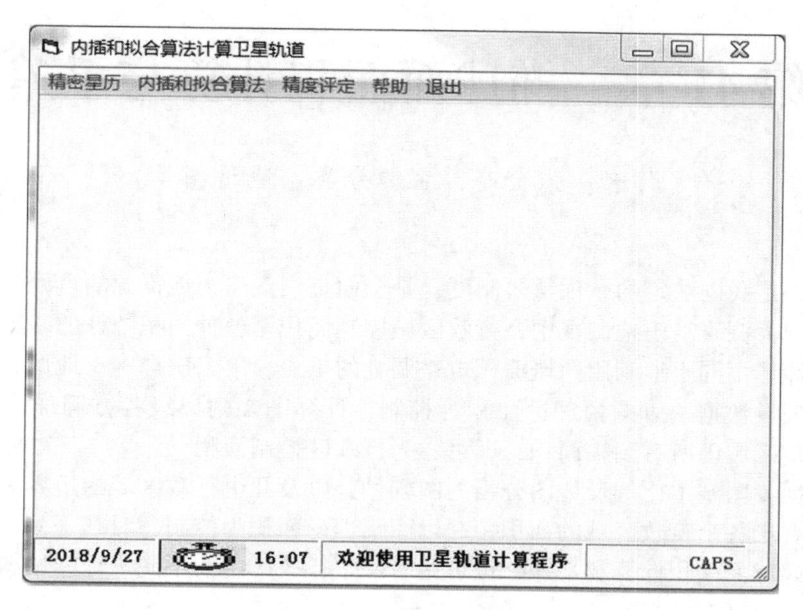

图 40.2　程序运行界面

第41章 椭球面面积计算与平差

（作者：张金亭，主题分类：地籍测量）

土地调查是我国法定的一项重要制度，是全面查实查清土地资源的重要手段，是一项重大的国情国力调查。土地调查中，行政区域控制面积是各种面积统计的基础，此外，在行政区域内计算不同土地利用图斑面积也是调查的重点。第二次全国土地调查中，根据标准分幅界线矢量数据，以图幅理论面积为控制，计算图幅内界线各方椭球面面积，并平差，汇总行政区域内所有图幅面积，即可作为行政区控制面积。

给定根据我国基本比例尺地图分幅的图幅号，以及几个行政区域的边界矢量信息，计算出图幅内属于各个行政区域的面积，并以图幅理论面积为控制，对其平差。本算法可用于行政子区椭球面面积计算和平差，也可用于一个行政区内的不同土地利用图斑椭球面面积平差和平差，具有较强的适应性。

一、数据读取

编写程序读取“data. txt”文件，数据可分为两部分。第一部分为图幅幅号，图号由10位码组成。第二部分为给定的各行政区域边界信息，见表41-1，首行为行政区域代码，其后各行为该区域边界的转点高斯坐标，用逗号分隔，形式为“坐标Y，坐标X”。该数据中的高斯坐标按3度带分带。每个多边形辖区数据的首尾相连。

表41-1 行政区域界限数据

样例数据	格式说明
B48H109193	图幅幅号
A01	行政区域代码
36499463. 18，636881. 7875	坐标Y，坐标X
36499320. 19，636615. 96	
36499211. 9175，636205. 9465	
36499383. 385，635408. 98525	
36499409. 8，635388. 6445	
……	

二、坐标反算

1. 提取点集

对行政区域 A(可视为一个封闭多边形)的 n 个顶点按顺时针或逆时针连续编号，记为 $P_i(i=1, 2, 3, \cdots, n)$。提取高斯平面坐标 $P_i(X_i, Y_i)$ 形成点集 S_1。高斯平面坐标保留 4 位小数，小数点后第 5 位四舍五入。

2. 坐标转换

将高斯平面坐标换算为相应椭球的大地坐标 $P_i(B_i, L_i)$，形成点集 G_1。计算方法见《三、进阶篇》“第 25 章　高斯投影正反算及换带/邻带坐标换算”的公式(25-4)至公式(25-9)。

高斯投影反解变换后的 B、L 为弧度制。

三、分幅计算

1. 分幅依据

根据 1991 年后的国家标准基本比例尺地形图编号系统，行政区域控制面积计算在 1∶5 000比例尺下进行，分幅经差为 1′52.5″，分幅纬差为 1′15″。

2. 图幅编号计算

我国基本比例尺地形图分幅均以国际 1∶100 万地图为基础，逐次加密划分而成。图号由 5 个元素 10 位码组成：第一位为 1∶100 万行号，第二、第三位为 1∶100 万列号，第四位为比例尺代码，第五到七位为图幅行号，第八到十位为图幅列号，例如：J50B001001。(1∶5 000比例尺代码为 H)。据此，可计算出给定幅号的各角点坐标，用于理论面积计算。

3. 图幅理论面积计算

行政区域内的整幅图幅理论面积，可根据下式进行计算：

$$
\begin{aligned}
P = \frac{4\pi b^2 \Delta L}{360 \times 60}\Big[& A\sin\frac{1}{2}(B_2 - B_1)\cos B_m - B\sin\frac{3}{2}(B_2 - B_1)\cos 3B_m \\
& C\sin\frac{5}{2}(B_2 - B_1)\cos 5B_m - D\sin\frac{7}{2}(B_2 - B_1)\cos 7B_m \\
& E\sin\frac{9}{2}(B_2 - B_1)\cos 9B_m \Big]
\end{aligned}
\tag{41-1}
$$

式中，ΔL 为图幅东西图廓的经差(单位：分)，$(B_2 - B_1)$ 为图幅南北图廓的纬差(单位：弧度)，$B_m=(B_1+B_2)/2$(单位：弧度)。

4. 行政区域在图幅内部分求取

对于行政区域边界集 G_1，首先根据图幅的角点信息，求出在图幅内的点，仍按原顺序排列。图幅内的点应满足：

$$\begin{cases} B_{\mathrm{WS}} < B_i < B_{\mathrm{EN}} \\ L_{\mathrm{WS}} < L_i < L_{\mathrm{EN}} \end{cases} \tag{41-2}$$

下标 WS 为图幅西南角点，下标 EN 为图幅东北角点，下标 i 为边界点。

据此，提取出图幅内点集 G_2。

5. 破幅补全

要求出图幅内的行政区域面积，除在其内的所有边界点外，还需要补足边界与图幅的交点，部分还需要补足图幅角点，才能形成完整的封闭多边形，从而进行面积计算。如图 41.1 所示，图中 Q_2 到 Q_6 为原边界点，Q_1、P_4、P_3 和 Q_7 为补足点。实线边框代表图幅，虚线边框代表图幅内的行政区域范围。计算交点时，直接将大地坐标作为平面坐标求交。其中出现的误差可忽略不计。

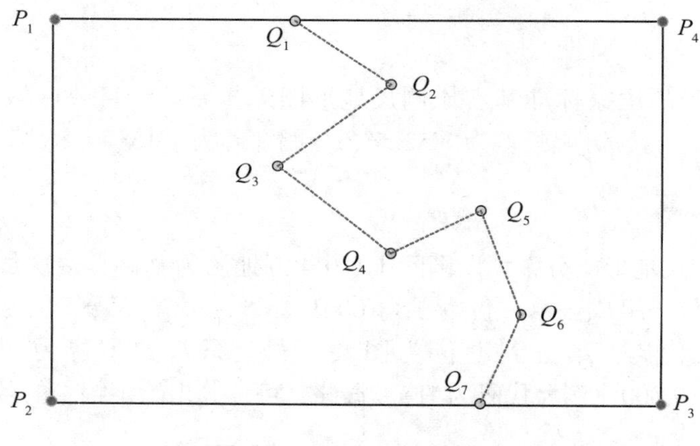

图 41.1　破幅补全示意图

四、面积计算

1. 椭球面上任意图斑面积计算

行政区域落在图幅内的部分，可看作一个任意图斑进行计算。任意图斑总是可以分割成有限个梯形图块，因此，任意封闭区域的面积 P 可通过下式计算：

$$P = \sum_{x=1}^{n} S_x,\ (x = 1,\ 2,\ \cdots,\ n) \tag{41-3}$$

式中，S_x 为分割的梯形图块面积，n 为分割的图块数。

此外，依顺序将经度值相减计算梯形的高，梯形图块面积可为正数或负数，将其代数值相加即为总面积。

2. 图斑分割

指定一条经线 L_0，过多边形 A 的每条边的两个端点对 L_0 作垂线，这样多边形的边、两条垂线和 L_0 就围成了 n 个梯形图块 $T_i(i=1,\ 2,\ 3,\ \cdots,\ n)$。将梯形图块 T_i 按该边上的插值点再次依上法分割，形成 $m+1$ 个小梯形图块 $ST_j(j=1,\ 2,\ 3,\ \cdots,\ m+1)$，$m$ 为内插点数，如图 41.2 所示。

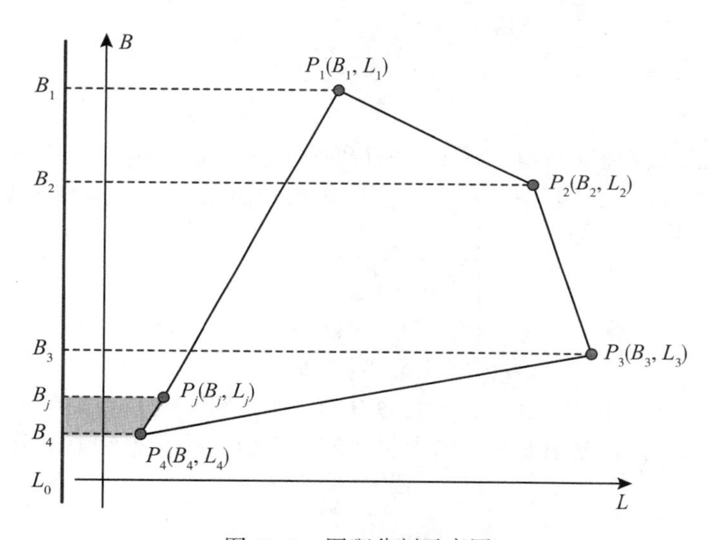

图 41.2 图斑分割示意图

3. 椭球面上任意梯形图块面积计算

计算出各小梯形图块 $ST_j(j=1,\ 2,\ 3,\ \cdots,\ m+1)$ 的面积 S_{ST_j}，从而得到梯形图块 S_{T_i} 的面积。椭球面上任一梯形图块面积计算公式如下（计算结果保留 2 位小数，小数点后第 3 位四舍五入）：

$$\begin{aligned} S = 2b^2\Delta L\Big[& A\sin\frac{1}{2}(B_2 - B_1)\cos B_m - B\sin\frac{3}{2}(B_2 - B_1)\cos 3B_m - \\ & C\sin\frac{5}{2}(B_2 - B_1)\cos 5B_m - D\sin\frac{7}{2}(B_2 - B_1)\cos 7B_m - \\ & E\sin\frac{9}{2}(B_2 - B_1)\cos 9B_m\Big] \end{aligned} \tag{41-4}$$

式中，$B_m=(B_1+B_2)/2$，ΔL 为图块经差(以弧度制表示)，A、B、C、D、E 的计算公式为：

$$\begin{cases} A = 1 + \left(\frac{3}{6}\right)e^2 + \left(\frac{30}{80}\right)e^4 + \left(\frac{35}{112}\right)e^6 + \left(\frac{630}{2304}\right)e^8 \\ B = \left(\frac{1}{6}\right)e^2 + \left(\frac{15}{80}\right)e^4 + \left(\frac{21}{112}\right)e^6 + \left(\frac{420}{2304}\right)e^8 \\ C = \left(\frac{3}{80}\right)e^4 + \left(\frac{7}{112}\right)e^6 + \left(\frac{180}{2304}\right)e^8 \\ D = \left(\frac{1}{112}\right)e^6 + \left(\frac{45}{2304}\right)e^8 \\ E = \left(\frac{5}{2304}\right)e^8 \end{cases} \tag{41-5}$$

五、面积平差

根据计算出的图幅理论面积，对图幅内行政区域图块面积进行平差。设各行政区域落在图幅内的面积为 $S_i(i=1, 2, 3, \cdots, n)$，图幅理论面积为 S_p，按照下式进行平差：

$$\begin{cases} S_{总} = \sum_{i=1}^{n} S_i \\ \varepsilon = S_P - S_{总} \\ S'_i = S_i + \varepsilon \cdot S_i / S_{总} \end{cases} \tag{41-6}$$

根据实际工作中的计算需求，若 ε 超过 0.001 则进行平差，否则可不进行平差。

说明：在计算中报告输出面积差值，保留四位小数，并在程序中显示是否需要平差的检查结果。

六、参考源程序

参考源程序在"https：//github. com/ybli/bookcode/tree/master/Part3-ch08"目录下。界面样例如图 41. 3 所示。

样例数据参考答案：

-------------行政区域面积及平差信息表-------------

行政区域代码	行政区域计算面积(m²)	平差配赋面积(m²)	平差后面积(m²)
A01	602860. 7931	0. 0000	602860. 7931
A02	4870287. 8152	0. 0000	4870287. 8152
A03	2501470. 3923	0. 0000	2501470. 3923

……

------------------图幅信息信息表------------------

图幅代码　　图幅西南角坐标　　图幅面积(m²)

B48H109193　5. 4345，108. 0000　　　7974619. 00057004

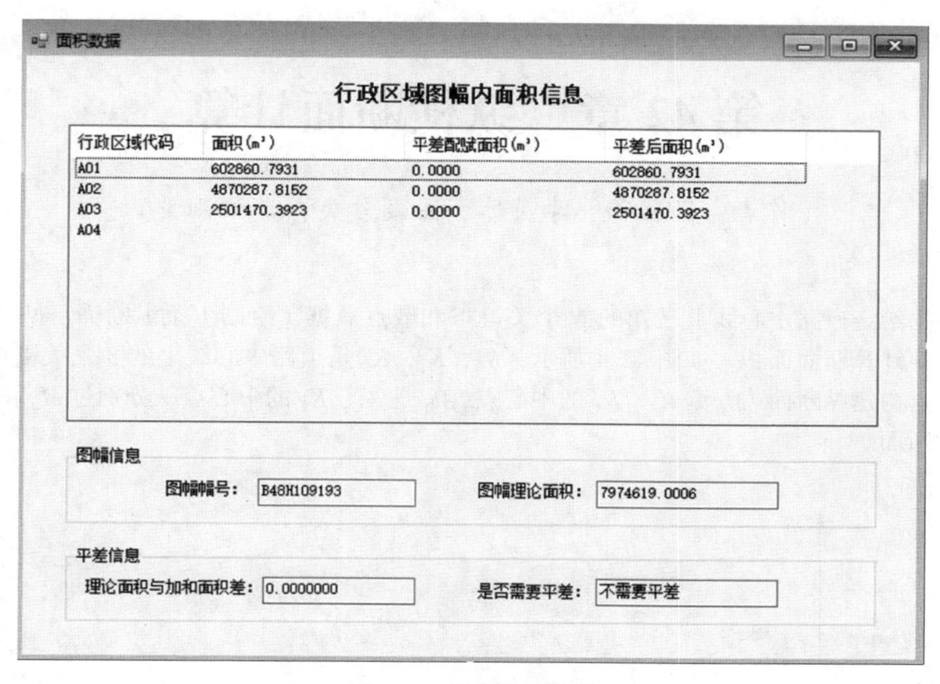

图 41. 3　用户界面样例

第 42 章　纵横断面计算

（作者：孙佳伟、李英冰，主题分类：工程测量）

根据给定道路中心线上已知的 N 个关键点和散点数据，绘制 1 条纵断面，$N-1$ 条横断面，并计算断面面积。如图 42.1 所示，K_0，K_1，K_2 是道路中心线上的 3 个关键点，过这 3 个点构建纵断面。M_0 是 K_0、K_1 的中心点，M_1 是 K_1、K_2 的中心点，分别过 M_0 和 M_1 点绘制横断面。

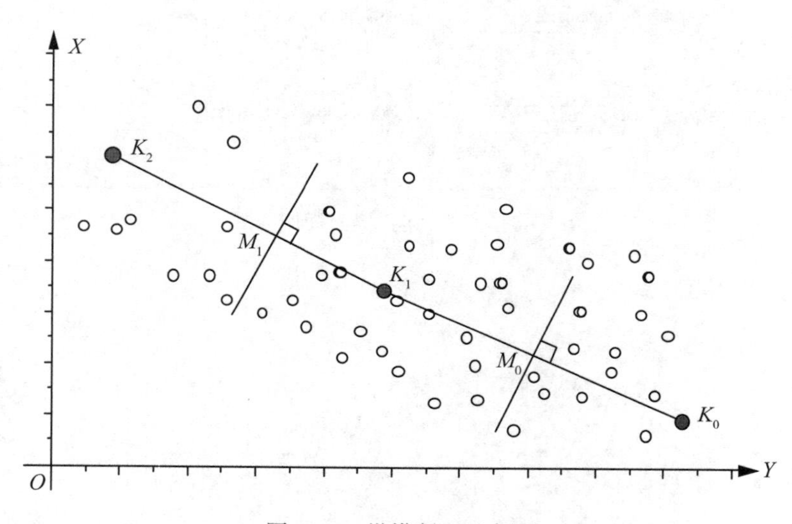

图 42.1　纵横断面示意图

一、基本算法

1. 坐标方位角计算

已知两点 $A(x_A,\ y_A)$，$B(x_B,\ y_B)$，计算 A，B 的坐标方位角 α_{AB}，具体计算公式见《三、进阶篇》“第 26 章　交会法定位计算”的公式(26-2)。

说明：利用输入文件中的 A，B 两点，计算坐标方位角，在计算报告中输出，输出格式为 dd°mm′ss. ssss″，其中 dd 表示度(dd°)，mm 表示分(mm′)，ss. ssss 表示秒(ss. ssss″)

2. 内插点 P 的高程值的计算方法

采用反距离加权法求内插点 P 的高程，计算方法为：

(1)以点 $P(x, y)$ 为圆心，寻找最近的 n 个离散点 $Q_i(x_i, y_i)$，形成点集 Q(在计算过程中 n 取 5)；

(2)计算 P 到 Q 中每一已知点 Q_i 的距离 d_i，计算公式为：

$$d_i = \sqrt{(x - x_i)^2 + (y - y_i)^2} \tag{42-1}$$

(3)计算 P 点的内插高程：

设 $Q_i(x_i, y_i)$ 的高程为 h_i，P 点高程 h 的插值为：

$$h = \frac{\sum_{i=1}^{n}(h_i/d_i)}{\sum_{i=1}^{n}(1/d_i)} \tag{42-2}$$

说明：以 K_1 为内插点，计算最近 5 个点的点号、距离，以及内插高程，将结果输出到计算报告里，小数点后保留 3 位数值。

3. 断面面积的计算

已知梯形两点 P_i，P_{i+1} 两点间的平面投影距离为 ΔL_i，基准高程为 h_0。

点 P_i，P_{i+1} 的高程分别为 h_i，h_{i+1}，如图 42.2 所示，则该梯形的面积为：

$$S_i = \frac{(h_i + h_{i+1} - 2h_0)}{2}\Delta L_i \tag{42-3}$$

将断面的所有梯形进行累加得到最后的总面积：

$$S = \sum S_i \tag{42-4}$$

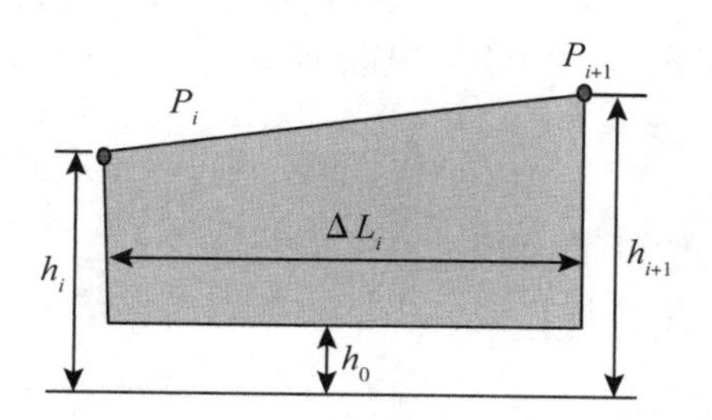

图 42.2　梯形面积示意图

说明：以 K_0，K_1 为梯形的两个端点(不考虑中间内插点)，计算其梯形面积，将结果输出到计算报告中，小数点后保留 3 位数值。

二、道路纵断面计算

以道路中心线上的 $n+1$ 个关键点 K_0，K_1，…，K_n，形成道路的纵断面。

1. 计算纵断面的长度

已知 $K_i(x_i, y_i)$，$K_{i+1}(x_{i+1}, y_{i+1})$，可以计算它们之间的距离，公式为：

$$D_i = \sqrt{(x_{i+1} - x_i)^2 + (y_{i+1} - y_i)^2} \tag{42-5}$$

纵断面的总长度为 $D = \sum_{i=0}^{1} D_i$。

说明：在计算报告中输出纵断面的总长度，小数点后保留 3 位数值。

2. 计算内插点的平面坐标

在纵断面上，从起点 K_0 开始，每隔 Δ 内插一点，记为 P_i，形成纵断面上的内插点序列 P。

当插值点 P_i 在 K_0，K_1 直线上，则 P_i 点的坐标为

$$\begin{cases} x_i = x_0 + L_i\cos(\alpha_{01}) \\ y_i = y_0 + L_i\sin(\alpha_{01}) \end{cases} \tag{42-6}$$

其中，α_{01}为 $K_0(x_0, y_0)$，$K_1(x_1, y_1)$ 的方位角，L_i 是待插值点 P_i 距点 K_0 的平面投影距离。

当插值点在 K_j 和 K_{j+1} 直线上，则 P_i 点的坐标为

$$\begin{cases} x_i = x_j + (L_i - D_0)\cos(\alpha_{j,\ j+1}) \\ y_i = y_j + (L_i - D_0)\sin(\alpha_{j,\ j+1}) \end{cases} \tag{42-7}$$

其中，α_{12}为 K_jK_{j+1} 的坐标方位角，L_i 是待插值 P_i 点和 K_0 点之间沿中心线的平面投影距离，D_0 是 K_j 和 K_0 之间沿中心线的平面投影距离。

根据内插点的平面坐标，依据公式(42-2)计算其高程。

说明：(1)内插距离按照 $\Delta = 10\text{m}$，纵断面中包含 K_0，K_1，…，K_n等关键点；(2)所有内插点的坐标、高程输出到计算报告，小数点后保留 3 位数值；(3)以到 K_0 点的距离为 X 坐标，高程为 Y 坐标，在用户界面中绘制纵断面图形。

3. 计算纵断面面积

根据公式(42-4)，计算纵断面面积。

说明：将纵断面面积输出到计算报告中，小数点后保留 3 位数值。

三、道路横断面计算

1. 计算横断面中心点

取 K_i，K_{i+1} 的中心点 $M_i(x_{M_i}, y_{M_i})$，计算公式为：

$$x_{M_i} = \frac{x_i + x_{i+1}}{2},\ y_{M_i} = \frac{y_i + y_{i+1}}{2} \tag{42-8}$$

说明：在计算报告中输出所有横断面中心点的坐标，小数点后保留 3 位数值。

2. 计算横断面插值的平面坐标和高程

过横断面中间点 M_i，分别向直线 K_0，…，K_n 作垂直线，两边各延伸 25 米，得到 n 条横断面。

过 M 点的横断面的坐标方位角为 α_{M_i}，计算公式为：

$$\alpha_{M_i} = \alpha_{i,\ i+1} + 90° \tag{42-9}$$

过 M 点横断面的内插点 P_i 的平面坐标为：

$$\begin{cases} x_j = x_{M_i} + j\Delta\cos(\alpha_M) \\ y_j = y_{M_i} + j\Delta\sin(\alpha_M) \end{cases} \quad (j = -5,\ \cdots,\ 5) \tag{42-10}$$

根据内插点的平面坐标，依据公式(42-2)计算其高程。

说明：(1)内插距离按照 $\Delta=5\text{m}$，所有内插点的坐标、高程输出到计算报告，小数点后保留 3 位数值；(2)在报告中输出每个内插点最近 5 个点的点号；(3)以横断面内插点的里程为 X 坐标，高程为 Y 坐标，在用户界面中绘制横断面图形，小数点后保留 3 位数值。

3. 计算横断面面积

根据公式(42-4)，计算横断面面积。

说明：在计算报告中输出横断面面积，小数点后保留 3 位数值。

四、数据文件读取和计算报告输出

1. 数据文件的读取

编程读取“data. txt”文件。数据内容和格式见表 42-2，将“点名，X 分量，Y 分量，高程 H”等数据读入。(注意关键点数目 $N\geqslant3$)

表 42-2　**数据内容和格式说明**

数据内容	格式说明
H0，10.000 K0，K1，K2 A，4562.028，3354.823 B，4527.910，3358.913	参考面高程，高程值 点名 1，点名 2，点名 3(三点为道路中心线上点，相应坐标见后面数据主体) 测试点名(A，B)，X(m)，Y(m)
K0，4574.012，3358.300，12.922 P01，4570.355，3382.210，10.558 P02，4571.827，3372.090，10.619 P03，4570.907，3362.574，10.771 P04，4569.494，3355.660，14.233 P05，4556.682，3361.789，16.660 ……	点名，X(m)，Y(m)，H(m)

2. 计算报告的保存

要求：(1)将计算报告保存为文本文件(＊.txt)；(2)在开发文档中，给出1张用附件中“记事本”打开的计算报告文档截图。

五、程序优化与开发文档撰写

1. 用户界面

人机交互界面设计与实现要求：包括菜单(包括5项以上功能)等功能，要求功能正确，可正常运行，布局合理、美观大方、人性化。

2. 开发文档

内容包括：(1)程序功能简介；(2)算法设计与流程图；(3)主要函数和变量说明；(4)主要程序运行界面；(5)使用说明。

六、参考源程序

在“https：//github.com/ybli/bookcode/tree/master/Part3-ch09”目录下给出源程序，源程序用Visual Basic语言编写。

图42.3是参考用户界面，有基本计算(数据文件读入/坐标方位角计算)、内插点高程值计算(反距离加权法/断面面积计算)、道路纵断面计算(纵断面长度计算/内插点平面坐标计算)、道路横断面计算(横断面中心点计算/横断面插值点的平面坐标和高程计算)、帮助、退出等信息；图42.4是计算报告显示计算结果截图。

图42.3　参考用户界面

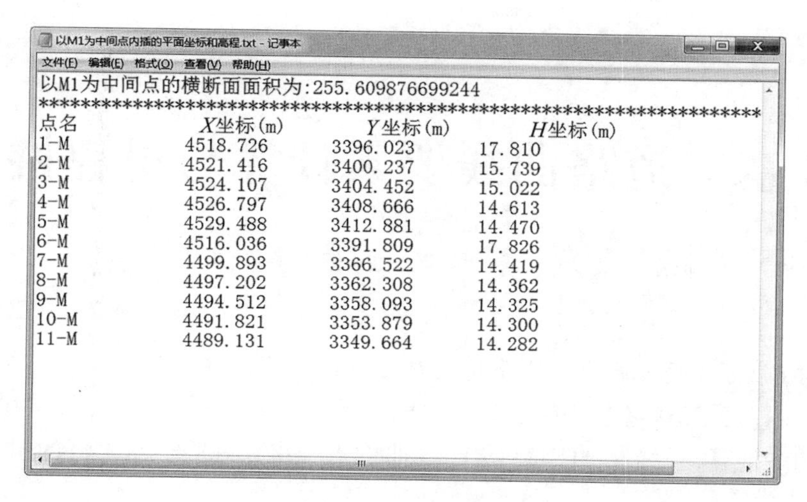

以M1为中间点内插的平面坐标和高程.txt - 记事本

文件(F) 编辑(E) 格式(O) 查看(V) 帮助(H)

以M1为中间点的横断面面积为:255.609876699244

****

点名	X坐标(m)	Y坐标(m)	H坐标(m)
1-M	4518.726	3396.023	17.810
2-M	4521.416	3400.237	15.739
3-M	4524.107	3404.452	15.022
4-M	4526.797	3408.666	14.613
5-M	4529.488	3412.881	14.470
6-M	4516.036	3391.809	17.826
7-M	4499.893	3366.522	14.419
8-M	4497.202	3362.308	14.362
9-M	4494.512	3358.093	14.325
10-M	4491.821	3353.879	14.300
11-M	4489.131	3349.664	14.282

图 42.4　计算报告

第 43 章　道路曲线要素计算与里程桩计算

（作者：雷斌、李英冰，主题分类：工程测量）

如图 43.1 所示，已知数据：线路起点 $P(x_1,\ y_1)$，圆曲线交点 $JD1(x_2,\ y_2)$，缓曲线交点 $JD2(x_3,\ y_3)$，线路终点 $Q(x_4,\ y_4)$。计算：

(1)圆曲线计算，包括：直圆点(*ZY*)、曲中点(*QZ*)、圆直点(*YZ*)的里程和线路坐标，以及圆曲线要素；

(2)缓和曲线计算，包括：直缓点(*ZH*)、缓圆点(*HY*)、曲中点(*QZ*)、圆缓点(*YH*)、缓直点(*HZ*)的里程和线路坐标，以及缓和曲线要素；

(3)以 *P* 点为里程起点(里程为 0)，每 20m 计算内插一里程点，计算里程点的线路坐标。

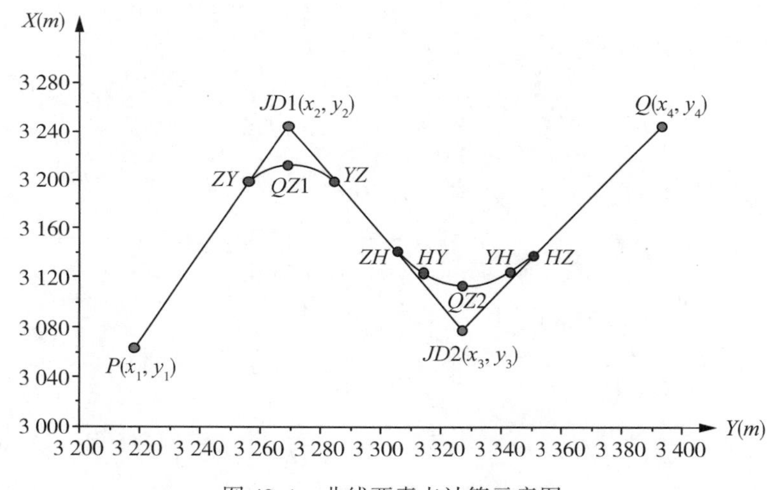

图 43.1　曲线要素点计算示意图

一、圆曲线计算

如图 43.2 所示，线路转向角 α、圆曲线半径 R、切线长 T(交点至直圆点或圆直点的长度)、曲线长 L(由圆直点经中心至圆直点的弧长)、外矢距 E(交点至圆曲线中点 QZ 的距离)和切曲差 q(切线长和曲线之差)称为圆曲线的曲线要素。

说明：本节中 JD、QZ 对应于图 43.1 中的 $JD1$、$QZ1$ 相应点。

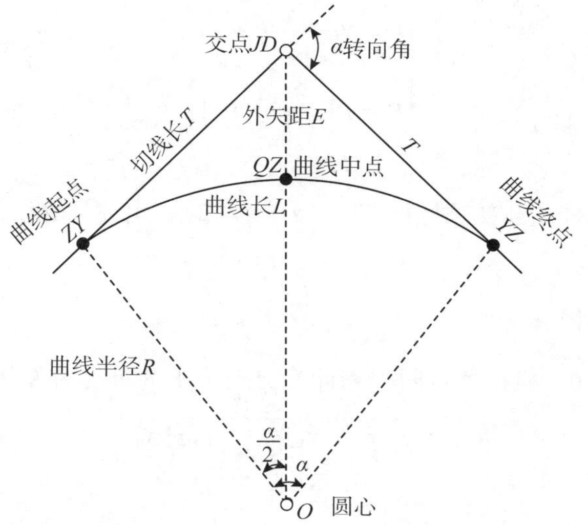

图 43.2　圆曲线的构成

1. 线路转角 α

ZY 点到 JD 点的线路坐标方位角为 α_1，$JD1$ 点到 YZ 点的线路坐标方位角为 α_2，α_1，α_2，α 的计算公式为

$$\begin{cases} \alpha_1 = \arctan\left(\dfrac{\Delta y_{12}}{\Delta x_{12}}\right) = \arctan\left(\dfrac{y_2 - y_1}{x_2 - x_1}\right) \\ \alpha_2 = \arctan\left(\dfrac{\Delta y_{23}}{\Delta x_{23}}\right) = \arctan\left(\dfrac{y_3 - y_2}{x_3 - x_2}\right) \\ \varphi = \alpha_2 - \alpha_1, \begin{cases} \alpha = \varphi,\ 0 \leqslant \varphi < \pi,\ 或 - \pi < \varphi \leqslant 0 \\ \alpha = \varphi - 2\pi,\ \pi \leqslant \varphi \leqslant 2\pi \\ \alpha = \varphi + 2\pi,\ -2\pi \leqslant \varphi \leqslant -\pi \end{cases} \end{cases} \tag{43-1}$$

当 $\alpha>0$ 时为右偏转角，反之为左偏转角。进一步，上述公式中，求方位角解 α_1、α_2 的具体计算方法见《三、进阶篇》“第 26 章　交会法定位计算”的公式(26-2)。

说明：(1)计算圆曲线的线路转角，计算结果输出到计算报告中，角度输出格式为 dd°mm′ss. ssss″，其中 dd 表示度(dd°)，mm 表示分(mm′)，ss. ssss 表示秒(ss. ssss″)；(2)计算缓和曲线的线路转角，计算结果输出到计算报告中，角度输出格式同上。

2. 圆曲线要素

切线长 T、曲线长 L、外矢距 E、切曲差 q 的计算公式为：

$$\begin{cases} T = R\tan\dfrac{\alpha}{2} \\ L = R\alpha\dfrac{\pi}{180^\circ} \\ E = R\left(\sec\dfrac{\alpha}{2} - 1\right) \\ q = 2T - L \end{cases} \tag{43-2}$$

说明：(1)公式中 α 应取绝对值，即 $|\alpha|$；(2)将上述计算结果输出到计算报告中，小数点后保留 6 位数值。

3. 圆曲线主点里程

以起点 P 里程为 0，根据两点间距离计算交点 $JD1$ 的里程为 K_{JD}：

$$K_{\mathrm{JD}} = \sqrt{(x_2 - x_1)^2 + (y_2 - y_1)^2} \tag{43-3}$$

$$\begin{cases} K_{ZY} = K_{JD} - T \\ K_{QZ} = K_{ZY} + \dfrac{L}{2} \\ K_{YZ} = K_{ZY} + L \end{cases} \tag{43-4}$$

说明：将上述主点里程计算结果输出到计算报告中，小数点后保留 3 位数值。

4. 主点 ZY，YZ 坐标

圆曲线交点 $JD1$ 的线路坐标为(x_2, y_2)，则可以分别求得 ZY 点、YZ 点的线路坐标为：

$$\begin{cases} x_{ZY} = x_2 + T\cos(\alpha_1 + \pi) = x_2 - T\cos\alpha_1 \\ y_{ZY} = y_2 + T\sin(\alpha_1 + \pi) = y_2 - T\sin\alpha_1 \\ x_{YZ} = x_2 + T\cos\alpha_2 \\ y_{YZ} = y_2 + T\sin\alpha_2 \end{cases} \tag{43-5}$$

说明：(1) $\alpha_1 + \pi$ 是 α_1 的反方位角；(2)将主点坐标计算结果输出到计算报告中，小数点后保留 3 位数值。

5. 圆曲线中线点独立坐标(包括 QZ 点)

以 ZY 点(或 YZ 点)为坐标原点 O'(或 O'')，通过 ZY 点(或 YZ 点)并指向交点 JD 的切线方向为 X'轴(或 X''轴)正向，过 ZY 点(或 YZ 点)且指向圆心方向为 Y'轴(或 Y''轴)正向，分别建立两个独立的直角坐标系 $X'O'Y'$(或 $X''O''Y''$)，如图 43.3 所示。

在 $X'O'Y'$坐标系中，由 ZY 至 YZ 方向，计算 ZY—YZ 段圆曲线上任意一点 i 的坐标时，设它在线路中的里程号为 K_i，则 ZY 点至 i 点的弧长 L_i 为：$L_i = K_i - K_{ZY}$，它对应的圆心角为 Φ_i。根据圆曲线的性质，可得 i 点测设元素：

$$\begin{cases}\Phi_i = \dfrac{L_i}{R}\dfrac{180^\circ}{\pi} \\ x'_i = R\sin\Phi_i \\ y'_i = R(1-\cos\Phi_i)\end{cases} \tag{43-6}$$

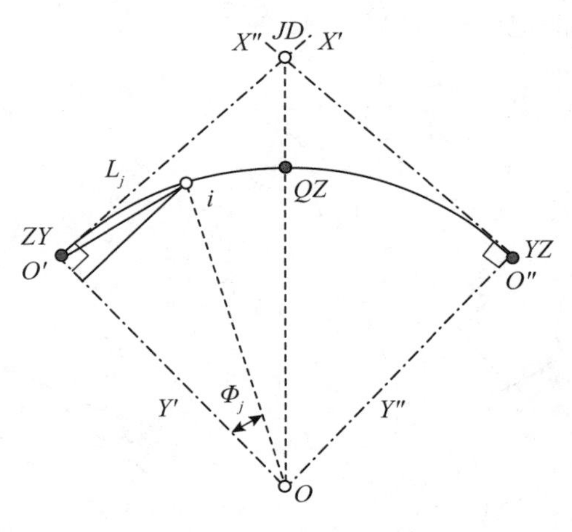

图 43.3　圆曲线的独立坐标系

在 $X''O''Y''$ 坐标系中，由 YZ 至 ZY 方向，计算 YZ—ZY 段圆曲线上任意一点 i 的独立坐标计算公式与上式相同，但是需要注意的是，弧长 L_i 的计算需要改为 $L_i = K_{YZ} - K_i$。

当 L_i 为 $L/2$ 时，可计算 QZ 点。

说明：将主点 QZ 坐标计算结果输出到计算报告中，小数点后保留 3 位数值。

6. 线路坐标计算

利用坐标转换公式，即可以把 ZY—YZ 段线路上 $X'O'Y'$ 坐标系中任意一点 i 的独立坐标（x'_i，y'_i）转换为线路坐标，即

$$\begin{cases}x_i = x_{ZY} + x'_i\cos\alpha_1 - y'_i\sin\alpha_1 \\ y_i = y_{ZY} + x'_i\sin\alpha_1 + y'_i\cos\alpha_1\end{cases} \tag{43-7}$$

同样，利用坐标转换公式，也可以把 QZ—YZ 段线路上 $X''O''Y''$ 坐标系中任意一点 i 的独立坐标（x''_i，y''_i）转换为线路坐标（x_i，y_i），即

$$\begin{cases}x_i = x_{YZ} + x''_i\cos\alpha_2 + y''_i\sin\alpha_2 \\ y_i = y_{YZ} + x''_i\sin\alpha_2 - y''_i\cos\alpha_2\end{cases} \tag{43-8}$$

说明：公式(43-7)和公式(43-8)在 α 为右偏转角时成立，当 α 为左偏转角时，用 $-y'_i$ 代替 y'_i，用 $-y''_i$ 代替 y''_i 即可。

二、带缓和曲线的圆曲线

如图 43.4 所示，在圆曲线两端加设等长的缓和曲线 L_S 以后，曲线主点包括：直缓点

ZH、缓圆点 *HY*、曲中点 *QZ*、圆缓点 *YH*、缓直点 *HZ*。β_0 为缓和曲线的切线角，即缓和曲线所对的中心角。自圆心向直缓点 *ZH* 或缓直点 *HZ* 的切线作垂线 *OC* 和 *OD*，并将圆曲线两端延长到垂线，则 m 为直缓点 *ZH*(或缓直点 *HZ*)到垂足的距离，称为切垂距(也称切线增量)；P 为垂线长 *OC* 或 *OD* 与圆曲线半径 R 之差，称为圆曲线内移量。

说明：本节中 *JD*、*QZ* 在对应于图 43.1 中的 *JD*2、*QZ*2；线路转角 α 计算方法见《三、进阶篇》“第 26 章　交会法定位计算”的公式(26-2)。

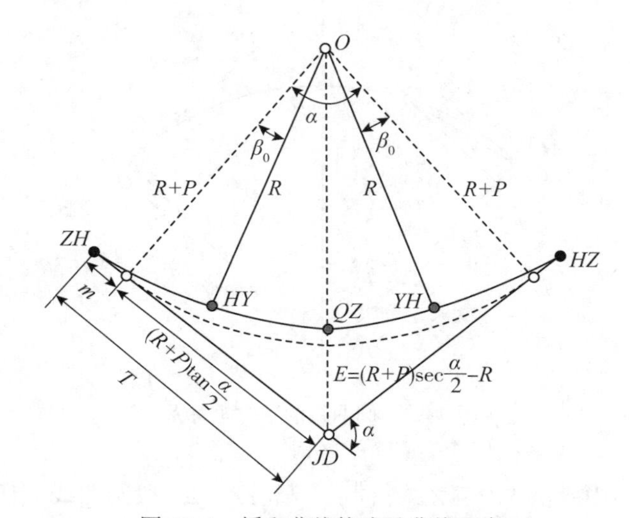

图 43.4　缓和曲线构成及曲线要素

1. 计算缓和曲线参数

m、P 和 β_0 称为缓和曲线参数，计算公式为：

$$\begin{cases} m = \dfrac{L_S}{2} - \dfrac{L_S^3}{240R^2} \\ P = \dfrac{L_S^2}{24R} \\ \beta_0 = \dfrac{L_S}{2R}\dfrac{180^\circ}{\pi} \end{cases} \tag{43-9}$$

说明：将缓和曲线参数计算结果输出到计算报告中，小数点后保留 6 位数值。

2. 曲线综合要素计算

带缓和曲线的圆曲线的综合曲线要素是：线路转向角 α，圆曲线半径 R、缓和曲线长 L_S、切线长 T_H、曲线长 L_H、外矢距 E_H 和切曲差 q。即在圆曲线的曲线要素基础上加上缓和曲线长 L_S；当确定线路转向角 α（见公式(43-1)）、圆曲线半径 R 和缓和曲线长 L_S 后，先计算缓和曲线参数，通过下式计算各综合要素：

$$\begin{cases} T_H = m + (R + P)\tan\dfrac{\alpha}{2} \\ L_H = R(\alpha - 2\beta_0)\dfrac{\pi}{180^\circ} + 2L_S \\ E_H = (R + P)\left(\sec\dfrac{\alpha}{2}\right) - R \\ q = 2T_H - L_H \end{cases} \tag{43-10}$$

说明：(1)将缓和曲线综合要素计算结果输出到计算报告中，小数点后保留 6 位数值；(2)当 $L_S = 0$ 时，有 $\beta_0 = 0$，$m = P = 0$，上述公式蜕化为圆曲线元素计算公式(43-2)。

3. 曲线主点里程计算

若用 K_{JD} 来表示交点 JD 的里程，曲线主点里程计算公式如下：

$$\begin{cases} K_{ZH} = K_{JD} - T_H \\ K_{HY} = K_{ZH} + L_S \\ K_{QZ} = K_{ZH} + \dfrac{L_H}{2} \\ K_{YH} = K_{ZH} + L_H - L_S \\ K_{HZ} = K_{YH} + L_S \end{cases} \tag{43-11}$$

说明：将曲线主点点号和里程输出到计算报告中，小数点后保留 3 位数值。

4. 曲线线路主点 *ZH*、*HZ* 坐标计算

缓和曲线 $JD2$ 的线路坐标为 (x_3, y_3)，ZH 点到 JD 点的线路坐标方位角为 α_{ZH}，HZ 点到 JD 点的线路坐标方位角为 α_{HZ}，则可以分别求得 ZH 点、HZ 点的线路坐标为：

$$\begin{cases} x_{ZH} = x_3 - T\cos\alpha_{ZH} \\ y_{ZH} = y_3 - T\sin\alpha_{ZH} \\ x_{HZ} = x_3 + T\cos\alpha_{HZ} \\ y_{HZ} = y_3 + T\sin\alpha_{HZ} \end{cases} \tag{43-12}$$

说明：将曲线线路主点 ZH、HZ 坐标计算结果输出到计算报告中，小数点后保留 3 位数值。

5. 曲线独立坐标计算(包括 *QZ*，*HY*，*YH*)

以 ZH 点(或 HZ 点)为原点 O'(或 O'')，通过 ZH 点(或 HZ 点)并指向交点 JD 的切线方向为 X'轴(或 X''轴)，过 ZH 点(或 HZ 点)且指向曲线弯曲方向为 Y'轴(或 Y''轴)正向，分别建立两个独立的直角坐标系 $X'O'Y'$(或 $X''O''Y''$)，如图 43.5 所示。其中坐标系 $X'O'Y'$ 对应于缓和曲线 ZH—HY 段；坐标系 $X''O''Y''$对应于缓和曲线 HZ—YH 段。而圆曲线部分既可以在 $X'O'Y'$坐标系中计算，也可以在 $X''O''Y''$坐标系中计算。

在 $X'O'Y'$中，若要计算 ZH—HY 段上任意一点 i 的坐标，设其在线路汇总的里程为

K_i，则 ZH 点到 i 点的弧长 K_i 为 $L_i = K_i - K_{ZH}$，缓和曲线段独立坐标简化计算公式为：

$$\begin{cases} X'_i = L_i - \dfrac{L_i^5}{40R^2L_S^2} \\ Y'_i = \dfrac{L_i^3}{6RL_S} \end{cases} \tag{43-13}$$

式中，L_i 为自 ZH 点起的曲线长，L_S 为缓和曲线长，R 为曲线半径，缓和曲线 HZ—YH 段上任意一点的独立坐标计算公式同上式，但 HZ 点到 i 点的弧长 L_i 的计算公式为：$L_i = K_{HZ} - K_i$。

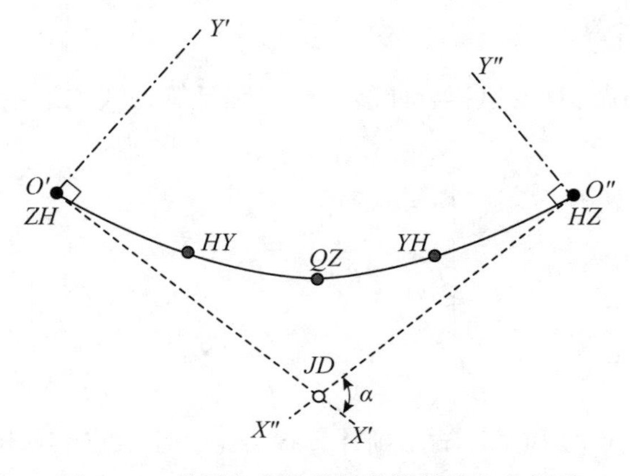

图 43.5　带缓和曲线的圆曲线的独立坐标系

在 $X'O'Y'$ 中若要计算圆曲线段(HY—YH 段)上任意一点 i 点的坐标，公式为：

$$\begin{cases} \Phi_i = \beta_0 + \dfrac{L_i - L_S}{R}\dfrac{180°}{\pi} = \dfrac{L_i - 0.5L_S}{R}\dfrac{180°}{\pi} \\ x'_i = m + R\sin\Phi_i \\ y'_i = p + R(1 - \cos\Phi_i) \end{cases} \tag{43-14}$$

其中，$L_i = K_i - K_{ZH}$。

若要在 $X''O''Y''$ 坐标系中计算圆曲线段上任意一点 i 的坐标，仍可以使用上述公式，但是相应弧长 L_i 应采用公式：$L_i = K_{HZ} - K_i$ 来计算。

说明：将 QZ，HY，YH 三个点的里程和独立坐标计算结果输出到计算报告中，小数点后保留 3 位数值。

6. 线路坐标计算

利用坐标转换公式，即可以把 ZH—YH 曲线段上 $X'O'Y'$ 坐标系中任意一点 i 的独立坐标 (x'_i，y'_i) 转换为线路坐标 (x_i，y_i)，即

$$\begin{cases} x_i = x_{ZH} + x'_i\cos\alpha_{ZH} - y'_i\sin\alpha_{ZH} \\ y_i = y_{ZH} + x'_i\sin\alpha_{ZH} + y'_i\cos\alpha_{ZH} \end{cases} \tag{43-15}$$

同样的，利用坐标转换公式，也可以把 HZ—HY 曲线段上 $X''O''Y''$坐标系中任意一点 i 的独立坐标 (x''_i, y''_i) 转换为线路坐标 (x_i, y_i)，即

$$\begin{cases} x_i = x_{HZ} + x''_i\cos\alpha_{HZ} + y''_i\sin\alpha_{HZ} \\ y_i = y_{HZ} + x''_i\sin\alpha_{HZ} - y''_i\cos\alpha_{HZ} \end{cases} \tag{43-16}$$

说明：(1)公式(43-15)和(43-16)在 α 为右偏转角时成立，当 α 为左偏转角时，用 $-y'_i$ 代替 y'_i，用 $-y''_i$ 代替 y''_i 即可；(2)当 $L_s=0$，式(43-11)至式(43-16)都将蜕变为圆曲线相应的公式，此时，ZH 与 HY 点重合，变成 ZY 点；YH 与 HZ 点重合，变成 YZ 点。

三、里程桩计算

从起点 P 开始，每隔 20m 插入一个里程桩，计算其坐标。相关的计算公式参考“圆曲线计算”和“带缓和曲线的圆曲线”中相关内容。

说明：在报告中输出所有里程桩的计算结果，输出内容包括：里程、x 坐标、y 坐标、所属线路类型(直线、圆曲线、缓和曲线)。

说明：将里程桩的点号、里程和独立坐标计算结果输入计算报告中(点号按里程依次为 K-20，K-40……)。

四、数据文件读取和计算报告输出

1. 数据文件读取

编程读取“正式数据.txt”文件，数据内容和数据格式见表 43-2。首尾两行为线路起点与终点数据，数据格式为“点名，X 坐标，Y 坐标”，中间依次为线路交(转)点数据，每行数据格式“点名，X 坐标，Y 坐标，圆曲线半径，缓曲线长”，路线上交点的命名为 JDN，N 为该点在路线上的顺序(N=2)。

表 43-2 **数据内容和数据格式**

数据内容	数据格式
P，3235.345，3014.524 JD1，3269.321，3052.256，18.0，0.0 JD2，3290.435，3009.278，15.0，12.0 Q，3350.412，3044.829	起点、终点数据格式： 点名，X 坐标，Y 坐标 交点数据格式： 点名，X 坐标，Y 坐标，圆曲线半径，缓曲线长

2. 计算报告的显示与保存

说明：(1)将相关统计信息和计算报告在用户界面中显示；(2)保存为文本文件(*.txt)。

五、程序优化与开发文档撰写

1. 人机交互界面设计与实现

要求实现：包括菜单(包括5项以上功能)、工具条(包括5个以上的功能)、表格(显示前面要求的数据)、图形(显示“图形绘制”要求的内容)、文本(显示计算报告内容)等功能，要求功能正确，可正常运行，布局合理、美观大方、人性化。

2. 图形绘制和保存

(1)图形绘制要求：在用户界面中绘制包括以下内容的图形：里程点的散点图；直圆点(*ZY*)、曲中点(*QZ*)、圆直点(*YZ*)、直缓点(*ZH*)、缓圆点(*HY*)、曲中点(*QZ*)、圆缓点(*YH*)、缓直点(*HZ*)的散点图及其标识(例如：*ZY*)。

(2)图形文件保存要求：将“图形绘制”的图形保存为DXF格式的文件。

3. 开发文档

内容包括：(1)程序功能简介；(2)算法设计与流程图；(3)主要函数和变量说明；(4)主要程序运行界面；(5)使用说明。

六、参考源程序

源程序与数据保存在“https://github.com/ybli/bookcode/tree/master/Part3-ch10”目录下。

1. 源程序

编程语言为VB.net，项目名称为：道路曲线要素计算与里程桩计算。项目中主要包含以下类、模块，以及结构数据类型：

(1)Form1.vb：进行界面设计，控制界面运行，完成用户数据、图形等界面交互；

(2)Road_Module.vb：道路模块，功能是定义结构数据类型；定义数据输入、输出、显示、计算、绘图、保存图形文件(DXF)、保存图片文件等过程，以及方位角计算、距离计算、坐标转换等公共函数。

(3)Road_Element：道路元素类。该类的构造函数的参数为路段起点、交点、终点和里程桩间隔。其中，首段起点为整线路起点，其余各段的起点均为上一段的*HZ*点，终点则为下一个交点；这样将整条线路按交点划分成不同的路段。该类的功能就是完成各路段中的曲线(圆曲线或缓和曲线)元素计算，完成曲线主点里程桩坐标计算，完成各路段自起点至*HZ*点的里程桩坐标计算。考虑到$Ls=0$，缓和曲线元素计算、里程计算、主点及里程桩坐标计算都将蜕变为圆曲线计算，故程序设计中采用统一过程。

(4)DXF_Class.vb：DXF图形文件格式类的功能是生成DXF格式的点、线、圆、文本等图元，便于应用程序通过调用实例对象，生成图形文件。

2. 测试数据计算结果

在运行程序目录下，给出了已知点数据文件“道路曲线数据 . txt”；相应的计算成果文件为“道路曲线计算结果报告 . txt”，“道路曲线图片 . bmp”成果图片文件，以及“道路曲线 . dxf”文件。

图 43. 6 是绘图界面示例，用以绘制控制网图形和保存相关内容。

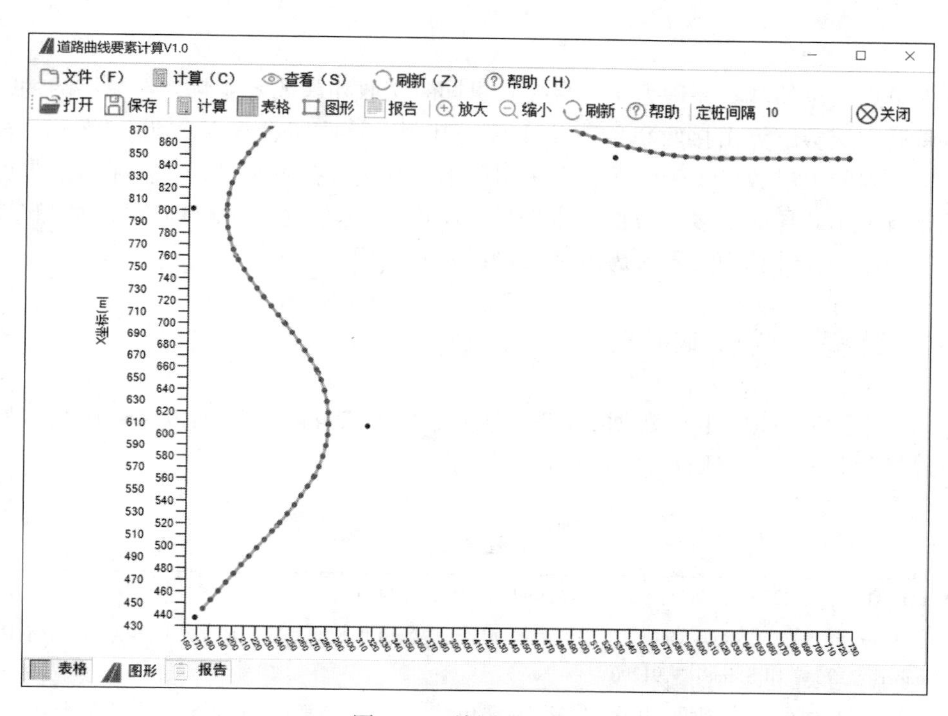

图 43. 6　绘图界面示例

第 44 章　伪距单点定位

（作者：赵兴旺，主题分类：卫星导航）

伪距单点定位的基本原理为用一台接收机同时接收 4 颗或者 4 颗以上卫星的伪距观测值，运用后方交会解算出接收机的三维坐标。其中，接收机钟误差作为一个参数参与解算。如果观测的卫星数目多于 4 颗，则采用最小二乘法进行平差求解。伪距单点定位可用于手机导航、车载导航等多个方面。本题针对 GPS 卫星数据，实现接收机位置解算、精度计算等功能。在计算中，不考虑电离层等误差的影响。

一、数据文件读取

编写程序读取“GPS 卫星数据 . txt”。卫星数据见表 44-1，数据以 ASCII 文本格式表示，以逗号为分隔符，以回车换行符为结尾。

表 44-1　　卫星数据表

APPROX_POSITION：	-2279828.8823，	5004706.5099，	3219777.4476(m)				
PRN,s:，	Satposition(X)，	Satposition(Y)，	Satposition(Z)，	Sat Clock(m)，	Elevation(°)，	CL(m)，	Trop Delay(m)
Satellite Number：	9，	GPS time：	91290				
G13，	-26011975.5963，	4946791.1639，	2784467.0197，	14191.1288，	20.2338，	23721995.4841，	6.6085
G12，	12099906.8650，	10680054.9108，	21091446.0995，	52656.3077，	20.7931，	23577501.7501，	6.4416
G05，	3621947.3009，	24163148.9704，	-10259958.2030，	-118312.6636，	14.5462，	24275748.8131，	9.0192
G23，	-23114092.4660，	-1661435.3225，	13425989.3133，	5744.5129，	17.8449，	24132805.4221，	7.4379
G17，	-17462543.8990，	15236558.7033，	12992861.2071，	-15738.4581，	62.4853，	20769487.8981，	2.5998
G04，	-4647824.8989，	15656305.6127，	20597530.9039，	1324.8361，	61.4262，	20518191.6251，	2.6254
G28，	-12722428.4334，	19318660.8114，	-12301602.7913，	95550.7634，	17.4661，	23459711.7191，	7.5899
G10，	-9060770.2787，	23754744.2746，	6548952.6307，	-32079.8416，	68.5294，	20246642.8591，	2.4780
G02，	10401735.8987，	20738572.0196，	13618848.8139，	140433.9119，	35.1559，	22586609.0941，	3.9956
Satellite Number：	10，	GPS time：	91320				
G13，	-26002751.1472，	4937839.2721，	2879885.2122，	14191.1037，	20.3415，	23711238.2271，	6.5756
G12，	12082704.0693，	10758463.4067，	21062118.9492，	52656.3698，	20.9426，	23563835.3131，	6.3985
……							

二、逐历元计算接收机坐标

伪距单点定位的基本原理如图 44.1 所示。伪距观测方程为：

$$P=\sqrt{(X^S-X)^2+(Y^S-Y)^2+(Z^S-Z)^2}+dt-dt^S+d_{\text{trop}} \tag{44-1}$$

式中，P 为伪距观测值，$(X^S,\ Y^S,\ Z^S)$ 为卫星坐标，$(X,\ Y,\ Z)$ 为接收机坐标，dt 为接收机钟差，dt^S 为卫星钟差，d_{trop} 为对流层误差。

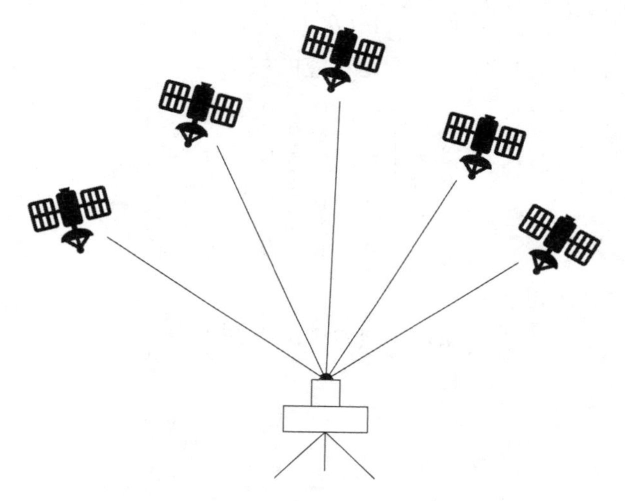

图 44.1 卫星定位示意图

设接收机的近似坐标为 $(X_0,\ Y_0,\ Z_0)$，对公式(44-1)进行线性化：

$$P^i=R_0^i-\frac{X^i-X_0}{R_0^i}dX-\frac{Y^i-Y_0}{R_0^i}dY-\frac{Z^i-Z_0}{R_0^i}dZ+dt-dt^i+d_{\text{trop}}^i,\ (i=1,\ 2,\ \cdots,\ n) \tag{44-2}$$

其中，n 为卫星数，$R_0^i=\sqrt{(X^i-X_0)^2+(Y^i-Y_0)^2+(Z^i-Z_0)^2}$。令 $l^i=\dfrac{X^i-X_0}{R_0^i}$，$m^i=\dfrac{Y^i-Y_0}{R_0^i}$，$n^i=\dfrac{Z^i-Z_0}{R_0^i}$，则有，

$$P^i=R_0^i-l^idX-m^idY-n^idZ+dt_{\text{r}}-dt^i+d_{\text{trop}}^i,\ (i=1,\ 2,\ \cdots,\ n) \tag{44-3}$$

设一共接收到 n 颗卫星，则公式(44-3)的矩阵形式为：

$$\begin{bmatrix}P^1\\P^2\\\vdots\\P^n\end{bmatrix}=\begin{bmatrix}R_0^1\\R_0^2\\\vdots\\R_0^n\end{bmatrix}-\begin{bmatrix}l^1&m^1&n^1&-1\\l^2&m^2&n^2&-1\\\vdots&\vdots&\vdots&-1\\l^n&m^n&n^n&-1\end{bmatrix}\begin{bmatrix}dX\\dY\\dZ\\dt\end{bmatrix}-\begin{bmatrix}dt^1\\dt^2\\\vdots\\dt^3\end{bmatrix}+\begin{bmatrix}d_{\text{trop}}^1\\d_{\text{trop}}^2\\\vdots\\d_{\text{trop}}^n\end{bmatrix} \tag{44-4}$$

令，$\boldsymbol{B}=\begin{bmatrix} l^1 & m^1 & n^1 & -1 \\ l^2 & m^2 & n^2 & -1 \\ \vdots & \vdots & \vdots & -1 \\ l^n & m^n & n^n & -1 \end{bmatrix}$，$\boldsymbol{dx}=\begin{bmatrix} dX \\ dY \\ dZ \\ dt \end{bmatrix}$，$\boldsymbol{L}=\begin{bmatrix} P^1 \\ P^2 \\ \vdots \\ P^n \end{bmatrix}-\begin{bmatrix} R_0^1 \\ R_0^2 \\ \vdots \\ R_0^n \end{bmatrix}+\begin{bmatrix} dt^1 \\ dt^2 \\ \vdots \\ dt^3 \end{bmatrix}-\begin{bmatrix} d_{\text{trop}}^1 \\ d_{\text{trop}}^2 \\ \vdots \\ d_{\text{trop}}^n \end{bmatrix}$，则误差方程矩阵形式为：

$$\boldsymbol{V}=\boldsymbol{B}\cdot\boldsymbol{dx}+\boldsymbol{L} \tag{44-5}$$

设第 i 颗卫星的高度角为 θ，$\sigma_{p^i}^2=\dfrac{\sigma_{P,\,0}^2}{\sin(\theta^i)}$，$p^i=\dfrac{1}{\sigma_{p^i}^2}=\dfrac{\sin(\theta^i)}{\sigma_{P,\,0}^2}$，其中 $\sigma_{P,\,0}^2=0.04\text{m}^2$。

当第 j 个历元有 m 个卫星时，该历元对应的权为

$$\boldsymbol{P}_j=\begin{bmatrix} p_1 & 0 & 0 & 0 \\ 0 & p_2 & 0 & 0 \\ 0 & 0 & \cdots & 0 \\ 0 & 0 & 0 & p_m \end{bmatrix} \tag{44-6}$$

运用最小二乘解算，得

$$\boldsymbol{dx}=-(\boldsymbol{B}^{\mathrm{T}}\boldsymbol{PB})^{-1}\boldsymbol{B}^{\mathrm{T}}\boldsymbol{PL} \tag{44-7}$$

接收机坐标为：

$$\boldsymbol{X}=\boldsymbol{X}_0+\boldsymbol{dx}=\begin{bmatrix} X_0 \\ Y_0 \\ Z_0 \end{bmatrix}+\begin{bmatrix} dX \\ dY \\ dZ \end{bmatrix} \tag{44-8}$$

三、精度评定和空间位置精度因子计算

单位权中误差为：

$$\sigma_0=\sqrt{\frac{\boldsymbol{V}^{\mathrm{T}}\boldsymbol{PV}}{n-4}} \tag{44-9}$$

协因数阵为：

$$\boldsymbol{Q}=(\boldsymbol{B}^{\mathrm{T}}\boldsymbol{PB})^{-1}=\begin{bmatrix} q_{dX,\,dX} & q_{dX,\,dY} & q_{dX,\,dZ} & q_{dX,\,dt} \\ q_{dY,\,dX} & q_{dY,\,dY} & q_{dY,\,dZ} & q_{dY,\,dt} \\ q_{dZ,\,dX} & q_{dZ,\,dY} & q_{dZ,\,dZ} & q_{dZ,\,dt} \\ q_{dt_r,\,dX} & q_{dt_r,\,dY} & q_{dt_r,\,dZ} & q_{dt_r,\,dt} \end{bmatrix} \tag{44-10}$$

则参数的中误差为：

$$\sigma_{dX}=\sigma_0\cdot\sqrt{q_{dX,\,dX}}，\sigma_{dY}=\sigma_0\cdot\sqrt{q_{dY,\,dY}}，\sigma_{dZ}=\sigma_0\cdot\sqrt{q_{dX,\,dX}}，\sigma_{dt}=\sigma_0\cdot\sqrt{q_{dt,\,dt}} \tag{44-11}$$

空间位置精度因子为：

$$\text{PDOP} = \sqrt{q_{dX,\ dX} + q_{dY,\ dY} + q_{dZ,\ dZ}} \tag{44-12}$$

四、参考源程序

针对 GPS 卫星数据，依次计算每个历元的接收机坐标(X，Y，Z)、坐标中误差(σ_x，σ_y，σ_z)及其空间位置精度因子(PDOP)，计算结果格式见表 44-2。

表 44-2　　伪距解算结果表

观测历元	X/m	σ_x/m	Y/m	σ_y/m	Z/m	σ_z/m	PDOP
91290	-2279861. 6891	0. 4532	5004697. 2856	1. 1100	3219779. 3860	0. 5806	0. 1204
91320	-2279861. 7644	0. 4353	5004698. 7409	0. 8392	3219780. 3725	0. 5651	0. 1025
91350	-2279861. 8025	0. 4448	5004698. 7686	0. 8609	3219780. 3185	0. 5797	0. 1026
……							

在“https：//github. com/ybli/bookcode/tree/master/Part3-ch11”目录下包含了源程序、可执行文件、样例数据等相关文件。

1. 伪距单点解算程序说明

源程序中关于头文件及主文件的说明如下：

(1) Matrix. h/Matrix. cpp：二维矩阵运算子程序头文件和主文件；

(2) utils. h/utils. cpp：读取文件时的辅助程序头文件和主文件；

(3) DataFile. h/DataFile. cpp：读取文件程序的头文件和主文件；

(4) CalCulate. h/CalCulate. cpp：计算结果程序的头文件和主文件；

(5) SPPDlg. h/SPPDlg. cpp：窗口程序操作的头文件和主文件；

(6) SPP. h/SPP. cpp：窗口程序的辅助程序的头文件和主文件；

(7) 其他 . h/. cpp 文件：均属于内部源程序，不需要修改添加程序。

2. 示例数据与解算结果说明

运行程序，打开数据文件“GPS 卫星数据 . txt”，点击解算，显示观测历元、改正后(X，Y，Z)坐标、坐标中误差以及 PDOP 值，具体计算结果如图 44. 2 所示，点击保存/另存为可以将计算结果保存为 TXT 文件。

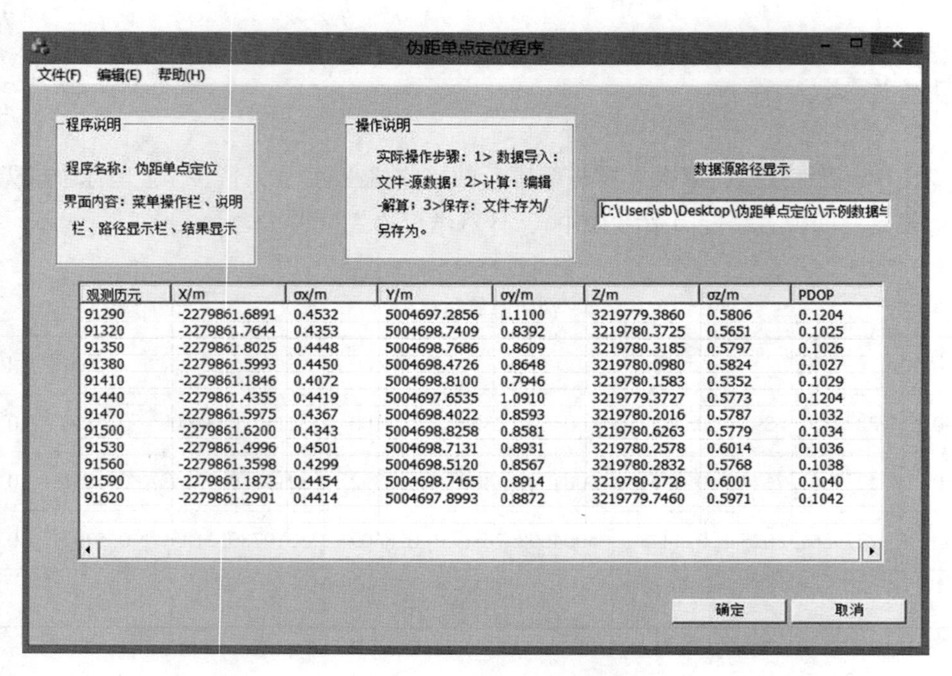

观测历元	X/m	σx/m	Y/m	σy/m	Z/m	σz/m	PDOP
91290	-2279861.6891	0.4532	5004697.2856	1.1100	3219779.3860	0.5806	0.1204
91320	-2279861.7644	0.4353	5004698.7409	0.8392	3219780.3725	0.5651	0.1025
91350	-2279861.8025	0.4448	5004698.7686	0.8609	3219780.3185	0.5797	0.1026
91380	-2279861.5993	0.4450	5004698.4726	0.8648	3219780.0980	0.5824	0.1027
91410	-2279861.1846	0.4072	5004698.8100	0.7946	3219780.1583	0.5352	0.1029
91440	-2279861.4355	0.4419	5004697.6535	1.0910	3219779.3727	0.5773	0.1204
91470	-2279861.5975	0.4367	5004698.4022	0.8593	3219780.2016	0.5787	0.1032
91500	-2279861.6200	0.4343	5004698.8258	0.8581	3219780.6263	0.5779	0.1034
91530	-2279861.4996	0.4501	5004698.7131	0.8931	3219780.2578	0.6014	0.1036
91560	-2279861.3598	0.4299	5004698.5120	0.8567	3219780.2832	0.5768	0.1038
91590	-2279861.1873	0.4454	5004698.7465	0.8914	3219780.2728	0.6001	0.1040
91620	-2279861.2901	0.4414	5004697.8993	0.8872	3219779.7460	0.5971	0.1042

图 44.2 伪距单点定位界面

第45章　GPS网平差计算

（作者：王胜利，主题分类：测量平差）

GPS控制网是由相对定位所求的基线向量而构成的空间基线向量网，在GPS控制网的平差中，是以基线向量及协方差为基本观测量。进行GPS网平差的目的主要有三个：(1)消除由观测量和已知条件中存在的误差所引起的GPS网在几何上的不一致；(2)改善GPS网的质量，评定GPS网的精度；(3)确定GPS网中点在指定参照系下的坐标以及其他所需参数的估值。

一、数据文件读取

编程读取"_0112637. zsd-_0122637. zsd. txt"等文件。数据文件格式见表45-1。

表45-1　　数据文件格式

1. 参考站信息		2. 移动站	
点名：	011	点名：	012
点号：		点号：	
control		WGS84 X(m)：	-2590985. 2689
WGS84 X(m)：	-2590688. 3661	WGS84 Y(m)：	4468501. 0953
WGS84 Y(m)：	4468752. 5218	WGS84 Z(m)：	3729188. 4524
WGS84 Z(m)：	3729121. 5540	WGS84 纬度	036:00:38. 78276N
WGS84 纬度	036:00:35. 71867N	WGS84 经度	120:06:23. 69226E
WGS84 经度	120:06:08. 39964E	WGS84 椭球高(m)：	50. 6433
WGS84 椭球高(m)：	66. 7967	接收机类型：	HD-V9
接收机类型：	HD-V9	接收机型号：	
接收机型号：		接收机型号：	2832500
接收机编号：	2832438	天线类型：	V9
天线类型：	V9	天线型号：	
天线型号：		天线高(m)	1. 5700
天线高(m)	1. 6040	量测至：	参考点(斜高)
量测至：	参考点(斜高)		

续表

3. 解算控制参数

开始时间:	2016/9/20 星期二 7:21:50
结束时间:	2016/9/20 星期二 8:21:50
间隔:	30
解算模式:	Auto
Lc 解算距离[m]:	10000
粗差容忍系数:	3.5
Ratio 值限制:	1.8
高度截止角:	15
对流层模型:	Hopfield
轨道类型:	广播星历
单频基线解算长度限制[m]:	30000

4. 卫星跟踪

5. 基线解算结果

解类型	DX(m)	DY(m)	DZ(m)	中误差_DX(mm)	中误差_DY(mm)	中误差_DZ(mm)	RMS(mm)
三差_L1	-296.7975	-251.4371	66.8757	98.7	52.5	27.8	4.5
浮动_L1	-296.8991	-251.4290	66.8957	4.3	2.1	1.2	5.4
固定_L1	-296.9028	-251.4265	66.8984	0.3	0.3	0.5	5.5

6. 整周模糊度

浮动解情况(L1)

系统	卫星号	周	秒	间隔	浮动解	标准差	使用星数	弃用历元	RMS
GPS	16	1915	170510	750	-2816666.9862	0.0211	26	0	0.0099
GLO	15	1915	170510	840	-5.9961	0.0174	27	2	0.0103
GPS	27	1915	170510	2370	9.0159	0.0153	78	2	0.0086
GPS	1	1915	170510	3570	0.0036	0.0037	120	0	0.0027
GPS	7	1915	170510	3570	-1.9842	0.0095	120	0	0.0030

……

固定解情况(L1)

系统	卫星号	周	秒	间隔	固定解	Ratio	使用星数	弃用历元	RMS
GPS	16	1915	170510	750	-2816667	63.3	26	0	0.0101
GLO	15	1915	170510	840	-6	63.3	27	2	0.0106
GPS	27	1915	170510	2370	9.00000000006125	63.3	77	3	0.0084
GPS	1	1915	170510	3570	1.11022302462516E-16	63.3	120	0	0.0026

……

程序需要读取文件中点信息的参考站与移动站信息的点名、WGS 坐标 XYZ、判断点号下面是否含有“control”控制点标志；读取文件中“5. 基线解算结果”的固定解 DX、DY、DZ，以及中误差信息。

二、矩阵运算

详见《四、竞赛篇》“第 34 章　附合水准路线平差计算”第二节中的“4. 矩阵运算”相关内容，编写矩阵运算程序。

三、坐标转换

1. 地球椭球基本公式

已知：椭球长半轴 a，椭球短半轴 b。计算：椭球扁率 f、椭球第一偏心率平方 e^2、椭球第二偏心率平方 e'^2、B 为纬度、卯酉圈的曲率半径 N、子午圈曲率半径 M、子午圈赤道处的曲率半径 M_0。

详见《三、进阶篇》“第 25 章　高斯投影正反算及换带/邻带坐标换算”的公式(25-1)至公式(25-3)第二节中的“1. 地球椭球基本公式”相关内容。

2. $(X,\ Y,\ Z)$ 转换为 $(B,\ L,\ H)$

已知空间直角坐标为$(X,\ Y,\ Z)$，计算其大地坐标$(B,\ L,\ H)$。详见《四、竞赛篇》“第 35 章　坐标转换”公式(35-2)的相关内容。

四、网平差解算

1. 初始中误差(sigma)

$$\text{sigma}a = \frac{\sum_{i=1}^{n} \text{sigma}a_i}{n} \tag{45-1}$$

其中 n 为基线条数，$\text{sigma}a_i$ 为基线中误差。

2. 建立法方程

设 $P1(X_1^0,\ Y_1^0,\ Z_1^0)$ 和 $P2(X_2^0,\ Y_2^0,\ Z_2^0)$ 之间的基线观测值为 $(\Delta X_{12},\ \Delta Y_{12},\ \Delta Z_{12})$，令：

$$L_i=\begin{bmatrix}X_2^0-X_1^0\\Y_2^0-Y_1^0\\Z_2^0-Z_1^0\end{bmatrix}-\begin{bmatrix}\Delta X_{12}\\\Delta Y_{12}\\\Delta Z_{12}\end{bmatrix}\tag{45-2}$$

$$B_i=\begin{bmatrix}1&0&0&\cdots&0&0&0&\cdots&-1&0&0&\cdots\\0&1&0&\cdots&0&0&0&\cdots&0&-1&0&\cdots\\0&0&1&\cdots&0&0&0&\cdots&0&0&-1&\cdots\end{bmatrix}\tag{45-3}$$

利用基线的协方差 $\boldsymbol{Q}_i$，计算权矩阵 $\boldsymbol{P}_i=(\boldsymbol{Q}_i)^{-1}$，法方程 $\boldsymbol{N}$，观测值残差 $\boldsymbol{W}_i$ 和图形矩阵 $\boldsymbol{G}$ 为：

$$\boldsymbol{N}_i=(\boldsymbol{B}_i^{\mathrm{T}}\boldsymbol{P}_i\boldsymbol{B}_i)^{-1}+\boldsymbol{N}_{i-1}\tag{45-4}$$

$$\boldsymbol{W}_i=(\boldsymbol{B}_i^{\mathrm{T}}\boldsymbol{P}_i\boldsymbol{L}_i)^{-1}+\boldsymbol{W}_{i-1}\tag{45-5}$$

$$\boldsymbol{G}=\begin{bmatrix}1&0&0&\cdots&1&0&0\\0&1&0&\cdots&0&1&0\\0&0&1&\cdots&0&0&1\end{bmatrix}\tag{45-6}$$

则 $\boldsymbol{G}=\boldsymbol{G}^{\mathrm{T}}/\sqrt{n}$，其中 n 为点的个数，有

$$\boldsymbol{N}=\boldsymbol{N}+\boldsymbol{G}^{\mathrm{T}}\boldsymbol{G}\tag{45-7}$$

如果包含控制点，在控制点处赋为：

$$\boldsymbol{G}=\begin{bmatrix}\cdots&1&0&0&\cdots\\\cdots&0&1&0&\cdots\\\cdots&0&0&1&\cdots\end{bmatrix}\tag{45-8}$$

3. 协因数阵 $\boldsymbol{Q}_{xx}$ 和平差参数 x

$$\boldsymbol{Q}_{xx}=(\boldsymbol{N})^{-1}\tag{45-9}$$

$$\boldsymbol{x}=\boldsymbol{Q}_{xx}\boldsymbol{W}\tag{45-10}$$

4. 后验中误差(sigma)和后验协因数阵 $\boldsymbol{Q}_{xx}$

基线向量误差方程为：

$$\boldsymbol{V}=\boldsymbol{B}\boldsymbol{x}-\boldsymbol{L}\tag{45-11}$$

后验中误差为：

$$\mathrm{sigma}=\sqrt{\frac{\boldsymbol{V}^{\mathrm{T}}\boldsymbol{P}\boldsymbol{V}}{3n_1-3n_2}}\tag{45-12}$$

其中 n_1 为基线数，n_2 为测站数。后验协因数阵为：

$$\boldsymbol{Q}_{xx}=\mathrm{sigma}^2\cdot\boldsymbol{Q}_{xx}\tag{45-13}$$

5. 测站坐标

将计算所得到的测站改正数与初始值相加，得到测站的空间直角坐标，计算公式为：

$$\begin{bmatrix} X_i \\ Y_i \\ Z_i \end{bmatrix} = \begin{bmatrix} X_i^0 \\ Y_i^0 \\ Z_i^0 \end{bmatrix} + \begin{bmatrix} x_i \\ y_i \\ z_i \end{bmatrix} \tag{45-14}$$

五、用户界面设计与开发文档撰写

1. 人机交互界面设计与实现

要求实现：(1)设计包括菜单、工具条、表格、图形(显示、放大、缩小)、文本等功能；(2)功能正确，可正常运行，布局合理、美观大方、人性化。

2. 计算报告的显示与保存

要求：(1)将相关统计信息、计算报告在用户界面中显示，并保存为文本文件(*. txt)；(2)在开发文档与报告中放一张有计算报告的显示界面的截图。

3. 图形绘制和保存

(1)图形绘制要求绘制给出数据文件的平面点，并绘制 GPS 网。

(2)图形文件保存要求将“图形绘制”的图形保存为 DXF 格式的文件。

4. 开发文档与报告

内容包括：(1)程序功能简介；(2)算法设计与流程图；(3)主要函数和变量说明；(4)主要程序运行界面；(5)使用说明。

六、参考源程序

在“https：//github. com/ybli/bookcode/tree/master/Part3-ch12”目录下包含了源程序、可执行文件、样例数据等相关文件。

部分文件解释如下：

(1)DataCenter. h：定义解算相关的类和数据结构；

(2)EditDlg. cpp：包含与报告有关的操作；

(3)ListDlg. cpp：包含与表格有关的操作；

(4)PictureDlg. cpp：包含与图像有关的操作；

(5)ViewCenter. cpp：包含所有显示性质的操作；

(6)NetAdjustmentView. cpp：与界面响应的相关操作；

(7)CoordCalculate. cpp：包含与坐标转换有关的操作；

(8)DataInOut. cpp：包含与数据输入输出有关的操作；

(9)NetAdjustmentCal. cpp：包含与网平差解算有关的所有操作。

图 45.1 是用户界面示例。交互界面包括数据显示(显示基线的起止点名、基线向量、方差等数据信息)，图形显示界面(显示散点图以及所构成网型)、计算报告界面(显示数据统计信息、各点坐标等计算结果)。

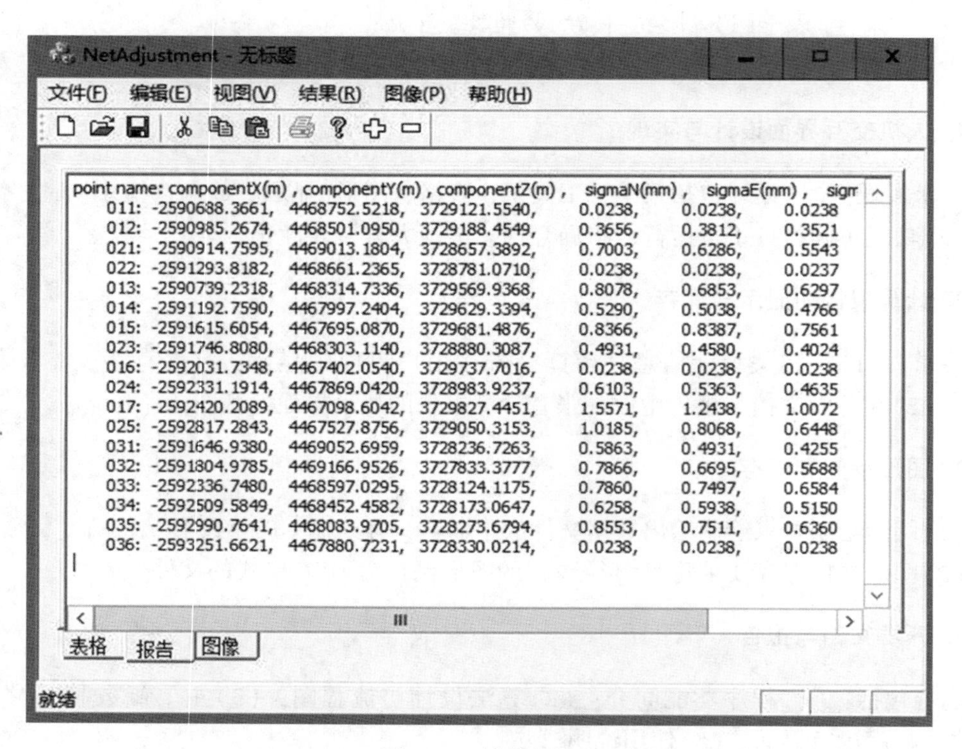

图 45.1　计算报告

第 46 章　GNSS 高程拟合

（作者：王胜利，主题分类：测量平差）

大地高 H 是将测站点投影到椭球面的距离，正常高 h 是测站高出似大地水准面的高度，二者之间的差异是高程异常 ζ，计算公式为 $\zeta=H-h$。当测站点分布在范围不大的区域中，高程异常具有一定的几何相关性，可以选择数学曲面拟合区域似大地水准面。

GNSS 高程拟合的基本思想是：已知测区的若干水准点（正常高 h 已知），用 GNSS 测定这些点获得平面坐标 (x, y) 和大地高 H，计算得到这些点的高程异常 ζ。利用已知点的平面坐标和高程异常值构造出来的数学模型拟合最接近于该测区的似大地水准面，然后内插出未知点的高程异常值，进而求出未知点的正常高。

一、数据文件读取

编程读取"data. txt"文件。数据格式见表 46-1，数据信息包括点名、坐标 X 分量、坐标 Y 分量、大地高 H 和正常高 h。

表 46-1　**数据文件格式**

```
01, 31235.720, 54221.562, 22.5250, 22.4478
02, 29877.336, 58681.082, 23.0008, 22.9655
03, 25538.430, 61971.200, 23.6512, 23.5754
04, 35456.425, 63573.819, 22.9581, 23.1093
……
```

二、矩阵运算

1. 矩阵求逆、相乘和转置

详见《四、竞赛篇》"第 34 章　附合水准路线平差计算"第二节中的"4. 矩阵运算"相关内容。

2. 伪逆公式

如果 $\boldsymbol{A}$ 列满秩，$\boldsymbol{A}$ 的伪逆为：

$$\mathrm{pinv}(\boldsymbol{A}) = (\boldsymbol{A}^{\mathrm{T}}\boldsymbol{A})^{-1}\boldsymbol{A}^{\mathrm{T}} \tag{46-1}$$

如果 $\boldsymbol{A}$ 行满秩，那么 $\mathrm{pinv}(\boldsymbol{A})=\mathrm{pinv}(\boldsymbol{A}')'$。

$$\mathrm{pinv}(\boldsymbol{A}) = \mathrm{pinv}(\boldsymbol{A}^{\mathrm{T}})^{\mathrm{T}} \tag{46-2}$$

如果 $\boldsymbol{A}$ 秩亏损，那么只好先做奇异值分解 $\boldsymbol{A}=\boldsymbol{UDV}^{\mathrm{T}}$，其中 $\boldsymbol{U}$、$\boldsymbol{V}$ 是正交阵，$\boldsymbol{D}$ 是对角阵。然后取对角阵 $\boldsymbol{S}$，如果 $\boldsymbol{D}(i,\ i)=0$，那么 $\boldsymbol{S}(i,\ i)=0$，如果 $\boldsymbol{D}(i,\ i)\neq 0$，那么 $\boldsymbol{S}(i,\ i)=1/\boldsymbol{D}(i,\ i)$。于是有：

$$\mathrm{pinv}(\boldsymbol{A}) = \boldsymbol{VSU}^{\mathrm{T}} \tag{46-3}$$

三、曲面拟合

1. 多项式曲面拟合法

在小区域 GNSS 网内，将似大地水准面看成曲面(或平面)，将高程异常表示为平面坐标函数，通过已知的高程异常确定测区的似大地水准面形状，其数学模型为：

$$\zeta = f(x,\ y) + \varepsilon \tag{46-4}$$

式中 ε 是拟合误差，$f(x,\ y)$ 是拟合的似大地水准面，公式为：

$$f(x,\ y) = a_0 + a_1x + a_2y + a_3x^2 + a_4xy + a_5y^2 + \cdots \tag{46-5}$$

其中，n 为网中点的数量，a_0，a_1，…为拟合待定参数。x，y 为平面坐标的近似值，一般取平面坐标减去网中全部点平面坐标均值，平面坐标均值的计算公式为：

$$X_0 = \frac{1}{n}\sum_{i=1}^{n} x_i \quad Y_0 = \frac{1}{n}\sum_{i=1}^{n} y_i \tag{46-6}$$

通过最小二乘法计算求出拟合待定参数，利用这些参数计算其他点的高程异常，然后计算正常高。

$$h = H - \zeta \tag{46-7}$$

2. 二次曲面拟合

取公式(46-5)中一次、二次项，将大地水准面拟合函数为：

$$f(x,\ y) = a_0 + a_1x + a_2y + a_3x^2 + a_4xy + a_5y^2 \tag{46-8}$$

可得二次曲面拟合模型：

$$\boldsymbol{\zeta} = [a_0\quad a_1\quad a_2\quad a_3\quad a_4\quad a_5][1\quad x\quad y\quad x^2\quad xy\quad y^2]^{\mathrm{T}} + \varepsilon \tag{46-9}$$

由 m 个起算点，则有 m 个方程：

$$\underbrace{\begin{bmatrix} v_1 \\ v_2 \\ \vdots \\ v_m \end{bmatrix}}_{V} = \underbrace{\begin{bmatrix} 1 & x_1 & y_1 & x_1^2 & x_1y_1 & y_1^2 \\ 1 & x_2 & y_2 & x_2^2 & x_2y_2 & y_2^2 \\ \vdots & \vdots & \vdots & \vdots & \vdots & \vdots \\ 1 & x_m & y_m & x_m^2 & x_my_m & y_m^2 \end{bmatrix}}_{B} \underbrace{\begin{bmatrix} a_0 \\ a_1 \\ a_2 \\ a_3 \\ a_4 \\ a_5 \end{bmatrix}^{\mathrm{T}}}_{X} + \underbrace{\begin{bmatrix} \varepsilon_1 \\ \varepsilon_2 \\ \vdots \\ \varepsilon_m \end{bmatrix}}_{L} \tag{46-10}$$

根据最小二乘法，有，

$$X = (B^{T}PB)^{-1}B^{T}PL \tag{46-11}$$

解算 a_i，可求出网中其余点的高程异常，再求出各未知点的正常高 h。

3. 多项式平面拟合

在小范围或平原地区，可以认为大地水准面趋近于平面。此时，可选用公式(46-7)至公式(46-9)的前三项，将大地水准面拟合为：

$$f(x,\ y) = a_0 + a_1x + a_2y \tag{46-12}$$

拟合模型为：

$$\zeta = [a_0 \quad a_1 \quad a_2][1 \quad x \quad y]^{T} + \varepsilon \tag{46-13}$$

其中，$a_i(i = 0,\ 1,\ 2)$ 为未知参数，此时要求公共点至少 3 个。

4. 四参数曲面拟合

若选用公式(46-7)至公式(46-9)的前三项和第五项进行拟合，则拟合曲面的表达式变为：

$$f(x,\ y) = a_0 + a_1x + a_2y + a_4xy \tag{46-14}$$

拟合模型为：

$$\zeta = [a_0 \quad a_1 \quad a_2 \quad a_4][1 \quad x \quad y \quad xy]^{T} + \varepsilon \tag{46-15}$$

其中，$a_i(i = 0,\ 1,\ 2,\ 4)$ 为未知参数，此时需要公共点至少 4 个。

四、用户界面设计与开发文档撰写

1. 人机交互界面设计与实现

要求：(1)设计包括菜单、工具条、表格、图形(显示、放大、缩小)、文本等功能；(2)功能正确，可正常运行，布局合理、美观大方、人性化。

2. 计算报告的显示与保存

要求将相关统计信息、计算报告在用户界面中显示，并保存为文本文件(＊.txt)。

3. 图形绘制和保存

(1)图形绘制要求：绘制给出数据文件的平面点，并绘制高程前后改正图。

(2)图形文件保存要求：将“图形绘制”的图形保存为 DXF 格式的文件。

4. 开发文档与报告

内容包括：(1)程序功能简介；(2)算法设计与流程图；(3)主要函数和变量说明；(4)主要程序运行界面；(5)使用说明。

五、参考源程序

1. 源文件

在"http://github.com/ybli/bookcode/tree/master/Part3-chl3"目标下包含了源程序、可执行文件、样例数据等相关文件。

部分文件解释如下：

(1)DataCenter.h：定义解算相关的类和数据结构；

(2)EditDlg.cpp：包含与报告有关的操作；

(3)ListDlg.cpp：包含与表格有关的操作；

(4)PictureDlg.cpp：包含与图像有关的操作；

(5)ViewCenter.cpp：包含所有显示性质的操作；

(6)HeightFitingView.cpp：与界面的操作响应有关；

(7)DataInOut.cpp：包含与数据输入、输出有关的操作；

(8)HeightFitingCal.cpp：包含与网平差解算有关的所有操作。

2. 用户界面

图46.1是用户界面示例图。用户界面包括数据显示(显示点的名称、平面坐标大地高和正常高等信息)，图形显示界面(显示大地高和正常高基本差距)，计算报告界面(显示数据统计信息等计算结果)等。

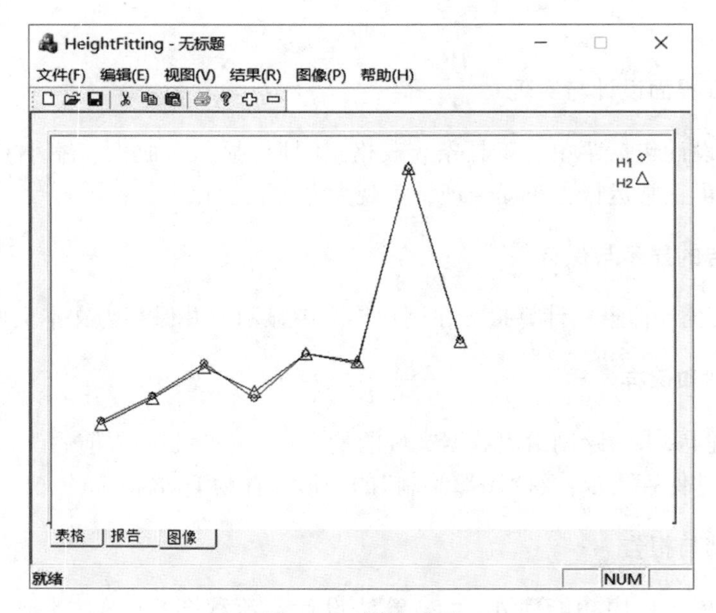

图46.1 用户界面

第 47 章　导线简易平差计算

（作者：廖振修、李英冰，主题分类：测量学）

导线测量是指利用经纬仪和测距仪(电子全站仪集成测角测距功能)测量一系列测站之间的距离及水平转角等，根据已知点坐标和方位角，推算出未知测站的平面坐标。其中的单导线测量，广泛应用于低等级的工程测量中。

在全国工程类专业开设的“测量学”或“工程测量学”课程中，单导线测量的布设方式和数据计算方法，是必须掌握的重点内容。单导线有附合导线、闭合导线、无定向导线和支导线四种布设形式，其中以附合导线和闭合导线最为常用，示意图如图 47.1 所示。

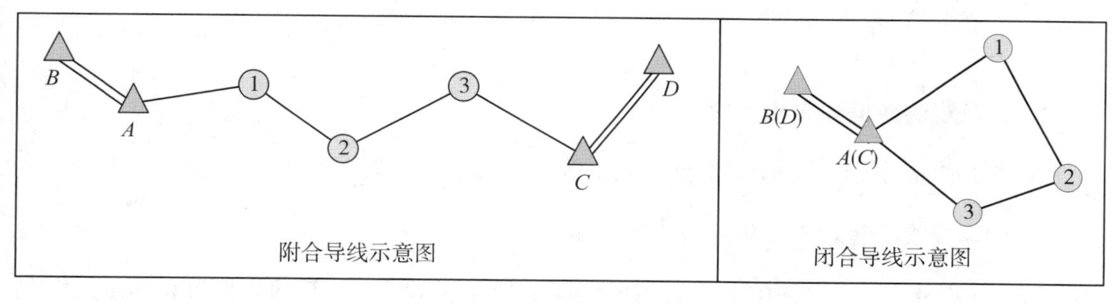

图 47.1　导线示意图

一、数据文件读取

编程读取“导线测量.txt”文件(可以是附合导线数据，也可以是闭合导线数据，程序能够从给定的导线数据中自动判断导线类型)。数据由 7 部分组成，数据内容见表 47-1。

表 47-1　**数据内容和格式说明**

数据示例(附合导线)
1 3 A，B，C，D，1，2，3 2507.69，1215.63，2299.83，1303.80，2166.74，1757.27，2361.47，1964.32 2 192.1424，236.4836，170.3936，180.0048，230.3236 139.03，172.57，100.07，102.48

续表

数据示例(闭合导线)
2 3 A，B，1，2，3 200.000，200.000，500.000，500.000 1 259.5943，107.4830，73.0020，89.3350，89.3630 105.220，80.180，129.340，78.160

格式说明：第1行为导线类型(1—附合导线，2—闭合导线)；第2行为未知点个数；第3行为点号(已知点在前，未知点在后)；第4行为已知点坐标(顺序与第3行中已知点的顺序一致，先 X，后 Y)；第5行为角度观测类型(1—左角，2—右角)；第6行为测站上的观测角值(按第3行点名排序，每测站前后方向构成一个测角，个数等于未知点数+2)；第7行为观测边长(按第3行点名排序，后视点与测站点间的长度，个数等于未知点数+1)。

二、观测值记录簿

1. 读取观测数据到表格

文件读取观测数据界面(文本框、表格等，样式不限，数据齐全，整洁大方即可)。

2. 计算导线的起始方位角与截止方位角

已知两点 $A(x_A, y_A)$，$B(x_B, y_B)$ 如图47.2所示，计算 A，B 的坐标方位角 α_{AB}，具体计算公式见《三、进阶篇》“第26章　交会法定位计算”的公式(26-2)。

其坐标反算边长 S_{AB} 的计算公式为：

$$S_{AB}=\frac{\Delta y_{AB}}{\sin\alpha_{AB}}=\frac{\Delta x_{AB}}{\cos\alpha_{AB}} \tag{47-1}$$

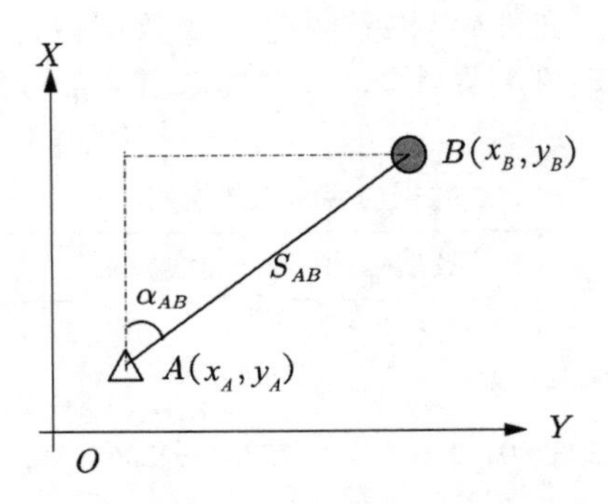

图47.2　边长和方位角示意图

3. 转角计算

若前视点的角度观测值为 L_2，后视点的角度观测值为 L_1，转角 β 的计算公式为：

$$\beta = L_2 - L_1 \pm 360° \tag{47-2}$$

4. 计算目标方位角

如图 47.3 所示，已知直线 AB 的坐标方位角为 α_{AB}，B 点为转折点，C 点为目标点，B 点转折角 β 的计算公式为：

$$\alpha_{BC} = \begin{cases} \alpha_{AB} + \beta - 180°, & \beta\text{ 为左角} \\ \alpha_{AB} - \beta + 180°, & \beta\text{ 为右角} \end{cases} \tag{47-3}$$

要求：在计算报告中给出计算结果。

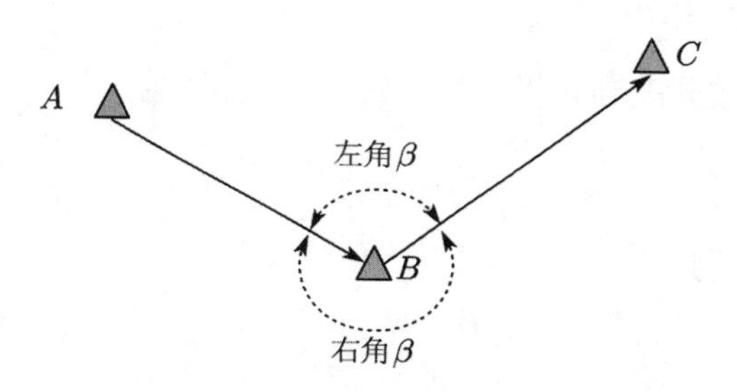

图 47.3　转角与方位角

三、角度近似平差

1. 计算方位角闭合差

如果起始方位角为 α_{AB}，截止方位角为 α_{CD}（闭合导线可看作附合导线特例，认为 $\alpha_{CD} = \alpha_{BA}$），测站数为 n，方位角闭合差为

$$f_\beta = \alpha_{AB} + \sum_{i=1}^{n} \beta_i \pm n \cdot 180° - \alpha_{CD} \tag{47-4}$$

要求：在计算报告中给出计算结果。

2. 方位角闭合差是限差检查

导线测量限差见表 47-2。判断方位角闭合差是否在限差内。

$$f_B \leqslant f_{\beta容许}(\pm 40'' \sqrt{n}) \tag{47-5}$$

表 47-2 **各等级导线测量限差**

等级	导线长度(km)	平均长度(km)	测角中误差(″)	测距中误差(mm)	测距相对中误差	方向角闭合差(″)	导线全长相对闭合差
三等	14	3	1. 8	20	1/150 000	$3.6\sqrt{n}$	≤1/55 000
四等	9	1. 5	2. 5	18	1/80 000	$5\sqrt{n}$	≤1/35 000
一级	4	0. 5	5	15	1/30 000	$10\sqrt{n}$	≤1/15 000
二级	2. 4	0. 25	8	15	1/14 000	$16\sqrt{n}$	≤1/10 000
三级	0. 1	0. 1	12	15	1/7 000	$24\sqrt{n}$	≤1/5 000

要求：(1)在计算报告中给出计算结果；(2)编程计算时采用表 47-2 中的“三级”标准进行检查。

3. 计算改正后的各转折角

将闭合差按照测站数分配到转折角上，转角的改正数：

$$V_\beta = \frac{-f_\beta}{n} \tag{47-6}$$

计算改正后的各转折角：

$$\beta'_i = \beta_i + V_\beta \tag{47-7}$$

4. 更新坐标方位角

$$\alpha_{BC} = \alpha_{AB} \pm \beta'_B \mp 180° \tag{47-8}$$

四、坐标近似平差

1. 计算纵、横坐标增量

根据距离和近似平差后的方位角，计算纵、横坐标增量：

$$\begin{cases} \Delta x_{ij} = S\cos\alpha \\ \Delta y_{ij} = S\sin\alpha \end{cases} \tag{47-9}$$

2. 闭合差计算及限差检验

计算纵、横坐标闭合差及导线全长闭合差：

$$\begin{cases} f_x = x_A + \sum \Delta x - x_C \\ f_y = y_A + \sum \Delta y - y_C \\ f_S = \sqrt{f_x^2 + f_y^2} \end{cases} \tag{47-10}$$

计算导线全长相对闭合差并判断是否在限差内：

$$\frac{f_S}{\sum S} = \frac{1}{K} \leqslant \frac{1}{5\ 000} \tag{47-11}$$

3. 计算坐标增量的改正数

计算各边的纵、横坐标增量的改正数:

$$\begin{cases} V_{\Delta x_i} = \dfrac{-f_x}{\sum S} S_i \\ V_{\Delta y_i} = \dfrac{-f_y}{\sum S} S_i \end{cases} \tag{47-12}$$

4. 计算各点的坐标

$$\begin{cases} x_j = x_i + \Delta x_{ij} + V_{\Delta x_{ij}} \\ y_j = y_i + \Delta y_{ij} + V_{\Delta y_{ij}} \end{cases} \tag{47-13}$$

五、用户界面设计与开发文档撰写

1. 人机交互界面设计与实现

要求实现:包括菜单、工具条、表格、图形(显示、放大、缩小)、文本等功能。要求功能正确,可正常运行,布局合理、美观大方、人性化。

2. 计算报告的显示与保存

要求:(1)在用户界面中显示相关统计信息、计算报告;(2)保存为文本文件(*.txt)。

3. 图形绘制

(1)图形绘制要求:绘制点位散点图,并标注点名。
(2)图形文件保存为 DXF 格式要求:将“图形绘制”的图形保存为 DXF 格式的文件。
(3)图形文件保存为 JPG 格式要求:将“图形绘制”的图形保存为 JPGP 格式的文件。

4. 开发文档与报告

内容包括:(1)程序功能简介;(2)算法设计与流程图;(3)主要函数和变量说明;(4)主要程序运行界面;(5)使用说明。

六、源程序与参考答案

参考程序提供了面向过程和面向对象的两种编程实现方法供学生们参考。源程序在

“https：//github. com/ybli/bookcode/tree/master/Part3-ch14/源程序”目录下，可执行文件和示例数据在“https：//github. com/ybli/bookcode/tree/master/Part3-ch14/执行程序”目录下。

程序运行主界面如图 47. 4 所示。

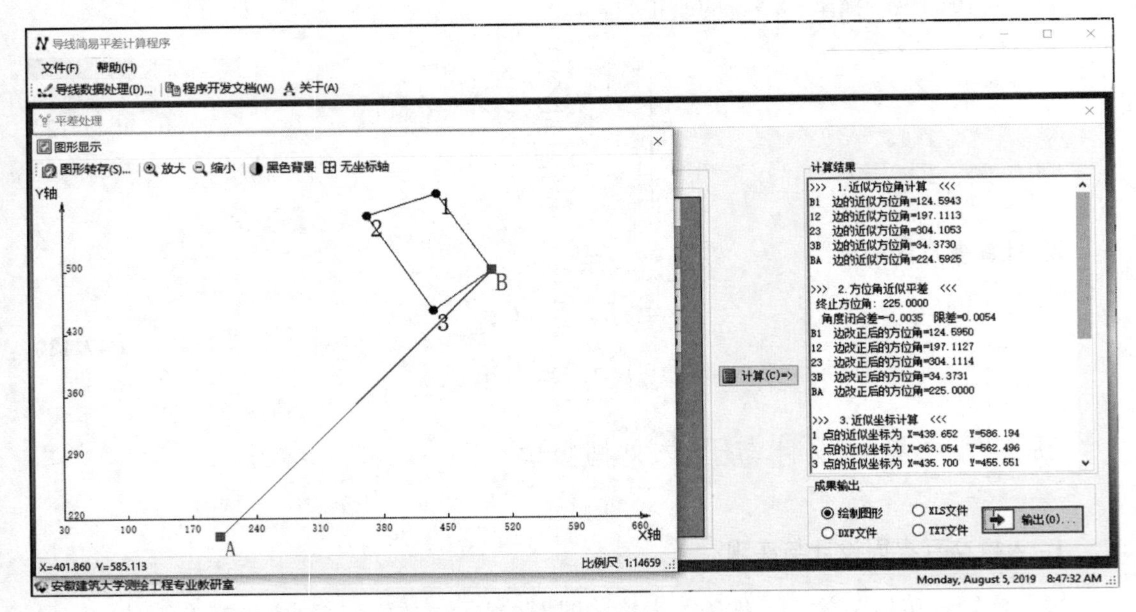

图 47. 4　程序运行主界面

第 48 章　自由设站法测站坐标计算

(作者：闻到秋，主题分类：工程测量)

如图 48.1 所示，在合适位置 P 架设全站仪，测量 P 点到已知控制点 C_i 的方向角值 l_i 以及距离 S_i。根据已知控制点的坐标，m 个方向角观测值和 k 个距离观测值计算 P 点坐标，然后在测站上根据测站点坐标利用极坐标法测量或放样其他点，此方法为自由设站法测量。

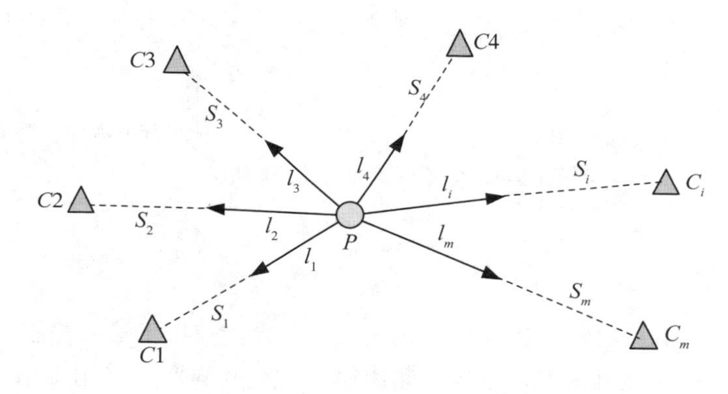

图 48.1　自由设站测量示意图

自由设站法具有灵活性强、无测站对中误差等优点，在工程测量中应用广泛。一般情况下，自由设站法中存在多余观测，当需严密平差计算，手工计算时比较困难，一般采用程序软件计算。

本章主要开发自由设站法的计算程序，程序的主要功能包括：(1)计算测站 P 点坐标最或然值(X，Y)及观测值的最或然值；(2)计算 P 点位精度和误差椭圆参数；(3)输出平差计算成果报告；(4)绘制点位观测图及误差椭圆。

一、数据的输入和读取

测量的数据类型如图 48.2 所示，主要包括：(1)测量所有的方向角值和距离；(2)仅测量方向角值(相当于角度后方交会)；(3)仅测量距离(相当于距离交会)；(4)测量部分方向角值和距离。

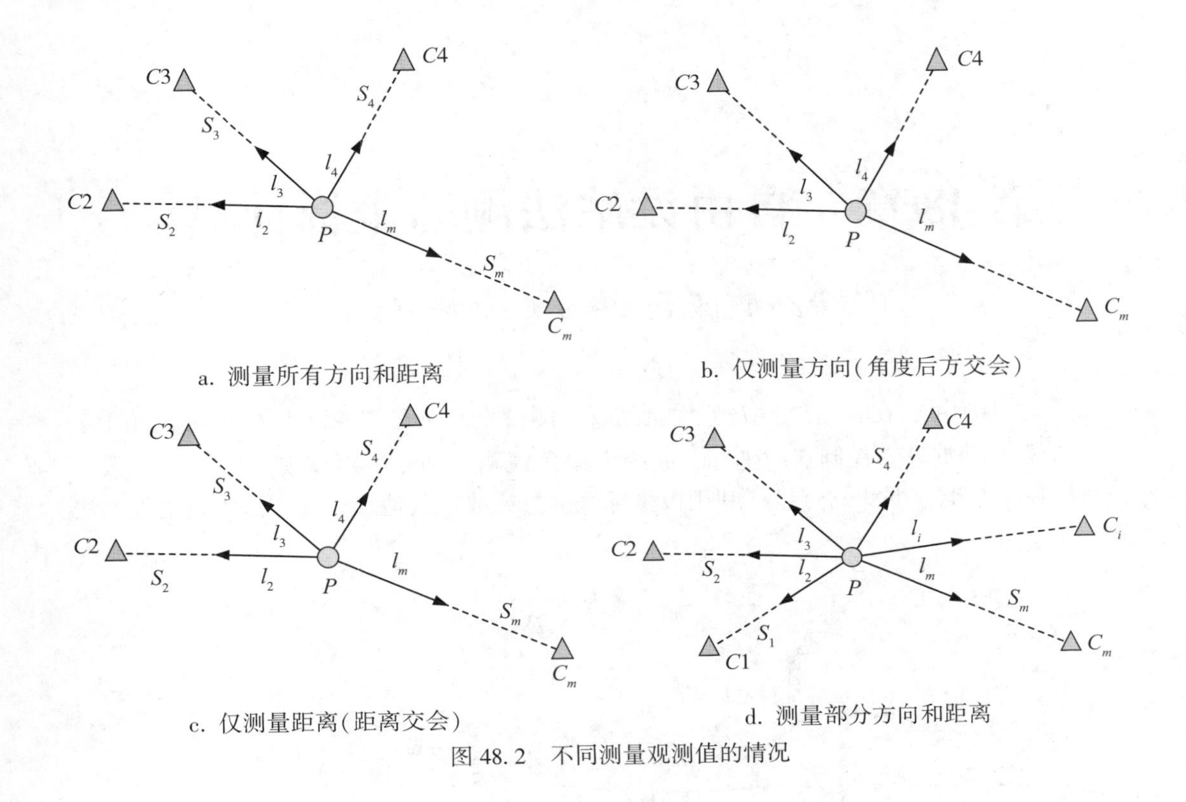

a. 测量所有方向和距离

b. 仅测量方向(角度后方交会)

c. 仅测量距离(距离交会)

d. 测量部分方向和距离

图 48.2 不同测量观测值的情况

1. 数据录入界面

(1)手动输入控制点坐标：设计坐标输入的交互界面，用于输入控制点坐标数据。

(2)手动输入外业观测数据：设计观测值输入的交互界面，采用表格与文本框相结合的界面输入，表格具有编辑功能(包括增加一行、删除一行、插入一行功能)。

2. 数据文件读取

编程读取“项目数据.txt”文件，并将文件内容显示在表格中。样例数据和格式说明见表 48-1。

表 48-1 **样例数据和格式说明**

样例数据	格式说明
begin_kzdxy	控制点坐标开始标识
D01,5098.4808,5017.3648	控制点名,*X*,*Y*
……	
D08,5298.8584,4973.8533	
end_kzdxy	控制点坐标结束标识

续表

样例数据	格式说明
begin_gcdata	外业观测数据开始标识
D01,0,100.005	瞄准点名,方向观测值,距离观测值
D03,115.0006,199.995	
D04,150.008	此方向仅观测方向值
D07,277.5952,	此方向仅观测距离
D08,345.0010,300.010	
end_gcdata	外业观测数据标识
begin_accuracy	仪器精度开始标识
2,5,2	方向精度(秒),测距仪固定误差(mm) 测距仪比例误差(mm)
end_accuracy	仪器精度结束标识

说明：(1)观测数据顺序按全圆方向观测法顺序(即方向值大小顺序)。如果该方向没有测量方向值，仅仅只测量边长，顺序任意；(2)如某测站没有方向观测值，不输入数据，但后面要有逗号分隔符，如果没有距离观测值，也同样。

二、测站 P 的近似坐标计算

设测站点 P 坐标的最或然值(X_P, Y_P)为未知数，相应改正数为 δX_P，δY_P。采用间接平差法，编程测站坐标。编程计算时，待定点坐标单位为米，坐标改正数及边长改正数单位为 mm，角度改正数单位为秒。输出显示时，中间过程取小数点后 5 位，坐标取 0.0001 米，角度 0.1 秒。

因观测情况有多种组合，要根据具体情况选用合适的待定点近似坐标。

1. 同时测量方向角值和距离

如图 48.3 所示，在测站点 P 上，同时测量到控制点 A、B 的方向值和距离，A 点方向值小于 B 点方向值。

根据 A、B 两点坐标计算 A 到 B 的距离 S_{AB} 及方位角 T_{AB}，根据余弦定理有：

$$\angle A = \arccos\sqrt{(S_A^2 + S_{AB}^2 - S_B^2) \div (2S_{AB}S_A)} \tag{48-1}$$

AP 的方位角为：

$$T_{AP} = \begin{cases} T_{AB} + \angle A, & \text{当 } \angle\alpha < 180° \\ T_{AB} - \angle A, & \text{当 } \angle\alpha > 180° \end{cases} \tag{48-2}$$

P 点的近似坐标为：

$$\begin{cases} X_P^0 = X_A + S_A\cos(T_{AP}) \\ Y_P^0 = Y_A + S_A\sin(T_{AP}) \end{cases} \tag{48-3}$$

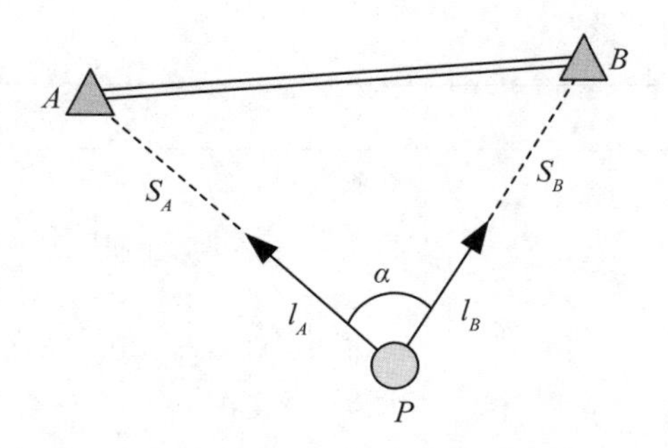

图 48.3　同时测量方向和距离

2. 仅有方向角观测

如图 48.4 所示，当只有方向角观测值时，采用角度后方交会法计算：

$$\begin{cases} X_P^0 = X_B + K_N/(1 + K_Q^2) \\ Y_P^0 = Y_B + K_Q K_N/(1 + K_Q^2) \end{cases} \tag{48-4}$$

其中 K_Q，K_N 的计算方法为：

$$\begin{cases} K_1 = (Y_B - Y_C)\cot\beta - (Y_A - Y_B)\cot\alpha - (X_A - X_C) \\ K_2 = (X_B - X_C)\cot\beta - (X_A - X_B)\cot\alpha + (X_B - X_A) \\ K_Q = K_1/K_2 \\ K_N = (Y_B - Y_C)(\cot\beta - K_Q) - (X_B - X_C)(1 + K_Q\cot\beta) \end{cases} \tag{48-5}$$

注意：程序设计过程中要考虑 α 或 β 在接近 0°或 180°的情况。

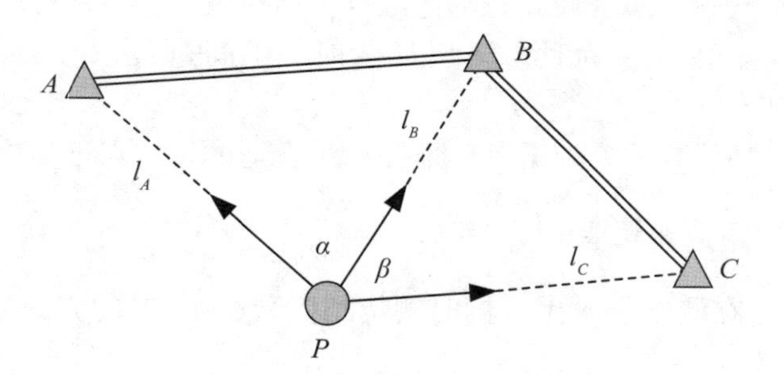

图 48.4　角度后方交会

3. 一个后视点有方向角值和距离值，另一个只有方向角值

如图 48.5 所示，后视点 A 有方向角值 l_A 和距离值 S_A，另一个后视点 B 只有方向角值 l_B。先根据一个观测距离、观测角度(利用锐角)以及 A、B 两点反算距离，利用正弦定理计算出∠A 或∠B，根据 α 的大小(>180°和<180°)计算 AP 或 BP 方位角(AP 方位角的计算见公式(48-2))，然后计算 P 点坐标。

BP 方位角的计算公式为：

$$T_{BP}=\begin{cases}T_{BA}+\angle B, & 当\ \angle\alpha>180^\circ\\ T_{BA}-\angle B, & 当\ \angle\alpha<180^\circ\end{cases} \tag{48-6}$$

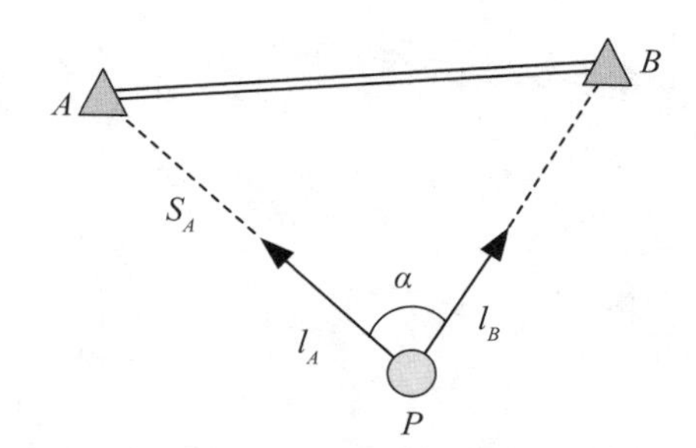

图 48.5　一个后视点有方向角值和距离值，另一个只有方向角值

4. 仅有距离观测值

如图 48.6 所示，从 P 点测量到控制点 A、B、C 的距离观测值为 S_A、S_B 和 S_C，采用距离交会计算测站 P 的坐标。

采用余弦定理计算相应的角值，根据角值和距离算出坐标。由于根据两点坐标和相应的距离进行交会计算可以得到两个点的坐标值，当有多余观测时，根据多余观测值可以判断 P 点取哪一点为近似坐标。

如没有多余观测，或 A、B、C 三点在一条直线上时，在程序设计时，要提示用户输入 A、B、P 三点是顺时针还是逆时针，依此确定哪一点为 P 点。

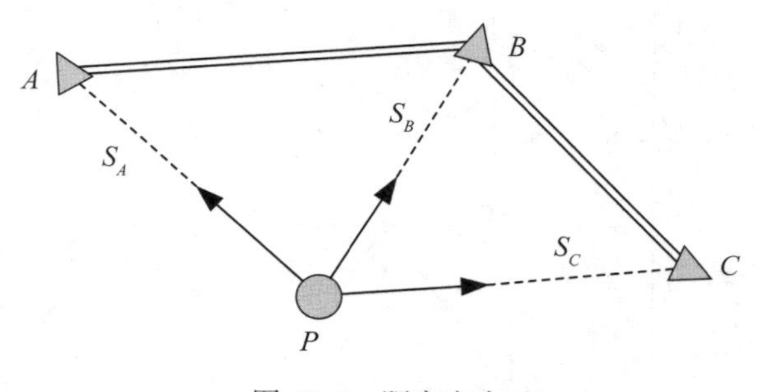

图 48.6　距离交会

5. 有两个方向距离观测值，另外两个为方向值观测值

如图 48.7 所示，有两个方向距离观测值 S_A 和 S_B，另外两个为方向值观测值 l_C 和 l_D。先用距离计算两个点的坐标值，然后根据角值判断取哪一个点。

计算近似坐标情况要考虑到测站点与两个控制点或三个控制点是否在一条直线上或几乎在一条直线上(即交会角很小，微小的误差会造成大的偏差)，尽量找角大的，如果测量了方向角值，可根据方向角值判断三点是否近似一条直线，如仅测量距离，P 点到 A 点

的距离 S_A 及 P 点到 B 点的距离 S_B，AB 的距离为 S_{AB}，可根据三边组成的三角形的角值判断或 $(abs(S_B-S_A)-S_{AB})<0.1$ 来判断。

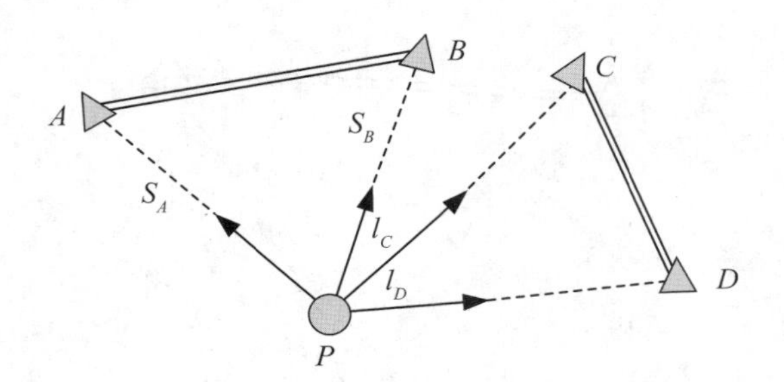

图 48.7 有两个方向距离观测值，另外两个为方向值观测值

在程序设计时，不论是角度交会还是距离交会，均要考虑用交会角大于 20°小于 160°的方向进行计算，否则近似计算有可能出错。

三、误差方程列立

1. 方向观测值误差方程式

如图 48.8 所示，L_{PK} 为测站 P 到瞄准控制点 K 的方向观测值，Z_P^0 为零方向的近似方位角，Z_{PK}^0 为测站 P 到瞄准点 K 的近似方位角。

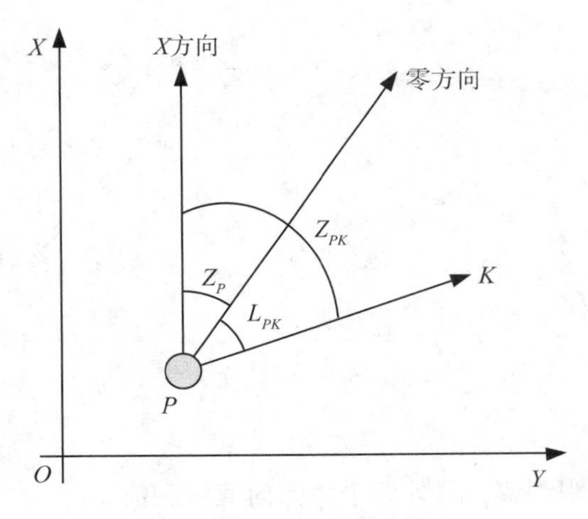

图 48.8 方向关系示意图

每个方向的误差方程为：

$$\begin{cases} \hat{L}_{PK} = L_{PK} + v_{PK} = \hat{Z}_{PK} - \hat{Z}_P \\ v_{PK} = -\delta Z_P + a_{PK}\delta X_P + b_{PK}\delta Y_P + l_{PK} \end{cases} \tag{48-7}$$

其中 a_{PK}、b_{PK} 和 l_{PK} 的值为：

$$\begin{cases} a_{PK} = \rho \dfrac{\Delta Y_{PK}^0}{(S_{PK}^0)^2} \\ b_{PK} = -\rho \dfrac{\Delta X_{PK}^0}{(S_{PK}^0)^2} \\ l_{PK} = Z_{PK}^0 - Z_P^0 - L_{PK} \end{cases} \tag{48-8}$$

近似方位计算公式：

$$Z_{PK}^0 = \arctan\left(\frac{Y_K^0 - Y_P^0}{X_K^0 - X_P^0}\right) \tag{48-9}$$

如在测站 P 点上观测 m 个方向，则有 m 个方向误差方程式：

$$\begin{cases} v_{P1} = -\delta Z_P + a_{P1}\delta X_P + b_{P1}\delta Y_P + l_{P1} \\ v_{P2} = -\delta Z_P + a_{P2}\delta X_P + b_{P2}\delta Y_P + l_{P2} \\ \cdots\cdots \\ v_{Pm} = -\delta Z_P + a_{Pm}\delta X_P + b_{Pm}\delta Y_P + l_{Pm} \end{cases} \tag{48-10}$$

这样，此间接平差问题中有三个未知数，解法方程时需求三阶矩阵逆阵。

m 个误差方程包含共同的一个未知数 δZ_P，且系数相同，可用史赖佰法消去定向角 δZ_p，使法方程逆阵为二阶矩阵。误差方程变为：

$$\begin{cases} v'_{P1} = a_{P1}\delta X_P + b_{P1}\delta Y_P + l_{P1} \\ v'_{P2} = a_{P2}\delta X_P + b_{P2}\delta Y_P + l_{P2} \\ \cdots\cdots \\ v'_{Pm} = a_{Pm}\delta X_P + b_{Pm}\delta Y_P + l_{Pm} \end{cases} \tag{48-11}$$

其中权为 1，组成一个虚拟误差方程：

$$v'_{和} = [a]\delta X_P + [b]\delta Y_P + [l]，权为\ p'_{和} = \frac{-1}{m} \tag{48-12}$$

其中，[ ]表示求和。利用公式(48-11)解得 δX_P 和 δY_P 后，再用以下公式计算定向角未知数 δZ_p：

$$\delta Z_P = \frac{[a]}{m}\delta X_P + \frac{[b]}{m}\delta Y_P + \frac{[l]}{m} \tag{48-13}$$

2. 距离观测值误差方程

测站 P 到控制点 K 的距离误差方程为：

$$v_{S_{PK}} = a_{S_{PK}}\delta X_P + b_{S_{PK}}\delta Y_P + l_{S_{PK}} \tag{48-14}$$

其中，

$$\begin{cases} a_{S_{PK}} = -\dfrac{X_K^0 - X_P^0}{S_{PK}^0},\ b_{S_{PK}} = -\dfrac{Y_K^0 - Y_P^0}{S_{PK}^0},\ l_{S_{PK}} = S_{PK}^0 - S_{PK} \\ S_{PK}^0 = \sqrt{(X_K^0 - X_P^0)^2 + (Y_K^0 - Y_P^0)^2} \end{cases} \tag{48-15}$$

距离权为 $P_{PK} = m_\beta^2 / (a + b \cdot S_{PK} \cdot 10^{-6})^2$，其中 a 和 b 为测距固定误差和比例误差。

四、组成法方程式及未知数求解

误差方程为：

$$\boldsymbol{v} = \boldsymbol{A} \cdot \delta \boldsymbol{X} + \boldsymbol{l}, \text{权阵为} \boldsymbol{P} \tag{48-16}$$

未知数解：

$$\delta \boldsymbol{X} = -(\boldsymbol{A}^{\mathrm{T}} \boldsymbol{P} \boldsymbol{A})^{-1} \boldsymbol{A}^{\mathrm{T}} \boldsymbol{P} \boldsymbol{l} \tag{48-17}$$

说明：不同的待定点近似坐标计算方法，计算出的近似坐标有小的差异，而误差方程的常数项与未知数的近似值相关，为了便于检查和评分的一致性、准确性，在程序中增加了给定待定点坐标近似值选择功能，可在界面输入给定近似坐标值。

五、精度评定与误差椭圆

1. 观测值平差值、测站点坐标

观测值平差值为：

$$\hat{\boldsymbol{L}} = \boldsymbol{L} + \boldsymbol{v} \tag{48-18}$$

测站点坐标：

$$\begin{cases} X_P = X_P^0 + \delta X_P \\ Y_P = Y_P^0 + \delta Y_P \end{cases} \tag{48-19}$$

2. 精度评定

单位权中误差：

$$m_0 = \pm \sqrt{\frac{[\boldsymbol{Pvv}]}{n - t}} \tag{48-20}$$

待定点协因数阵：

$$\boldsymbol{Q}_{XX} = (\boldsymbol{A}^{\mathrm{T}} \boldsymbol{P} \boldsymbol{A})^{-1} \tag{48-21}$$

点位误差：

$$\begin{cases} m_P = \sqrt{m_{X_P}^2 + m_{Y_P}^2} \\ m_{X_P} = m_0 \sqrt{Q_{X_P, X_P}} \\ m_{Y_P} = m_0 \sqrt{Q_{Y_P, Y_P}} \end{cases} \tag{48-22}$$

3. 误差椭圆

误差椭圆参数的计算公式：

$$\begin{cases} Q_{EE}=\frac{1}{2}(Q_{XX}+Q_{YY})+\frac{1}{2}\sqrt{(Q_{XX}-Q_{YY})^2+4Q_{XY}^2} \\ Q_{FF}=\frac{1}{2}(Q_{XX}+Q_{YY})-\frac{1}{2}\sqrt{(Q_{XX}-Q_{YY})^2+4Q_{XY}^2} \\ \tan2\varphi_0=\frac{2Q_{XY}}{Q_{XX}-Q_{YY}} \end{cases} \tag{48-23}$$

六、用户界面设计与开发文档撰写

1. 人机交互界面设计与实现

人机交互界面要求功能正确，可正常运行，布局合理、直观美观、人性化，主要功能包括：

(1)包括菜单、工具条、表格、图形(显示、放大、缩小)、文本等功能。

(2)输入界面设计。控制点坐标和外业观测数据通过表格输入，表格要求具有编辑功能，具有“增加一行”、“删除一行”、“插入一行”的功能(点击鼠标右键出现动态菜单)。要求程序具有对输入表格中的非法字符进行检查的功能，如在数值型模式下输入了字母，“多小数点”等。另外瞄准方向点名检查、控制点名检查、控制点坐标和观测值要能保存在文件中，以便下次运行使用，最好还能实现“另存为”功能。

2. 计算报告的显示与保存

要求：(1)在用户界面中显示计算报告；(2)保存为 Excel 格式的文件。

3. 图形绘制和保存

(1)图形绘制要求：在界面上绘制自由设站点位图及测站与控制点连接图，坐标系与测量坐标系一致；图形显示界面要有图形放大、缩小、全图显示功能；按住鼠标拖动功能；显示鼠标坐标位置功能等。绘制的图形能够以图像的格式保存，并能保存到 Word 文件中。

(2)图形文件保存要求：将“图形绘制”的图形保存为 DXF 格式的文件。

4. 开发文档与报告

内容包括：(1)程序功能简介；(2)算法设计与流程图；(3)主要函数和变量说明；(4)主要程序运行界面；(5)使用说明。

七、参考源程序

1. 源程序

参考源程序在“https：//github. com/ybli/bookcode/tree/master/Part3-ch15/”目录下，

编程语言为 C#，项目名称为 Tsf_seu。项目中主要包含以下函数：

(1) void　fileopen( )、void　filesave( )：数据文件读取和存储；

(2) void　dataok( )：起算数据检查和确认；

(3) void　approximate_xy0( )：近似坐标计算；

(4) void　error_equation( )：误差方程组成；

(5) void　adjust( )：法方程解算、坐标计算、精度评定；

(6) Bitmap getBitMapFile(double skk, double ddx, double ddy)：在图片上绘图；

(7) string　WriteReport( )：产生计算报告；

(8) void　graph_dxf_out( )；输出 dxf 文件；

(9) void　result_xls_out( )；输出平差结果 excel 文件。

2. 测试数据与可执行文件

在"https：//github. com/ybli/bookcode/tree/master/Part3-ch15/运行程序与数据"目录下，给出了可执行文件和"坐标数据 . txt"数据文件。相应的成果保存在"报告 . txt"文件中。

图 48. 9 是部分可执行文件运行时的部分界面。

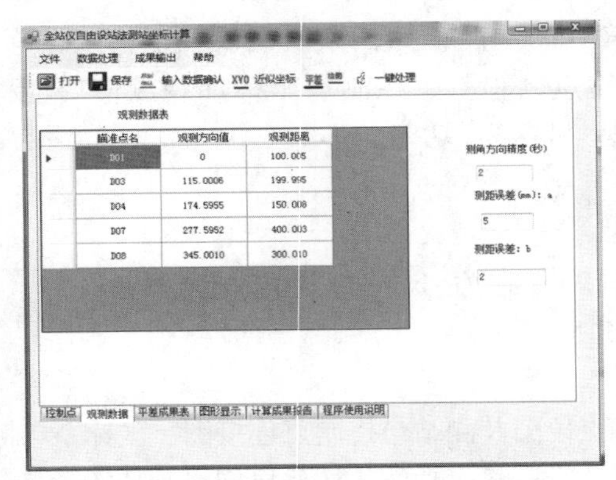

(a) 控制点坐标输入显示界面

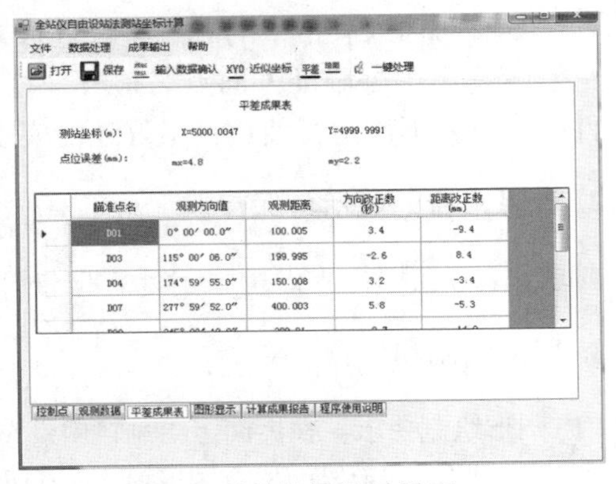

(b) 平差结果显示界面

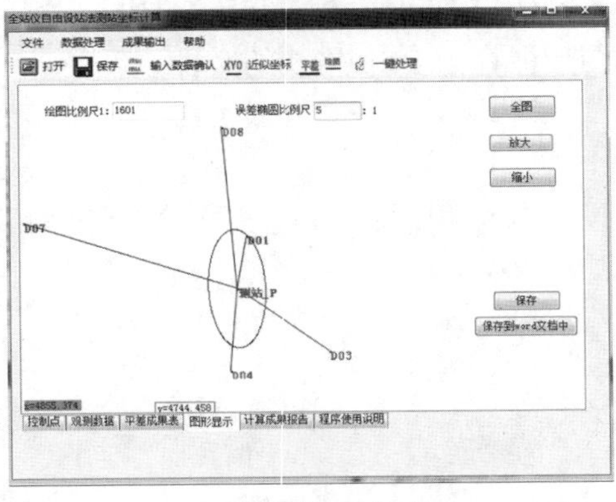

(c) 绘图显示界面

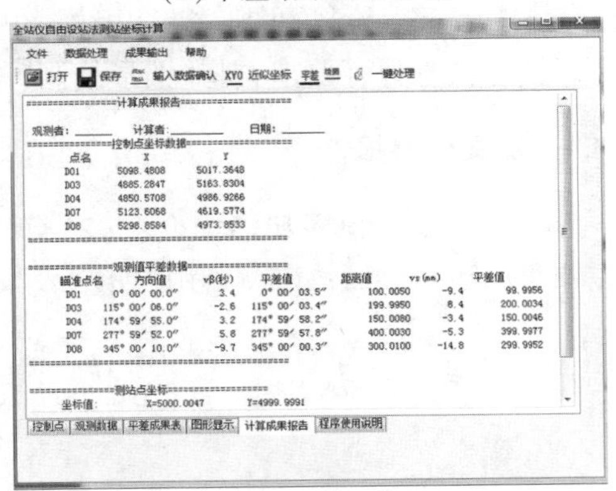

(d) 成果报告界面

图 48. 9　部分运行界面示例

第49章　利用五点光滑法进行曲线拟合

（作者：吴杭彬，主题分类：地理信息）

曲线拟合是用适当的曲线类型拟合观测数据，是等值线绘制等过程的常用数据处理方法。五点光滑法是通过在每两个相邻离散点之间构建对应的三次多项式从而得到曲线方程，每个三次多项式共有四个未知数需要确定，故需要四个方程求解，即通过两个离散点都在曲线上以及两个点处的一阶导都是确定的这四个条件，而每个点处的一阶导是由该点自身与左右相邻的两个点共五个点确定的。

本章内容是通过读取一系列离散点数据文件，编程实现曲线拟合功能。

一、数据文件读取

编程读取“曲线拟合数据.txt”文件。数据文件格式为“ID，x，y”，每行数据为一个点的数据，从左至右依次是点的ID，点的x坐标和点的y坐标。数据格式见表49-1。

表49-1　**数据文件格式**

ID，x坐标，y坐标
1，1.841071976，-1.724307355
2，3.96379461，-4.037030357
3，7.152611963，-5.227522169
4，10.7240874，-3.824442533
……

二、补充点

由于每个点的一阶导数需要由自身及左右两个点确定，故当一个点集 P_S 中有 n 个点时，$P_S=\{p_1, p_2, p_3, \cdots, p_{n-2}, p_{n-1}, p_n\}$，点 p_i 的坐标为 (x_i, y_i)，则 p_1，p_2，p_{n-1} 和 p_n 都会因相邻点的缺失而无法计算一阶导数，所以需要在点集两侧各补充两个点。

补充点分两种情况：

（1）当曲线首尾闭合时，只需要将 p_{n-1} 和 p_n 补充到所有点之前，再将 p_1 和 p_2 补充到所有点之后，补充完之后的 $P_S = \{p_{n-1}, p_n, p_1, p_2, p_3, \cdots, p_{n-2}, p_{n-1}, p_n, p_1, p_2\}$。

(2)当曲线首尾不闭合时，需要通过增量补点的方法在点集两端各补充两个点，如图49.1所示。在点集起始端，通过 p_1，p_2 和 p_3 计算得到 A 点的坐标：

$$\begin{cases} x_A = \Delta X(p_3 - p_2) - \Delta X(p_2 - p_1) \\ y_A = \Delta Y(p_3 - p_2) - \Delta Y(p_2 - p_1) \end{cases} \tag{49-1}$$

然后同理通过 p_2，p_1 和 A 计算得到 B 点的坐标，将 B 与 A 补充到点集最前端。而在结尾端，则是通过 p_{n-2}，p_{n-1} 和 p_n 计算得到 C 点，再通过 p_{n-1}，p_n 和 C 计算得到 D 点，然后将 C 与 D 补充到点集最尾端。补充完之后的 $P_S = \{B, A, p_1, p_2, p_3, \cdots, p_{n-2}, p_{n-1}, p_n, C, D\}$。

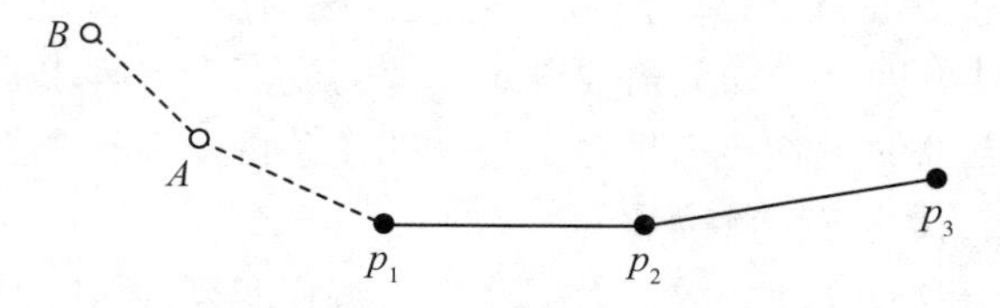

图 49.1　增量补点示意图

三、计算各点 x 方向与 y 方向的梯度

如图49.2所示，点 p_i 为是待一阶求导的点，AB 为曲线的切线，由AKIMA条件可得：

$$\frac{p_{i-1}A}{AC} = \frac{p_{i+1}B}{BD} \tag{49-2}$$

则可由此计算得到点 p_i 在 x 方向与 y 方向的梯度 $\cos\theta_i$ 与 $\sin\theta_i$：

$$\begin{cases} \cos\theta_i = \dfrac{a_0}{\sqrt{a_0^2 + b_0^2}} \\ \sin\theta_i = \dfrac{b_0}{\sqrt{a_0^2 + b_0^2}} \end{cases} \tag{49-3}$$

式中，a_0，b_0 为：

$$\begin{cases} a_0 = w_2 a_2 + w_3 a_3, & b_0 = w_2 b_2 + w_3 b_3 \\ w_2 = |a_3 b_4 - a_4 b_3|, & w_3 = |a_1 b_2 - a_2 b_1| \\ a_1 = x_{i-1} - x_{i-2}, & b_1 = y_{i-1} - y_{i-2} \\ a_2 = x_i - x_{i-1}, & b_2 = y_i - y_{i-1} \\ a_3 = x_{i+1} - x_i, & b_3 = y_{i+1} - y_i \\ b_4 = x_{i+2} - x_{i+1}, & b_4 = y_{i+2} - y_{i+1} \end{cases} \tag{49-4}$$

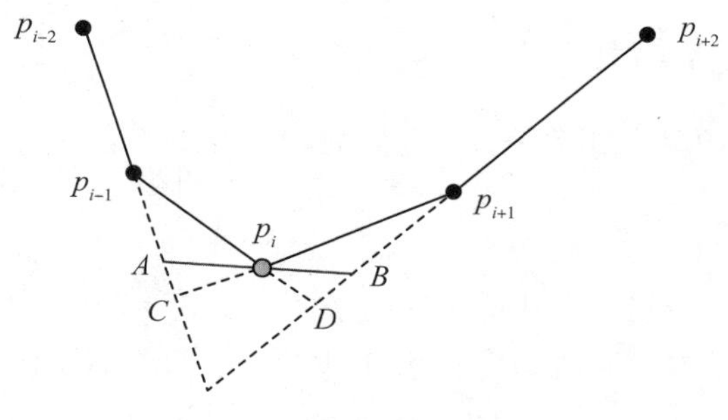

图 49.2　梯度计算示意图

四、计算曲线参数

设两点 p_i 与 p_{i+1} 的三次曲线方程为：

$$\begin{cases} x = E_0 + E_1 z + E_2 z^2 + E_3 z^3 \\ y = F_0 + F_1 z + F_2 z^2 + F_3 z^3 \end{cases} \tag{49-5}$$

其中 z 为 p_i 与 p_{i+1} 两点之间的弦长变量，$0 \leqslant z \leqslant 1$。式中，

$$\begin{cases} E_0 = x_i,\ E_2 = 3(x_{i+1} - x_i) - r(\cos\theta_{i+1} + 2\cos\theta_i) \\ E_1 = r\cos\theta_i,\ E_3 = -2(x_{i+1} - x_i) + r(\cos\theta_{i+1} + \cos\theta_i) \\ F_0 = y_i,\ F_2 = 3(y_{i+1} - y_i) - r(\sin\theta_{i+1} + 2\sin\theta_i) \\ F_1 = r\sin\theta_i,\ F_3 = -2(y_{i+1} - y_i) + r(\sin\theta_{i+1} + \sin\theta_i) \end{cases} \tag{49-6}$$

其中，r 为 p_i 与 p_{i+1} 两点之间的弦长，$r = \sqrt{(x_{i+1} - x_i)^2 + (y_{i+1} - y_i)^2}$。

五、生成曲线段

在两点 p_i 与 p_{i+1} 之间，曲线参数既已求得，则根据三次多项式值绘制折线段来逼近曲线。取弦长 z 为 0~1，间隔为 i，每个 z 代入三次多项式算得一个对应的点坐标，这样便在 p_i 与 p_{i+1} 之间插入了 m 个点，$m = \dfrac{1}{i}$。依次用直线段连接这 m 个点，则逼近出 p_i 与 p_{i+1} 两点之间的曲线，i 越小，逼近得越准确。

六、用户界面设计与开发文档撰写

1. 人机交互界面设计与实现

要求：(1)设计包括菜单、工具条、表格、图形(显示、放大、缩小)、文本等功能；

(2)功能正确，可正常运行，布局合理、美观大方、人性化。

2. 计算报告的显示与保存

要求：在用户界面中显示相关统计信息、计算报告，并保存为文本文件(＊.txt)。

3. 图形绘制和保存

(1)图形绘制要求：绘制给出数据文件的平面点，并绘制生成的曲线。
(2)图形文件保存要求：通过编程实现“图形绘制”的图形保存为DXF格式的文件。

4. 开发文档与报告

内容包括：(1)程序功能简介；(2)算法设计与流程图；(3)主要函数和变量说明；(4)主要程序运行界面；(5)使用说明。

七、参考源程序

在“https://github.com/ybli/bookcode/tree/master/Part3-ch16”目录下包含了源程序、可执行文件、样例数据等相关文件。

图49.3是图形显示界面，显示散点图以及拟合曲线。图49.4是计算报告界面，给出了基本信息、计算结果等内容。

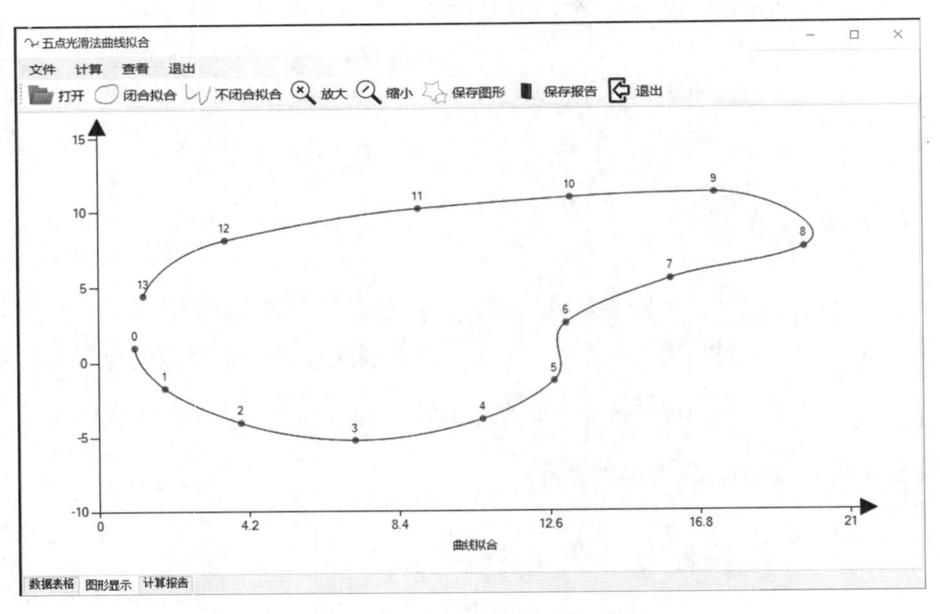

图49.3　图形显示

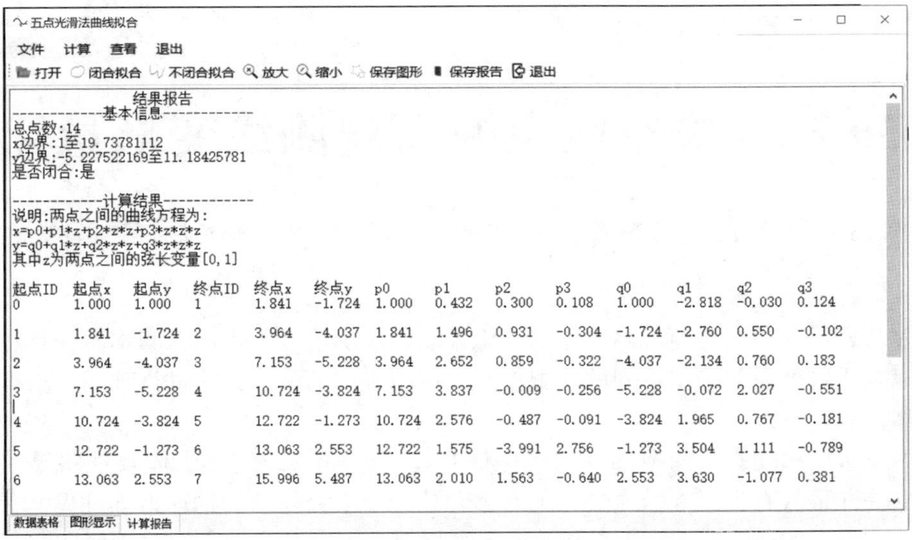

五点光滑法曲线拟合

文件　计算　查看　退出

打开　闭合拟合　不闭合拟合　放大　缩小　保存图形　保存报告　退出

结果报告

------------基本信息------------

总点数:14

x边界:1至19.73781112

y边界:-5.227522169至11.18425781

是否闭合:是

------------计算结果------------

说明:两点之间的曲线方程为:

x=p0+p1*z+p2*z*z+p3*z*z*z

y=q0+q1*z+q2*z*z+q3*z*z*z

其中z为两点之间的弦长变量[0,1]

起点ID	起点x	起点y	终点ID	终点x	终点y	p0	p1	p2	p3	q0	q1	q2	q3
0	1.000	1.000	1	1.841	-1.724	1.000	0.432	0.300	0.108	1.000	-2.818	-0.030	0.124
1	1.841	-1.724	2	3.964	-4.037	1.841	1.496	0.931	-0.304	-1.724	-2.760	0.550	-0.102
2	3.964	-4.037	3	7.153	-5.228	3.964	2.652	0.859	-0.322	-4.037	-2.134	0.760	0.183
3	7.153	-5.228	4	10.724	-3.824	7.153	3.837	-0.009	-0.256	-5.228	-0.072	2.027	-0.551
4	10.724	-3.824	5	12.722	-1.273	10.724	2.576	-0.487	-0.091	-3.824	1.965	0.767	-0.181
5	12.722	-1.273	6	13.063	2.553	12.722	1.575	-3.991	2.756	-1.273	3.504	1.111	-0.789
6	13.063	2.553	7	15.996	5.487	13.063	2.010	1.563	-0.640	2.553	3.630	-1.077	0.381

数据表格　图形显示　计算报告

图 49.4　计算报告

第50章　采空区主断面观测线变形量计算

（作者：蔡来良、宋鑫友、王仁华、王二东，主题分类：矿山测量）

地表与岩层移动的实地观测工作是认识采动影响的最基本手段，其本质就是在采动范围内的地表或岩层内部采用不同的观测仪器，应用专门的测量方法进行观测，求得地表或岩层的移动和变形。

地表及岩层移动观测的主要目的是保护井巷、建(构)筑物、水体及铁路等，使它们不受或少受开采的有害影响。岩层与地表移动是一个十分复杂的物理力学过程，它受多种地质、采矿因素的综合影响，要认识这一复杂过程，目前的主要方法是现场实测。通过观测，获得大量的实测资料，然后对这些实测资料进行综合分析，从而找出各种地质采矿因素对地表及岩层移动的影响规律。

一、计算原理

观测线布设方案设计如图50.1所示。

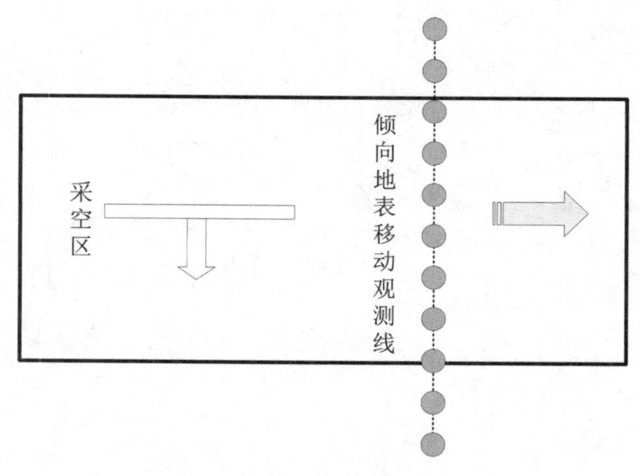

图50.1　倾向观测线布置平面图

获取各个测点的观测坐标数据后，便可计算观测线上各测点和各测点间的移动和变形。移动和变形计算主要包括：下沉、水平移动、倾斜、曲率和水平变形的计算。

1. 基本计算公式

(1)第 m 次观测 n 点的下沉：

$$W_n = H_{nm} - H_{n0} \tag{50-1}$$

式中，W_n为地表第 n 点的下沉(mm)。H_{n0}、H_{nm}分别为首次和 m 次观测时 n 点的高程。

(2) n 号点的水平移动：

按传统方法观测 n 号点的水平移动计算方法为：

$$U_n = \sqrt{(X_{n0} - X_{nm})^2 + (Y_{n0} - Y_{nm})^2} \tag{50-2}$$

式中，U_n为第 n 号点的水平移动(mm)，第 n 号点首次观测的坐标为(X_{n0}，Y_{n0})，第 m 次观测的坐标为 (X_{nm}，Y_{nm})。

(3)相邻两点间的倾斜：

$$i_{n\sim n+1} = \frac{W_n - W_{n+1}}{L_{(n\sim n+1)0}} \tag{50-3}$$

式中，$i_{n\sim n+1}$ 为地表 n、$n+1$ 两点的倾斜变形(mm/m)，$L_{(n\sim n+1)0}$ 为首次观测地表相邻两点的水平距离(m)，W_n、W_{n+1}为相邻点的下沉值(mm)。

(4)相邻两点间的曲率：

$$k_{n-1\sim n\sim n+1} = \frac{i_{n-1\sim n} - i_{n\sim n+1}}{0.5(L_{(n-1\sim n)0} + L_{(n\sim n+1)0})} \tag{50-4}$$

式中，$k_{n-1\sim n\sim n+1}$ 为线段 $n-1$ 和线段 $n+1$ 的平均曲率(mm/m^2)，$i_{n-1\sim n}$、$i_{n\sim n+1}$为地表 $n-1\sim n$ 和 $n\sim n+1$ 点间的平均倾斜值(mm/m)，$L_{(n-1\sim n)0}$、$L_{(n\sim n+1)0}$ 为地表 $n-1\sim n$ 和 $n\sim n+1$ 点间的首期观测水平距离(m)。

(5)相邻两点的水平变形：

$$\varepsilon_{n\sim n+1} = \frac{L_{(n\sim n+1)m} - L_{(n\sim n+1)0}}{L_{(n\sim n+1)0}} \tag{50-5}$$

式中，$\varepsilon_{n\sim n+1}$ 为地表 n、$n+1$ 点间的水平变形(mm/m)，$L_{(n\sim n+1)m}$、$L_{(n\sim n+1)0}$ 分别为地表 n、$n+1$ 点 m 次观测与首次观测的水平距离(mm)。

2. 水平移动量向主断面投影公式

在实际断面求解时，往往需要求解沿主断面和垂直主断面方向计算水平变形和水平移动。在求解水平移动和水平变形的程序时，按如下公式进行计算，如图 50.2 所示。

在工作面 $ABCD$ 走向主断面内布置 R_1R_2 观测线，其中点 R_1 和 R_2 为控制点。k 为观测线上某一个观测点，由于地质采矿条件的复杂性，其受到开采影响后的位移矢量不一定严格沿着 R_1R_2 方向。

设 k'为受到开采影响后的观测点，k 点受开采影响前的平面直角坐标为 $k(x_1, y_1)$，受开采影响后该点的平面直角坐标变为 $k'(x_2, y_2)$，则 kk'的距离 S 为：

$$S = \sqrt{(x_2 - x_1)^2 + (y_2 - y_1)^2} \tag{50-6}$$

两点的方位角 $\alpha_{kk'}$ 为：

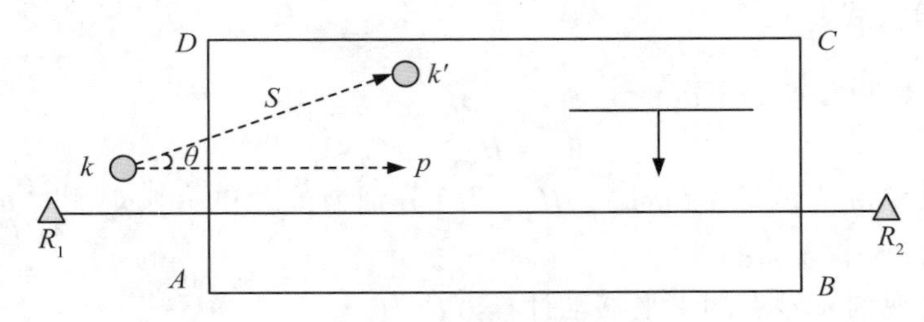

图 50.2　测点数据处理示意图

$$\alpha_{kk'} = \arctan \frac{y_2 - y_1}{x_2 - x_1} \tag{50-7}$$

同理，设 R_1 和 R_2 的平面直角坐标分别为 $R_1(x_3, y_3)$，$R_2(x_4, y_4)$，则矢量 R_1R_2 的方位角为：

$$\alpha_{R_1R_2} = \arctan \frac{y_4 - y_3}{x_4 - x_3} \tag{50-8}$$

上述方位角的计算均假定其位于第 I 象限，其余情况可参考相关资料计算。于是，位移矢量 kk' 与测线 R_1R_2 方向的夹角为：

$$\theta = \alpha_{R_1R_2} - \alpha_{kk'} \tag{50-9}$$

设位移矢量 S 沿主断面观测线方向的分量为 S_1，沿垂直于主断面观测线方向的分量为 S_2，则

$$S_1 = S \cdot \cos\theta \tag{50-10}$$

$$S_2 = S \cdot \sin\theta \tag{50-11}$$

按照上述方法对所计算的位移 S 分解后，不但能得到观测线方向上的位移，而且能得到横向位移。

二、数据文件读取和计算报告输出

1. 数据文件读取

每期观测值为坐标数据，文件名为观测日期。部分数据示例见表 50-1。

表 50-1　**数据内容**

点号	Y(东西)	X(南北)	Z(高程)
A01	4267605. 935	403114. 704	1285. 95610
A02	4267620. 761	403101. 712	1283. 07729
A03	4267635. 351	403088. 933	1281. 96903
A04	4267651. 017	403075. 506	1281. 87326

续表

点号	Y(东西)	X(南北)	Z(高程)
A05	4267666.304	403062.513	1281.39450
A06	4267681.931	403049.349	1284.91635
A07	4267696.782	403036.798	1282.90742
A08	4267711.910	403023.489	1281.64022

2. 计算报告的显示与保存

说明：(1)在用户界面中显示相关统计信息、计算报告，在开发文档中给出 1 张相关截图；(2)保存为文本文件(*.txt)，并将计算结果的全部内容插入开发文档中。

三、程序优化与开发文档撰写

1. 人机交互界面设计与实现

要求：(1)包括菜单、工具条、表格、图形(显示)、文本等功能，要求功能正确，可正常运行，布局合理、美观大方、人性化；(2)在开发文档中，给出 1 至 2 张相关的界面截图。

2. 图形绘制和保存

(1)图形绘制要求：以到第一个基准点的距离为 X 坐标，变形值作为 Y 坐标；分别绘制下沉曲线、水平移动曲线、倾斜曲线、曲率曲线、水平变形曲线。

(2)图形文件保存要求：通过编程将“图形绘制”工具绘制的图形保存为 DXF 格式的文件。

3. 开发文档

内容包括：(1)程序功能简介；(2)算法设计与流程图；(3)主要函数和变量说明；(4)主要程序运行界面；(5)使用说明。

四、源程序与参考答案

参考源程序在“https://github.com/ybli/bookcode/tree/master/Part3-ch17”目录下。用户界面样例如图 50.3 所示，主要功能包括文件读写、计算、图形绘制等。

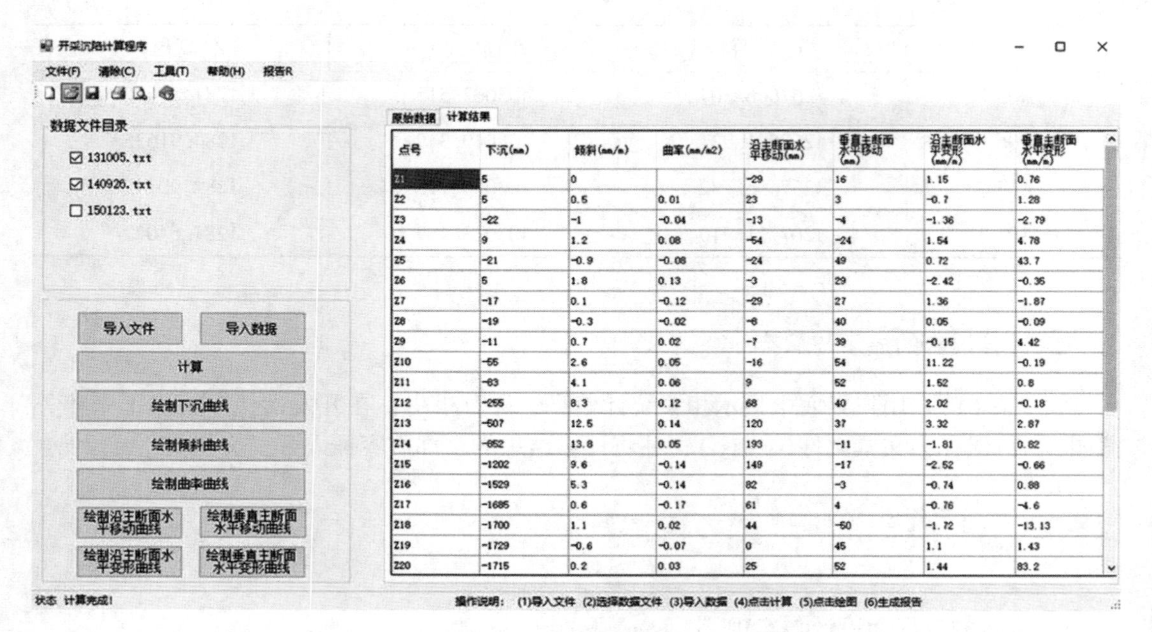

点号	下沉(mm)	倾斜(mm/m)	曲率(mm/m2)	沿主断面水平移动(mm)	垂直主断面水平移动(mm)	沿主断面水平变形(mm/m)	垂直主断面水平变形(mm/m)
Z1	5	0		-29	16	1.15	0.76
Z2	5	0.5	0.01	23	3	-0.7	1.28
Z3	-22	-1	-0.04	-13	-4	-1.36	-2.79
Z4	9	1.2	0.08	-54	-24	1.54	4.78
Z5	-21	-0.9	-0.08	-24	49	0.72	43.7
Z6	5	1.8	0.13	-3	29	-2.42	-0.36
Z7	-17	0.1	-0.12	-29	27	1.36	-1.87
Z8	-19	-0.3	-0.02	-8	40	0.05	-0.09
Z9	-11	0.7	0.02	-7	39	-0.15	4.42
Z10	-55	2.6	0.05	-16	54	11.22	-0.19
Z11	-83	4.1	0.06	9	52	1.52	0.8
Z12	-255	8.3	0.12	68	40	2.02	-0.18
Z13	-507	12.5	0.14	120	37	3.32	2.87
Z14	-852	13.8	0.05	193	-11	-1.81	0.82
Z15	-1202	9.6	-0.14	149	-17	-2.52	-0.66
Z16	-1529	5.3	-0.14	82	-3	-0.74	0.88
Z17	-1685	0.6	-0.17	61	4	-0.76	-4.6
Z18	-1700	1.1	0.02	44	-60	-1.72	-13.13
Z19	-1729	-0.6	-0.07	0	45	1.1	1.43
Z20	-1715	0.2	0.03	25	52	1.44	83.2

图 50.3 用户界面样例

第51章　任意线路实测点偏差及其设计位置的确定

（作者：李阳腾龙，主题分类：工程测量）

设沿线路前进方向分别有相邻曲线段对应中线桩交点及其坐标 $JD_1(X_{JD_1},\ Y_{JD_1})$、$JD_2(X_{JD_2},\ Y_{JD_2})$ 和 $JD_3(X_{JD_3},\ Y_{JD_3})$。其中，$JD_2$ 对应某右偏曲线，该曲线段圆曲线半径为 R，缓和曲线长 l_0，如图51.1所示。

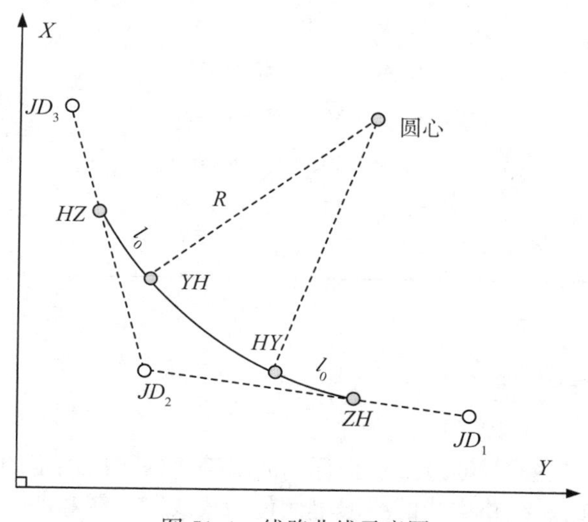

图51.1　线路曲线示意图

一、数据文件读取

1. 线路设计参数数据

编程读取线路设计参数数据文件（文件名为“线路设计参数.txt”），其文件格式为“交点号，X（北坐标），Y（东坐标），直缓点（ZH）里程，线路偏转角（°.′″），偏向（左偏−1，右偏+1），圆曲线半径 R，缓和曲线长 l_0”，数据内容见表51-1。

表 51-1 **线路设计参数数据文件内容**

交点号，X，Y，直缓点里程，线路偏转角，偏向，圆曲线半径，缓和曲线长
JD1，296.9880，1646.2730，45411.13，24.5541，-1，700，50
JD2，604.8160，873.9130，46029.12，38.4849，1，1000，70
JD3，965.2840，670.3330，46803.17，0，0，0，0

2. 线路实测数据

编程读取线路实测数据文件(文件名为“实测坐标.txt”)，其文件格式为“点号，X(北坐标)，Y(东坐标)”，数据内容见表 51-2。

表 51-2 **线路中线实测数据文件内容**

点号，X(北坐标)，Y(东坐标)
1，461.3979，1233.7445
2，468.8314，1215.1773
3，476.3487，1196.6438
4，484.1030，1178.2085
5，492.1415，1159.8954
……

二、判断测点位置

线路中线平面位置主要是通过交点坐标和曲线综合要素所确定的主点、中线桩及其里程和坐标共同来获取的。线路中线的线形单元包括直线段、缓和曲线段和圆曲线段。为判断实测点是在直线段还是曲线段，可采用如下方式进行：

设中线实测点 M_i 到该曲线段所对应 JD_i 的距离为 d_{JD_i}，点 M_i 和 JD_i 的连线与过 JD_i 同侧切线的夹角为 α_q，切线长为 T。判断如下：

(1)若 $d_{JD_i}\cdot\cos\alpha_q\geqslant T$，则中线实测点在直线段(可能位于 ZH 点之前直线段，或者 HZ 点之后直线段)；

(2)若 $d_{JD_i}\cdot\cos\alpha_q<T$，则中线实测点在曲线段(可能位于缓和曲线段，包括第一段缓和曲线段及第二段缓和曲线段，或者圆曲线段)。

对于第(1)种情况，即点 M_i 所在直线段具体位置，可根据其在曲中点(QZ)之前或之后进行判断。若 M_i 在 QZ 点之前，则 M_i 在 ZH 点前的直线段区间；反之，则在 HZ 点后的直线段区间。

实测点 M_i 在 QZ 点之前或之后的位置，可通过先求解 JD_i 到点 M_i 和 QZ 点的方位角，再结合曲线偏转方向(左偏或右偏)，比较两者的方位角来确定点 M_i 与 QZ 点的位置关系。

当实测点 M_i 位于 ZH 点前的直线段，则里程计算公式如下：

$$M_{m_i} = M_{JD_i} - d_{JD_i,\ i} \cdot \cos\alpha_q \tag{51-1}$$

其中，M_{JD_i} 为交点的定测里程。

当实测点 M_i 位于 HZ 点后的直线段，则里程计算公式如下：

$$M_{m_i} = M_{JD_i} + d_{JD_i,\ i} \cdot \cos\alpha_q - q \tag{51-2}$$

其中，q 为切曲差。

对于第(2)种情况(实测点 M_i 在曲线段)，根据该线段中曲线偏角以及点 M_i 是在 QZ 点的前方或者后方等条件，判断该点是在缓和曲线段(第一段或者第二段缓和曲线段)还是在圆曲线段。

设该线路为右偏曲线，J 点是过缓圆点(HY)的径向与过 JD_i 切线的交点，关系如图 51.2 所示。图中，绘制了测点相对设计中线可能存在的分布位置情况，如测点 M_i，M_{i1}，M_{i2} 及 M_{i3}。J 点到 ZH 点的距离为：

$$D_{JD_i,\ J} = T - (x_0 + y_0 \cdot \tan\beta_0) \tag{51-3}$$

其中，T 为切线长；$(x_0,\ y_0)$ 为缓圆点(圆缓点)在以 ZH 点(或 HZ 点)为原点的切线坐标系下的平面坐标；β_0 为缓和曲线的切线角。

在图 51.2 所示 $\triangle JD_iK_iJ$ 中，由三角形正弦定理，可得：

$$\frac{D_{JD_i,\ K_i}}{\sin(90° \pm \beta_0)} = \frac{D_{JD_i,\ J}}{\sin(90° - \alpha_q \mp \beta_0)} \tag{51-4}$$

其中，$D_{JD_i,\ K_i}$ 为 JD_i 点和测点的连线与 HY 点径向的交点 K_i 到 JD_i 的距离；$D_{JD_i,\ J}$ 为 JD_i 点到 J 点的距离。当实测点在曲线内部时，符号取上部；反之，则取下部。

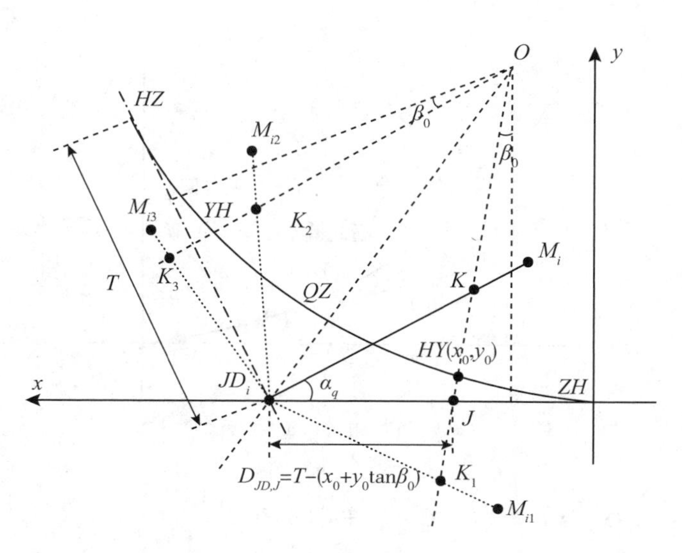

图 51.2　实测点在曲线段的位置示意图

根据公式(51-4)，可判断测点 M_i 到 JD_i 的距离 d_{JD_i} 与 $D_{JD_i,\ K_i}$ 距离大小。若 $d_{JD_i} > D_{JD_i,\ K_i}$，则测点 M_i 在第一(或第二)缓和曲线段；反之，则在 QZ 点前(或 QZ 点后)的圆曲线段。

该段曲线所对应的中桩交点是 JD_i，并假设沿线路方向中桩交点点号依次为 JD_1，JD_2，JD_3，JD_4，…。将曲线上点的测量坐标转换到以 ZH 点(或 HZ 点)为原点的切线坐标系中：

$$\begin{cases} x_{m_i} = \cos\alpha_{JD_{i-1,\ i}} \cdot (X_{m_i} - X_{ZH}) + \sin\alpha_{JD_{i-1,\ i}} \cdot (Y_{m_i} - Y_{ZH}) \\ y_{m_i} = -\eta\sin\alpha_{JD_{i-1,\ i}} \cdot (X_{m_i} - X_{ZH}) + \eta\cos\alpha_{JD_{i-1,\ i}} \cdot (Y_{m_i} - Y_{ZH}) \end{cases} \tag{51-5}$$

其中，$(X_{m_i},\ Y_{m_i})$ 为实测点 M_i 在测量坐标系下的平面坐标；$(X_{ZH},\ Y_{ZH})$ 为 ZH 点在测量坐标系下的平面设计坐标；$(x_{m_i},\ y_{m_i})$ 为实测点 M_i 在以 ZH 点为原点的切线坐标系下的坐标；$\alpha_{JD_{i-1,\ i}}$ 为 JD_{i-1} 到 JD_i 的方位角；$\eta=1$ 时，表示曲线右转；$\eta=-1$ 时，表示曲线左转。

三、横向偏差计算

以 ZH 点为原点，切线方向为 x 轴，垂直切线方向指向圆心为 y 轴，建立左手直角坐标系，简称切线坐标系，如图 51.3 所示。图中，测点 M_i 与对应线路中线点 N_i 的距离 D_i 在过 N_i 点切线上投影长为纵向偏差、在垂直于 N_i 切线方向上投影长为横向偏差。测点 M_i 对应中线点 N_i 在缓和曲线上切线坐标：

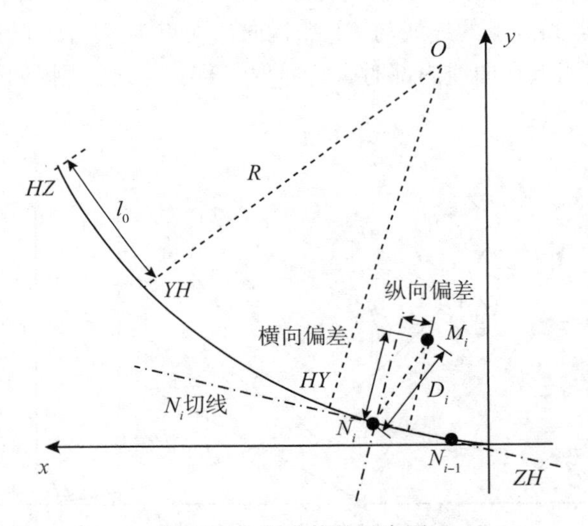

图 51.3　测点偏差示意图

$$\begin{cases} x_{N_i} = l_i - l_i^5(40C^2)^{-1} + l_i^9(3456C^4)^{-1} \\ y_{N_i} = l_i^3(6C)^{-1} - l_i^7(336C^3)^{-1} + l_i^{11}(42240C^5)^{-1} \end{cases} \tag{51-6}$$

式中，$C=Rl_0$；l_i 为中线点 N_i 到 $ZH(HZ)$ 点曲线长。

测点 M_i 对应中线点 N_i 在圆曲线的切线坐标为：

$$\begin{cases} x_{N_i} = R\sin\alpha_i + m \\ y_{N_i} = R(1-\cos\alpha_i) + p \end{cases} \tag{51-7}$$

式中，$\alpha_i = \dfrac{180°(l_i - l_0)}{R\pi} + \beta_0$。

如图51.3所示，设切线坐标系下测点 $M_i(x_{M_i},\ y_{M_i})$ 与中线点 $N_i(x_{N_i},\ y_{N_i})$ 的距离：

$$D_i = \sqrt{(x_{M_i} - x_{N_i})^2 + (y_{M_i} - y_{N_i})^2} \tag{51-8}$$

1. 缓和曲线段

牛顿迭代公式：

$$l_i^{k+1} = l_i^k - f''(l_i^k)^{-1} f'(l_i^k) \tag{51-9}$$

将公式(51-6)化简代入公式(51-8)中，得到关于缓和曲线长 l_i 的函数 $f(l_i)$，分别求 l_i 一阶、二阶偏导数，并代入公式(51-9)中，即

$$l_i^{k+1} = l_i^k - \frac{5A^2(l_i^k)^9 + (3B^2 - 6A)(l_i^k)^5 + 5Ax_{M_i}(l_i^k)^4 - 3By_{M_i}(l_i^k)^2 + l_i^k - x_{M_i}}{45A^2(l_i^k)^8 + 5(3B^2 - 6A)(l_i^k)^4 + 20Ax_{M_i}(l_i^k)^3 - 6By_{M_i}l_i^k + 1} \tag{51-10}$$

式中，l_i^k 为 N_i 点的曲线长 l_i 的第 k 次迭代；$A = (40R^2 l_0^2)^{-1}$；$B = (6Rl_0)^{-1}$。

2. 圆曲线段

将公式(51-7)代入公式(51-8)中，得曲线长 l_i 的函数 $f(l_i)$，对 $f(l_i)$ 求 l_i 的一阶偏导数，并令其为零：

$$m\cos\alpha_i - x_{M_i}\cos\alpha_i + R\sin\alpha_i + p\sin\alpha_i - y_{M_i}\sin\alpha_i = 0 \tag{51-11}$$

整理得测点对应曲线长：

$$l_i = \left(\arctan\left(\frac{x_{M_i} - m}{R + p - y_{M_i}}\right) - \beta_0\right)\frac{R\pi}{180°} + l_0 \tag{51-12}$$

根据公式(51-6)及满足阈值条件的公式(51-10)、或者公式(51-7)及公式(51-12)，可计算缓和曲线或者圆曲线上 M_i 的横向偏差：

$$f_h = \sqrt{(x_{M_i} - x_{N_i})^2 + (y_{M_i} - y_{N_i})^2} \tag{51-13}$$

现给出求解偏差的计算步骤：

(1)判断点 M_i 的位置(a. 第1缓和曲线段；b. 圆曲线段；c. 第2缓和曲线段)；

(2)将点 M_i 的测量坐标转换到以 $ZH(HZ)$ 为原点的切线坐标系，得 $M_i(x_{M_i},\ y_{M_i})$；

(3)若点 M_i 在 a 或 c，计算 M_i 与 $ZH(HZ)$ 点的平距作为点 N_i 初始曲线长 l_i^0，并转到步骤(4))；若点 M_i 在 b，将切线坐标代入公式(51-12)计算 l_i，并转到步骤(5)；

(4)将初始曲线长 l_i^0 赋予 l_i^k 并代入式(51-10)计算 l_i^{k+1}，若相邻两次迭代值满足 $|l_i^{k+1} - l_i^k| \leq \delta$（$\delta$ 为阈值)，则停止迭代计算，转向步骤(5)；否则，继续步骤(4)；

(5)公式(51-6)及满足阈值条件的公式(51-10)，或者公式(51-7)及(51-12)，根据公式(51-13)计算横向偏差 f_h。根据定义的方向，赋予偏差正负号以示区别。

四、用户界面设计与开发文档撰写

1. 人机交互界面设计与实现

要求：(1)设计包括菜单、工具条、表格、图形和文本等功能；(2)功能完善，可正常运行，布局合理，美观大方、人性化。

2. 计算报告的显示与保存

在用户界面中显示计算结果，并保存为文本文件(*.txt)。要求：(1)在开发文档与报告中，给出1张有计算报告的显示界面的截图；(2)在开发文档与报告中，给出1张用附件中的“记事本”打开保存文档的截图。

3. 图形绘制并保存

(1)图形绘制。在用户界面中绘制包括以下内容的图形：①实测点的坐标散点图；②直缓点(*ZH*)、缓圆点(*HY*)、曲中点(*QZ*)、圆缓点(*YH*)和缓直点(*HZ*)的散点图及其标识(如：*ZH*等字样)；③鼠标指向图形中的离散点时，可显示其坐标。

(2)图形文件保存。通过编程，将散点图的图形保存为DXF格式文件。

4. 开发文档与报告

内容包括：(1)程序功能简介；(2)算法设计与流程图；(3)主要函数和变量说明；(4)主要程序运行界面；(5)使用说明。

五、参考源程序

在“https://github.com/ybli/bookcode/tree/master/Part3-ch18”目录下包含了源程序、可执行文件、样例数据等相关文件。

1. 测试数据计算结果

------------------------曲线基本信息------------------------

交点名称：JD_3

线路偏向角α(°.′″)：38.485

圆曲线半径R：1000.000

缓和曲线长l_0：70.000

缓和曲线切线角β_0：0.035

切垂距m：34.999

圆曲线内移量p：0.204

切线长T：387.360

曲线长L：747.425

外矢距 E_0：60.456
切曲差 q：27.294

------------------------实测点设计位置及对应横向偏差计算结果------------------------

点名	X(设计)	Y(设计)	里程(m)	横向偏差(mm)	标签
1,	461.4026,	1233.7464,	46029.1200,	-5.04,	Line
2,	468.8249,	1215.1747,	46049.1200,	6.98,	FirstTransitionCurve
3,	476.3533,	1196.6457,	46069.1200,	-4.96,	FirstTransitionCurve
4,	484.0928,	1178.2041,	46089.1200,	11.07,	FirstTransitionCurve
5,	492.1452,	1159.8970,	46109.1200,	-4.01,	CircularCurve
6,	500.5598,	1141.7537,	46129.1200,	-7.97,	CircularCurve
7,	509.3356,	1123.7823,	46149.1200,	-7.03,	CircularCurve
8,	518.4691,	1105.9900,	46169.1200,	-13.96,	CircularCurve
9,	527.9565,	1088.3839,	46189.1200,	8.01,	CircularCurve
……					
35,	883.7579,	717.2143,	46709.1201,	-5.94,	SecondTransitionCurve
36,	900.9333,	706.9677,	46729.1200,	-5.01,	SecondTransitionCurve
37,	918.2463,	696.9547,	46749.1200,	14.97,	SecondTransitionCurve
38,	935.6371,	687.0776,	46769.1200,	-3.96,	SecondTransitionCurve

2. 用户界面

导入曲线线形参数及实测点坐标，显示界面如图 51.4 所示。另外，图形显示界面对获取的线路中线桩点和实测点，以及计算得到的曲线各主点进行图形绘制。计算报告界面包括曲线计算参数、实测点的设计坐标及横向偏差值。

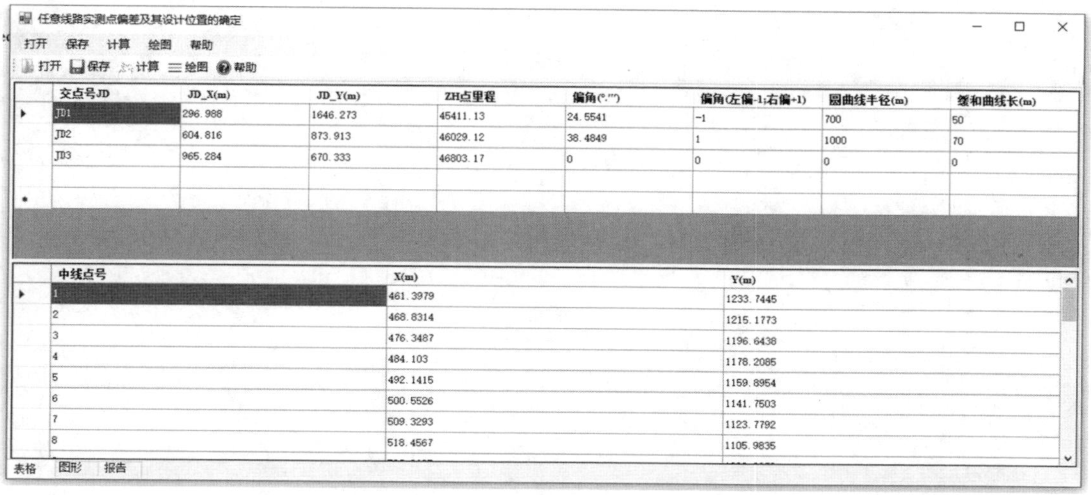

交点号JD	JD_X(m)	JD_Y(m)	ZH点里程	偏角(°′″)	偏角(左偏-1;右偏+1)	圆曲线半径(m)	缓和曲线长(m)
JD1	296.988	1646.273	45411.13	24.5541	-1	700	50
JD2	604.816	873.913	46029.12	38.4849	1	1000	70
JD3	965.284	670.333	46803.17	0	0	0	0

中线点号	X(m)	Y(m)
1	461.3979	1233.7445
2	468.8314	1215.1773
3	476.3487	1196.6438
4	484.103	1178.2085
5	492.1415	1159.8954
6	500.5526	1141.7503
7	509.3293	1123.7792
8	518.4567	1105.9835

图 51.4　曲线线形参数与实测点坐标显示

五、创新篇

负责人：戴吾蛟

目标：测绘新技术、新方法的编程实现。

知识点：(1)复杂测绘算法的实现；(2)新的编程方法与新的测绘应用。

题量：多人团队，多天完成。

用途：(1)“互联网+”创新大赛训练；(2)大学生创新创业训练；(3)研究生课程案例。

第 52 章　基于 Hausdorff/Fréchet 距离的线匹配算法

（作者：梁丹，主题分类：地理信息）

同名线状目标的识别与匹配(简称线匹配)是通过分析空间目标的差异和相似性识别出不同来源图中表达现实世界同一线状要素(即同名线状目标)的过程。例如现有两幅不同来源的存在一定差异的道路网图，两幅图的道路数目可能并不相等，线匹配的目的就是要确定其中一幅图的道路线目标在另一幅图中对应的同名道路线目标。同名目标匹配是数字地图合并的关键技术之一。通过数字地图合并，可以解决地理空间目标数据局部的少量的变化检测和自动更新，可以提升位置服务质量或进行相对质量评价等。

Hausdorff 距离是一种极大极小距离，主要用于计算两个点集之间的匹配程度，广泛应用于计算机模式识别和图像匹配。Fréchet 距离定义中包含了轨迹点间的时序关系，计算过程考虑了轨迹内部的节点结构，可以精确地描述轨迹间的相似程度，在轨迹出现回退、环、交错等情况时不会出现度量值失真，所以 Fréchet 距离度量的描述能力强，适合作为衡量轨迹相似性的度量。根据 Hausdorff/Fréchet 距离及其改进的距离计算模型，计算得到一个线图层文件中每条线实体到另一个线图层文件中每一条线实体的 Hausdorff/Fréchet 距离，按距离阈值判断法寻找出两个线图层文件中两两线实体之间距离小于距离阈值的所有匹配对。

一、Shapefile 矢量数据文件介绍

Shapefile 矢量数据文件是描述空间数据的几何和属性特征的非拓扑实体矢量数据结构的一种格式，由 ESRI 公司开发。一个 Shapefile 文件最少包括三个文件：主文件(＊.shp)，即存储地理要素的几何图形的文件；索引文件(＊.shx)，即存储图形要素与属性信息索引的文件；dBASE 表文件(＊.dbf)，即存储要素信息属性的 dBase 表文件。除此之外还有可选的文件，包括空间参考文件(＊.prj)、几何体的空间索引文件(＊.sbn 和＊.sbx)等。本程序只涉及主文件(＊.shp)的读取。主文件(.shp)用于记录空间坐标信息。它由文件头信息和实体信息两部分构成。

1. 文件头信息

如表 52-1 所示，坐标文件的文件头是一个长度固定(100bytes)的信息记录段，包括起始位置、名称、数值、类型和字节顺序。

表 52-1　　**shp 坐标文件格式的主要字段**

起始位置	名称	数　　值	类型	字节顺序
24	文件长度	文件的实际长度	Integer	big
32	几何类型	表示这个 Shapefile 文件所记录的空间数据的几何类型	Integer	Little
36	Xmin	空间数据所占空间范围的 X 方向最小值	Double	Little
44	Ymin	空间数据所占空间范围的 Y 方向最小值	Double	Little
52	Xmax	空间数据所占空间范围的 X 方向最大值	Double	Little
60	Ymax	空间数据所占空间范围的 Y 方向最大值	Double	Little

注：big 表示大端序，litter 表示小端序。在读入时，需要进行转化，统一转化为小端序。几何类型为 3 时，代表该 . shp 文件储存的是线类型的。

2. 实体信息

Shapefile 中的线状目标是由一系列点坐标串构成的，一个线目标可能包括多个子线段，子线段之间可以是相离的，同时子线段之间也可以相交。Shapefile 允许出现多个坐标完全相同的连续点，在读取文件时一定要注意这种情况，但是不允许出现某个退化的、长度为 0 的子线段。表 52-2 介绍了线状目标的记录内容，包括记录项、数值、数据类型、长度、个数和位序。

表 52-2　　**线状目标的记录内容**

记录项	数　　值	数据类型	长度	个数	位序
记录号	表示当前线段的在该文件中的序号	Int 型	4	1	Big
坐标记录度	表示该线段的内容长度	Int 型	4	1	Big
几何类型	3(表示线状目标)	int 型	4	1	Little
坐标范围	表示当前线目标的坐标范围	double 型	32	4	Little
子线段数(NL)	表示构成当前线目标的子线段的个数	int 型	4	1	Little
坐标点数(NP)	表示构成当前线目标所包含的坐标点个数	int 型	4	1	Little
Parts 数组	记录了每个子线段的坐标在 Points 数组中的起始位置	int 型	4×NL	NL	Little
Points 数组	记录了所有的坐标信息	Point 型	根据点个数来确定	NP	Little

注：这是该(线)文件的一条线实体。但一般线文件都有一条及一条以上的线实体，所以应该循环读取线实体，直至读完。

二、Hausdorff 距离

1. 定义

(1)单向 Hausdorff 距离：

给定两个含有有限点的集合 A 和 B，$A = \{P_{a1}, P_{a2}, \cdots, P_{am}\}$，$B = \{P_{b1}, P_{b2}, \cdots, P_{bm}\}$，存在两个单向 Hausdorff 距离(即从一个集合到另一个集合的 Hausdorff 距离)，单向 Hausdorff 距离定义为：

$$h(A, B) = \max_{P_a \in A}\{\min_{P_b \in B} \| p_a - p_b \| \} \tag{52-1}$$

$$h(B, A) = \max_{P_b \in A}\{\min_{P_a \in A} \| p_b - p_a \| \} \tag{52-2}$$

公式(52-1)和(52-2)分别为从集合 A 到集合 B 的单向 Hausdorff 距离和从集合 B 到集合 A 的单向 Hausdorff 距离，p_a 和 p_b 分别为集合 A 和 B 中的某一点，$\| p_a - p_b \|$ 通常被定义为 p_a 和 p_b 之间的欧氏距离。下文中符号 $D(p_0, p_1)$ 表示点 p_0 到点 p_1 的欧式距离。

(2)Hausdorff 距离：

给定两个含有有限点的集合 A 和 B，集合 A 和 B 的 Hausdorff 距离定义为：

$$HD(A, B) = \max\{h(A, B), h(B, A)\} \tag{52-3}$$

2. 算例

(1)如图 52.1 所示，现有 A_1—A_2—A_3 和 B_1—B_2—B_3 两条线实体。

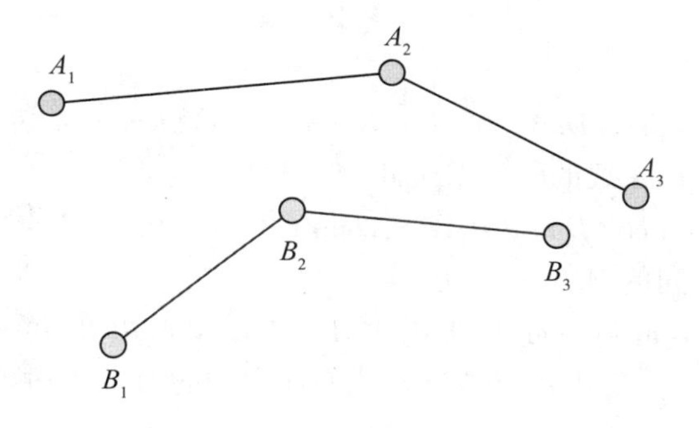

图 52.1　A，B 两线实体

(2)如图 52.2 所示，求 A 线上各点到 B 线上各点距离(A 线上的每个点到 B 线的最短距离，即 A_1 到 B 线的最短距离 $D\min(A_1, B)$，A_2 到 B 线的最短距离 $D\min(A_2, B)$，A_3 到 B 线的最短距离 $D\min(A_3, B)$)：

$D\min(A_1, B) = \min(D(A_1, B_1), D(A_1, B_2), D(A_1, B_3))$；

$D\min(A_2, B) = \min(D(A_2, B_1), D(A_2, B_2), D(A_2, B_3))$；

$D\min(A_3, B) = \min(D(A_3, B_1), D(A_3, B_2), D(A_3, B_3))$。

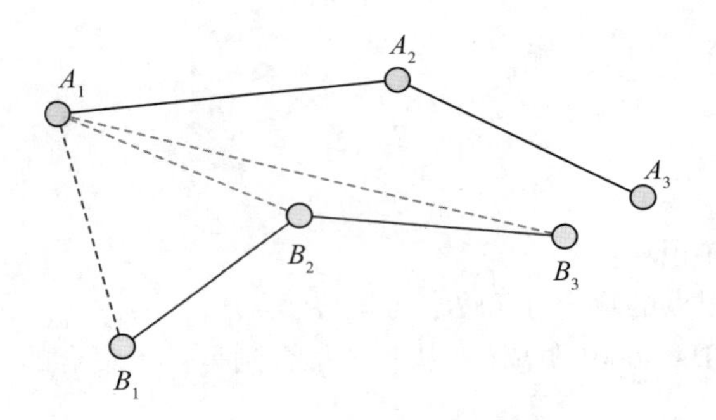

图 52.2 A_1 点到 B 线距离

(3)如图 52.3 所示，求 A 线到 B 线的距离 Hausdorff_d(A, B)：

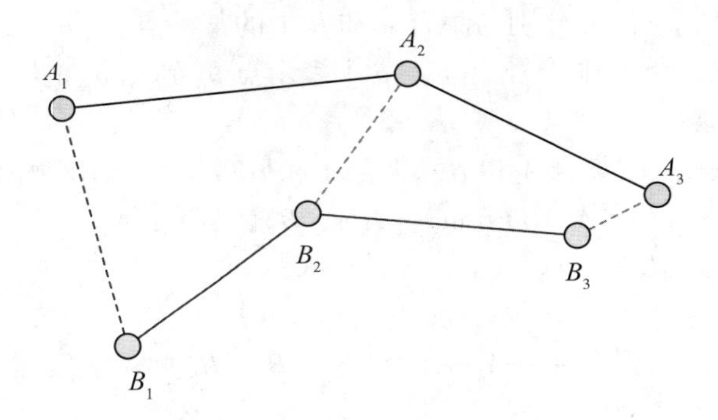

图 52.3 A 线到 B 线的距离

$Hausdorff\_d(A,B)=\max(D\min(A_1,B),D\min(A_2,B),D\min(A_3,B))$。

(4)同理，求出 B 到 A 线的距离 Hausdorff_ d(B, A)：

$Hausdorff\_d(B,A)=\max(D\min(B_1,A),D\min(B_2,A),D\min(B_3,A))$。

(5)求 A 和 B 线之间的 Hausdorff 距离：

$Hausdorff\_D(A,B)=\max(Hausdorff\_d(A,B),Hausdorff\_d(B,A))$,

Hausdorff_D(A, B)：是 A 线实体与 B 线实体之间的 Hausdorff 距离。

三、Fréchet 距离

1. Fréchet 距离定义

Fréchet 距离又称“人-狗”距离模式，图 52.4 给出了其形象的解释。假设有一个人和一只狗分别位于两条给定曲线 A、B 上。人牵着套在狗脖子上的绳索 L 拉着狗前进。在起始时刻，人与狗分别位于两条曲线的起始点，人与狗可以任意的自由速度向终点移动，但限制于各自的曲线上。绳索 L 的长度即表示人与狗之间的距离，可以函数的形式来定义，则 Fréchet 距离即为连接人与狗之间的最小绳长。

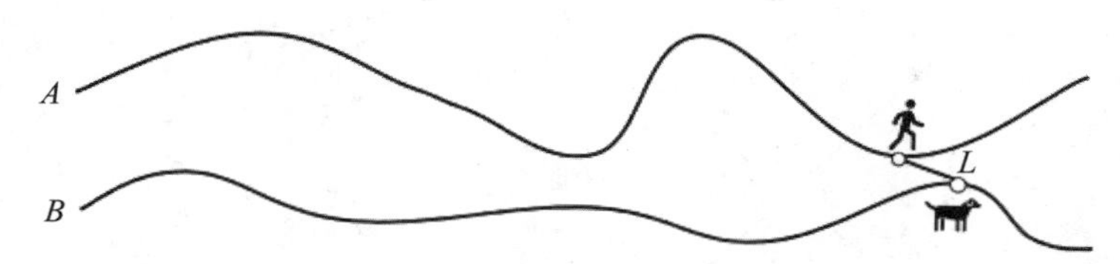

图 52.4　Fréchet 距离示意图

离散 Fréchet 距离的计算公式如下：

$$D_{dF}(L_1,L_2) = \max\begin{cases} d_E(L_{1,n},L_{2,m}) \\ \min\begin{cases} D_{dF}(<L_{1,1},L_{1,2},\cdots,L_{1,n-1}>,<L_{2,1},L_{2,2},\cdots,L_{2,m}>)\ \forall n \neq 1 \\ D_{dF}(<L_{1,1},L_{1,2},\cdots,L_{1,n}>,<L_{2,1},L_{2,2},\cdots,L_{2,m-1}>)\ \forall m \neq 1 \\ D_{dF}(<L_{1,1},L_{1,2},\cdots,L_{1,n-1}>,<L_{2,1},L_{2,2},\cdots,L_{2,m-1}>)\ \forall m \neq 1\ \forall n \neq 1 \end{cases} \end{cases}$$

(52-4)

式中，L_1，L_2 分别为离散有序点串。D_{dF} 为 L_1，L_2 之间的离散 Fréchet 距离，即从起始点开始行走到结束点过程中人狗之间的最小绳长，$d_E(L_{1,n}, L_{2,m})$ 是点 $L_{1,n}$ 与点 $L_{2,m}$ 之间的距离。

2. 算例

如图 52.5 所示，有两条线实体 A(人)线和 B(狗)线，A_1 和 B_1 为起点，A_3 和 B_3 为终点。如图 52.6 所示，它们的初始距离为 $D(A_1, B_1)$。如图 52.7 所示，当他们向终点移动时，下一步行动有三种可能：

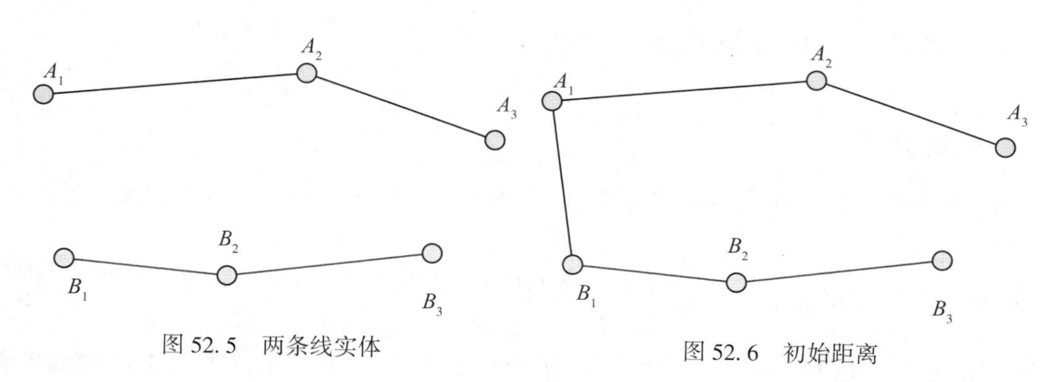

图 52.5　两条线实体

图 52.6　初始距离

情况 1：人不动，狗动为 $D(A_1, B_2)$；

情况 2：人动，狗不动为 $D(A_2, B_1)$；

情况 3：人动，狗动为 $D(A_2, B_2)$。

取这三种情况中的最小距离 $\min(D(A_1, B_2), D(A_2, B_1), D(A_2, B_2))$ 与现在的距

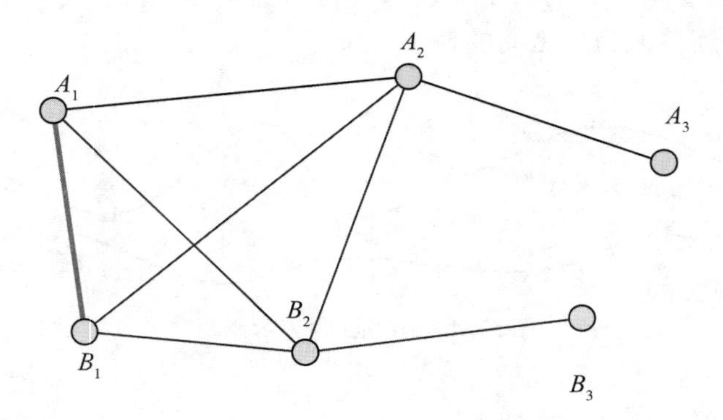

图 52.7　下一步的三种距离情况

离 $D(A_1, B_1)$ 的最大 $\max(\min(D(A_1, B_2), D(A_2, B_1), D(A_2, B_2)), D(A_1, B_1))$，可知：

$$\text{Fréchet}_{D(A_1, B_1)} = \begin{cases} D(A_1, B_1) \\ \min\begin{cases} D(A_1, B_2) \\ D(A_2, B_1) \\ D(A_2, B_2) \end{cases} \end{cases} \tag{52-5}$$

我们可以转换公式及递归可得：

$$\text{Fréchet}_{D(A, B)} = \begin{cases} D(A_n, B_m) \\ \min\begin{cases} D(A_n, B(m-1)) \\ D(A(n-1), B_m) \\ D(A(n-1), B(m-1)) \end{cases} \end{cases} \tag{52-6}$$

四、改进的 Hausdorff(SM_HD) 距离

1. 定义

短边的中位数线实体 Hausdorff 距离（Short Median_Hausdorff Distance，记为 SM_HD），定义如下：

$$\text{SM\_HD}(l_A, l_B) = \begin{cases} m(l_A, l_B), \textit{if}\ \text{length}(l_A) < \text{length}(l_B) \\ m(l_B, l_A), \textit{if}\ \text{length}(l_B) < \text{length}(l_A) \end{cases} \tag{52-7}$$

式中，$\text{length}(l_A)$ 和 $\text{length}(l_b)$ 是线实体 l_A 和 l_B 的长度。事实上，短边中位数线实体 Hausdorff 距离就是基于较短边的线实体的单向中位数线实体 Hausdorff 距离，即若 $l_A < l_B$，则 $\text{SM\_HD}(l_A, l_B) = m(l_A, l_B) = \underset{p_a \in l_A}{\text{median}}\{\min_{l_b \in l_B} \| p_a - l_b \|\}$，$\| p_a - l_b \|$ 为线实体 l_A 上某一点 p_a 到线实体 l_B 上某一线段 l_b 的最小距离。反之，$\text{SM\_HD}(l_A, l_B) = m(l_B, l_A) = \underset{p_b \in l_B}{\text{median}}\{\min_{l_a \in l_A} \| p_b - l_a \|\}$。

2. 算例

如图 52.8 所示，有两条线实体(L1 和 L2)。

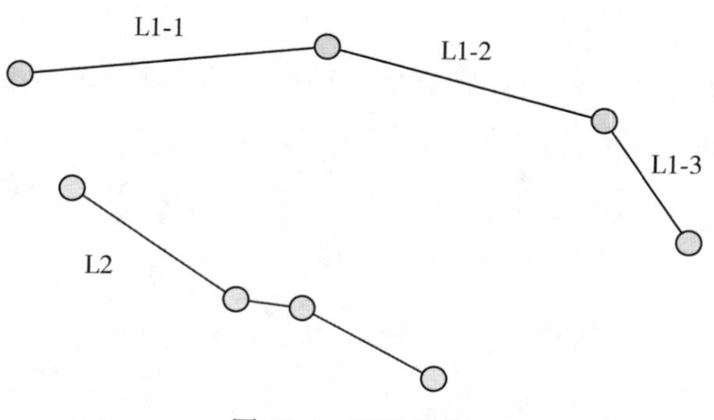

图 52.8　两线实体

确定 L1 和 L2 中长度较短的一条，并寻找其中点(mid)。计算中点 mid 到另一条线实体 L1 的每条线段的 SHMD_mid_line( )距离(即点到线段的距离)，作 mid 到 *Ls* 的垂足会出现两种情况。情况 1(如图 52.9 所示)：垂足在线段 *Ls* 上，则 SHMD_p_line(mid，*Ls*_1)= D(mid，F)；情况 2(如图 52.10 所示)：垂足在线段 *Ls* 的延长线上，P_2-F 是线 P_1P_2 的延长线，则 SHMD_mid_line(mid，*Ls*_2)= min(D(mid，P_1)，D(mid，P_2))。

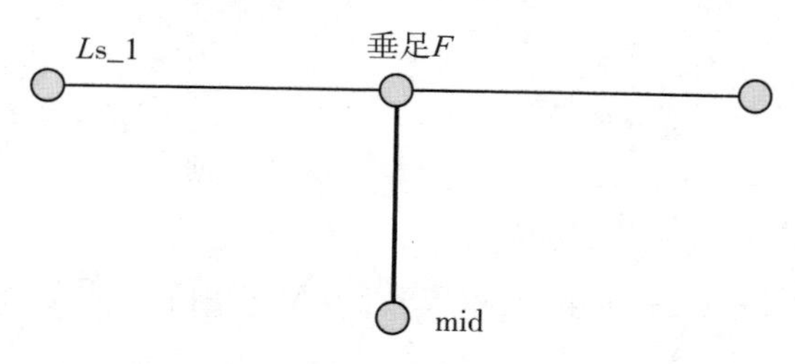

图 52.9　垂足在线段上

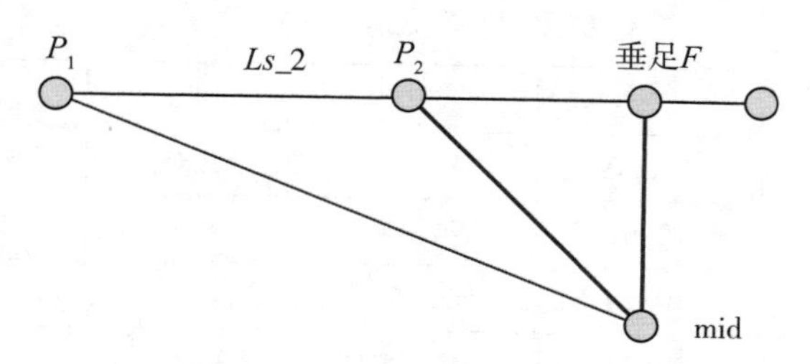

图 52.10　垂足在线段延长线上

取所有 SHMD_mid_line( )值中的最小值，则两条线实体改进的 Hausdorff(SMHD)距离为：

SMHD(L1,L2)= min(SHMD_mid_line(mid,L1_1),SHMD_mid_line(mid,L1_2),SHMD_mid_line(mid,L1_3))。

五、平均 Fréchet 距离

平均 Fréchet 距离是离散 Fréchet 距离的一种改进的距离计算模型。如图 52.11 所示，设有两条线实体 L1 和 L2，L1 有 7 个点，L2 有 6 个点。

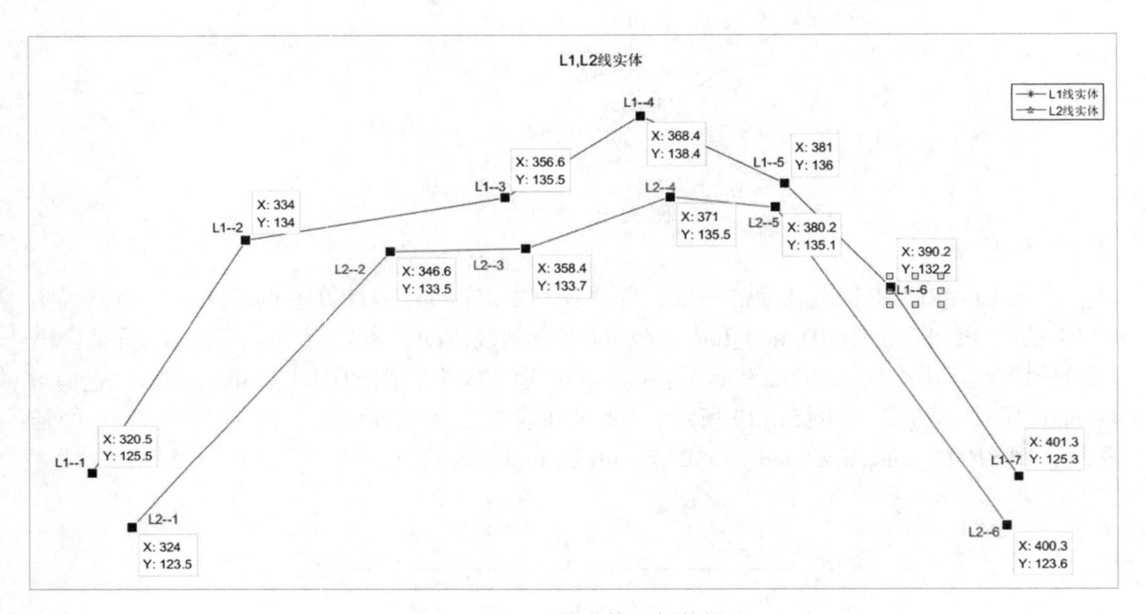

图 52.11　两线实体示例数据

首先得到 L1 和 L2 各点之间的欧式距离矩阵(MD 矩阵)(见表 52-3)和离散 Fréchet 距离矩阵(FM 矩阵)(见表 52-4)。

表 52-3　***L1* 和 *L2* 各点的欧式距离**

点号	1	2	3	4	5	6
1	4. 03	27. 30	38. 78	51. 48	60. 47	79. 82
2	14. 50	12. 61	24. 40	37. 03	46. 21	67. 11
3	34. 74	10. 20	2. 55	14. 40	23. 60	45. 29
4	46. 83	22. 34	11. 05	3. 89	12. 25	35. 17
5	58. 35	34. 49	22. 72	10. 01	1. 20	22. 94
6	66. 77	43. 62	31. 84	19. 84	10. 41	13. 27
7	77. 32	55. 31	43. 71	31. 97	23. 26	1. 97

表 52-4　**L1 和 L2 各点的 Fréchet 距离**

点号	1	2	3	4	5	6
1	4. 03	27. 30	38. 78	51. 48	60. 47	79. 82
2	14. 50	12. 61	24. 40	37. 03	46. 21	67. 11
3	34. 74	12. 61	12. 61	14. 40	23. 60	45. 29
4	46. 83	22. 34	12. 61	12. 61	12. 61	35. 17
5	58. 35	34. 49	22. 72	12. 61	12. 61	22. 94
6	66. 77	43. 62	31. 84	19. 84	12. 61	13. 27
7	77. 32	55. 31	43. 71	31. 97	23. 26	12. 61

把 L1 和 L2 各点之间的欧式距离和离散 Fréchet 距离组合在一起(离散 Fréchet 距离在前，欧式距离在后)得到组合矩阵 $\boldsymbol{C}$，矩阵中的元素 $\boldsymbol{C}_{ij}=(FM_{ij},\ MD_{ij})$， 见表 52-5。

表 52-5　**组合矩阵 C**

点号	1	2	3	4	5	6
1	4. 03，4. 03	27. 30，27. 30	38. 78，38. 78	51. 48，51. 48	60. 47，60. 47	79. 82，79. 82
2	14. 50，14. 50	12. 61，12. 61	24. 40，24. 40	37. 03，37. 03	46. 21，46. 21	67. 11，67. 11
3	34. 74，34. 74	12. 61，10. 20	12. 61，2. 55	14. 40，14. 40	23. 60，23. 60	45. 29，45. 29
4	46. 83，46. 83	22. 34，22. 34	12. 61，11. 05	12. 61，3. 89	12. 61，12. 25	35. 17，35. 17
5	58. 35，58. 35	34. 49，34. 49	22. 72，22. 72	12. 61，10. 01	12. 61，1. 20	22. 94，22. 94
6	66. 77，66. 77，	43. 62，43. 62	31. 84，31. 84	19. 48，19. 84	12. 61，10. 41	13. 27，13. 27
7	77. 32，77. 32	55. 31，55. 31	43. 71，43. 71	31. 97，31. 97	23. 26，23. 26	12. 61，1. 97

寻找组合矩阵的最短路径，寻找规则为：

$$(a,\ b)<=(c,\ d):\ (a<c)\text{或者}(a==c\text{ 并且 }b<=d) \tag{52-8}$$

寻找组合矩阵的最短路径从组合矩阵的$(i,\ j)$最大值开始寻找，把最短路径点对存储在集合 Shortest_path 中。

(1)存储最短路径 Shortest_path. add($(i,\ j)$)，并判断 i 和 j 是否同时为 0，如果同时为 0，则寻找最短路径结束，否则继续下一步。

(2)判断 $C_{i-1,\ j-1}\leqslant \min(C_{i-1,\ j},\ C_{i,\ j-1})$，

如果成立：$i=i-1$，$j=j-1$，

不成立：判断 $C_{i-1,\ j}\leqslant C_{i,\ j-1}$，

如果成立：$i=i-1$，$j=j$，

不成立：$i=i$，$j=j-1$。

(3)返回 i 和 j，从步骤(1)继续。

计算出平均 Fréchet 距离：

$$\text{Ave\_Fréchet}(\text{L1},\ \text{L2})=\sum_{i=1}^{N}(MP_i)/N \tag{52-9}$$

六、结果评价

1. 输出显示

输出的两个线矢量文件中，一个线文件中的每一个线实体到另一个线文件中的每一个线实体的 Hausdorff 距离、Fréchet 距离输出、基于改进的 Hausdorff(SMHD)距离和平均 Fréchet 距离。给定一个距离阈值(程序默认给定距离阈值 30m)，根据最邻近相似原则，小于阈值的两条线为一个匹配对，输出不同算法得到的所有的匹配对结果。

2. 读取目视解译结果 .txt 文件(假设目视解译结果完全正确)

表 52-6 为目视解译结果 . txt 文件的内容。

表 52-6　　目视解译结果 . txt 文件内容

图层 1　图层 2
1，6
2，1
3，2
4，1
5，1
6，4
7，7

3. 评价指标计算

计算出各算法的匹配精度及匹配查全率并输出。

定义 1：匹配精度(或叫匹配查准率)P，指匹配程序找出的正确匹配对数所占总匹配对数的比例，即

$$P = \frac{f(C)}{f(T)} = \frac{f(C)}{f(C) + f(W)} \tag{52-10}$$

上式中，正确匹配对数$f(C)$为匹配程序找出的正确的匹配对数；总匹配对数$f(T)$为匹配程序找出的总的匹配对数；错误匹配对数$f(W)$为匹配程序找出的匹配对数中错误的实际不存在的匹配对数。

定义 2：匹配查全率 R，指匹配程序找出的正确匹配对数所占实际存在的真实匹配对数的比例，即

$$R = \frac{f(C)}{f(R)} = \frac{f(C)}{f(C) + f(U)} \tag{52-11}$$

上式中，真实匹配对数$f(R)$为两数据集中真实存在的实际同名实体对数，$f(R)$往往由人

工匹配得到；未匹配对数 $f(U)$ 为匹配程序未找出的而实际存在的匹配对数。

七、参考源程序

在“https：//github. com/ybli/bookcode/tree/master/Part4-ch01”目录下给出了参考答案、源程序、测试数据。

部分用户界面如图 52. 12 和图 52. 13 所示。

基于几何距离的线段的线匹配

文件　线匹配　结果评价　图形　退出

读取文件　绘制图形　保存图形　生成报告　保存报告　结果评价　线匹配的阈值：　30

图层信息

线图层1

折段起点X	折段起点Y	折段终点X	折段终点Y
线段总数：	7	图层类型：	线
线段序号：	1	折线段数：	5
-4791. 2604	-4195. 8710	-4686. 8400	-4441. 5695
-4686. 8400	-4441. 5695	-4510. 6454	-4757. 2522
-4510. 6454	-4757. 2522	-4359. 6176	-5002. 9029
-4359. 6176	-5002. 9029	-4160. 4265	-5322. 0152
-4160. 4265	-5322. 0152	-3674. 7283	-5822. 7871
线段序号：	2	折线段数：	4
-3674. 7283	-5822. 7871	-3782. 8224	-5794. 8033
-3782. 8224	-5794. 8033	-4311. 2978	-5658. 0081
-4311. 2978	-5658. 0081	-4422. 0464	-5547. 2594
-4422. 0464	-5547. 2594	-4810. 9557	-4917. 9796
线段序号：	3	折线段数：	1
-4810. 9561	-4917. 9800	-5285. 8861	-5082. 1150
线段序号：	4	折线段数：	1
-4810. 9557	-4917. 9809	-5027. 4725	-4565. 2878
线段序号：	5	折线段数：	3
-3674. 7283	-5822. 7871	-3398. 1498	-5900. 9208

线图层2

折段起点X	折段起点Y	折段终点X	折段终点Y
线段总数：	7	图层类型：	线
线段序号：	1	折线段数：	11
-5019. 9877	-4561. 7436	-4813. 8096	-4918. 4393
-4813. 8096	-4918. 4393	-4656. 5132	-5180. 7862
-4656. 5132	-5180. 7862	-4469. 0966	-5498. 8264
-4469. 0966	-5498. 8264	-4375. 5586	-5605. 1400
-4375. 5586	-5605. 1400	-4309. 7393	-5651. 6428
-4309. 7393	-5651. 6428	-4176. 6699	-5706. 7307
-4176. 6699	-5706. 7307	-3759. 5804	-5806. 8570
-3759. 5804	-5806. 8570	-3651. 9253	-5833. 6498
-3651. 9253	-5833. 6498	-3407. 1169	-5902. 0038
-3407. 1169	-5902. 0038	-2998. 1605	-6174. 6619
-2998. 1605	-6174. 6619	-2935. 6883	-6191. 6998
线段序号：	2	折线段数：	1
-4813. 8138	-4918. 4324	-5258. 5179	-5078. 5590
线段序号：	3	折线段数：	1
-4813. 8138	-4918. 4329	-4505. 2145	-4756. 2397
线段序号：	4	折线段数：	2

数据窗口　图形窗口　报告窗口　　当前状态：　数据窗口显示

图 52. 12　数据显示

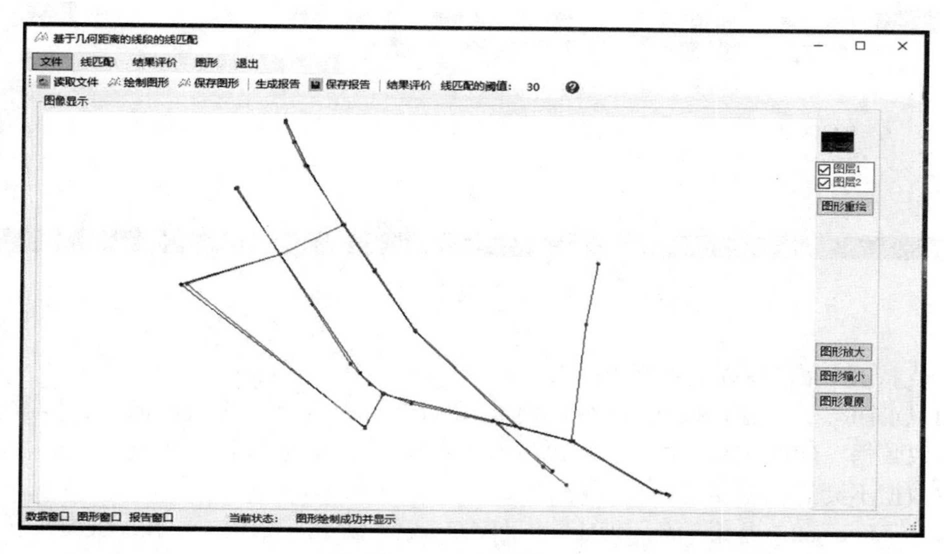

图 52. 13　图形显示

第 53 章　自回归(AR)变形建模

(作者：戴吾蛟、杨志佳，主题分类：变形监测)

AR 模型是一种线性预测，即已知 N 个数据，可由模型推出第 N 点前面或后面的数据。将其应用于变形建模中，对监测点的监测序列进行建模，可对序列做时间预测，分析变形体的变形趋势，以便采用相应的措施避免灾害的发生。

对于一个零均值的、平稳的时间序列 $\{x_t\}$，如果 x_t 的取值与其前 n 期的值 x_{t-1}，x_{t-2}，…，x_{t-n} 有关，则根据多元线性回归的思想，可得到 AR(n)模型的一般形式：

$$x_t = \varphi_1 x_{t-1} + \varphi_2 x_{t-2} + \cdots + \varphi_n x_{t-n} + \varepsilon_t \tag{52-1}$$

一、数据文件读取

编写程序，读取监测点序列文件，文件格式为 Excel，将 Excel 工作簿的 sheet 表名改为监测点名，数据格式如图 53.1 所示。(注意：数据文件不设置表头，数据填充在第一列，本案例读写 Excel 的方法为 NPOI 技术。)

图 53.1　监测点数据格式(单位：mm)

C#支持 Excel 读写方式主要为以下 3 种：

(1)OleDb：该方法读取 Excel 数据是将 Excel 工作簿作为一个数据源，直接通过 SQL 语句读取数据。优点：速度较快，可以在 DataTable 中对数据进行增删改查，缺点：该方式读取数据不灵活，需要安装 Office 软件。

(2) Microsoft 提供的 COM 组件方式：该方式需要在 COM 中引用 Microsoft. Office. Interop. Excel。优点：可以非常灵活地读取 Excel 数据，缺点：要求计算机必须安装 Office 软件，读取速度较慢。

(3)NPOI 技术读取，NPOI 是一组开源组件，根据 Java 编写的 POI 改编，属于 POI 的 .NET 版本，该方法需要在 VS 的 NuGet 包管理器中在线安装 NPOI 组件，VS2013 之前版本不支持 NutGet 包管理器功能，需要在官网下载 NPOI 组件，网址：https://archive.codeplex.com/? p=npoi。NPOI 具有读写速度快，不需要安装 Office 软件的优点。

二、对序列去趋势项

针对大坝监测数据，大坝数据具有明显的年周期正余弦趋势，故采用如下表达式对序列进行去趋势处理。图 53.2 给出了去趋势项流程图。

$$y_t = a_0 + a_1 t + a_2 \sin(2\pi t) + a_3 \cos(2\pi t) \tag{53-2}$$

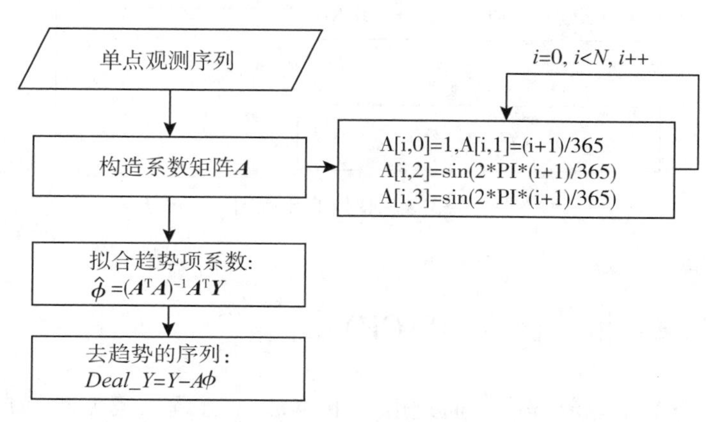

图 53.2　去趋势项流程图

三、时间自相关系数函数(PCF)

图 53.3 为 PCF 求取流程图。通常情况下在进行时间序列分析时，要求序列是平稳的。对于一个平稳、零均值的时间序列，其自协方差函数为：

$$\begin{aligned} R_k &= E(x_t x_{t-k}) \quad k=(1,\ 2,\ \cdots) \\ \sigma^2 &= R_0 = E(x_t^2) \end{aligned} \tag{53-3}$$

时间自相关系数为：

$$\rho_k = \frac{E(x_t x_{t-k})}{E(x_t^2)} \tag{53-4}$$

在实际中，观测数据只是一个有限长度的样本观测值，对于有限长度样本的自协方差计算公式为：

$$\begin{cases} E(x_t x_{t-k}) = \dfrac{1}{N}\sum\limits_{t=k+1}^{N} x_t x_{t-k} \\ E(x_t^2) = \dfrac{1}{N}\sum\limits_{t=1}^{N} x_t x_t \end{cases} \tag{53-5}$$

时间序列自相关系数为：

$$\rho = \frac{\sum_{t=k+1}^{N} x_t x_{t-k}}{\sum_{t=1}^{N} x_t^2} \tag{53-6}$$

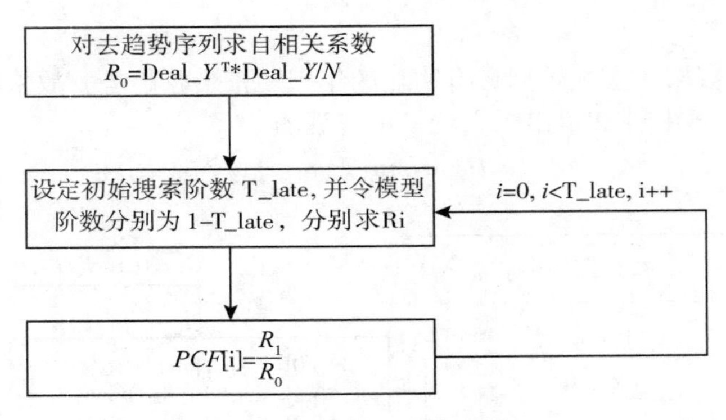

图 53.3　求 PCF 流程图

四、时间偏自相关函数(PACF)

图 53.4 为 PACF 求取流程图。通过解 Yule-Walker 方程求第 k 阶偏自相关函数 φ_k，该方程解的第 k 个系数即为第 k 阶偏自相关系数。

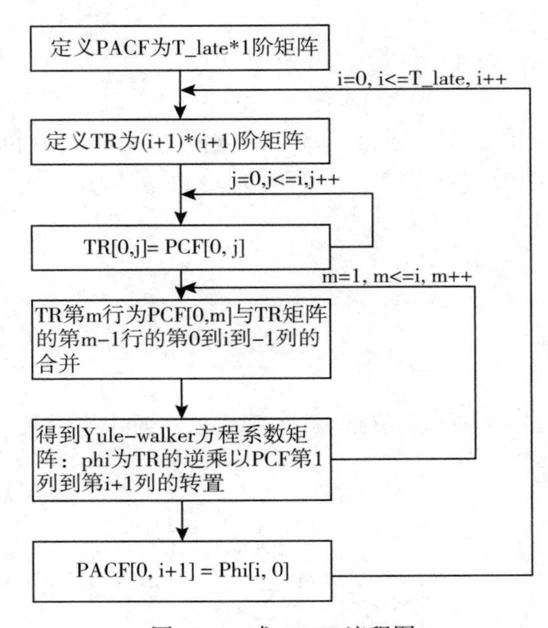

图 53.4　求 PACF 流程图

$$\begin{pmatrix} \rho_0 & \rho_1 & \rho_2 & \cdots & \rho_{k-1} \\ \rho_1 & \rho_0 & \rho_1 & \cdots & \rho_{k-2} \\ \vdots & \vdots & \vdots & \ddots & \vdots \\ \rho_{k-1} & \rho_{k-2} & \rho_{k-3} & \cdots & \rho_0 \end{pmatrix} \begin{pmatrix} \varphi_1 \\ \varphi_2 \\ \vdots \\ \varphi_k \end{pmatrix} = \begin{pmatrix} \rho_1 \\ \rho_2 \\ \vdots \\ \rho_k \end{pmatrix} \tag{53-7}$$

五、模型识别(AIC 和 BIC 准则)

图 53.5 为 BIC 和 AIC 求解流程图。BIC 和 AIC 可以按如下公式进行求解：

$$\begin{cases} \text{AIC} = \ln\sigma^2 + 2p/N \\ \text{BIC} = \ln\sigma^2 + p/N\ln N \end{cases} \tag{53-8}$$

式中，σ^2 为模型方差；p 为模型的参数个数；N 为样本长度。BIC 最小值对应的时间延迟阶数即为模型的阶数。

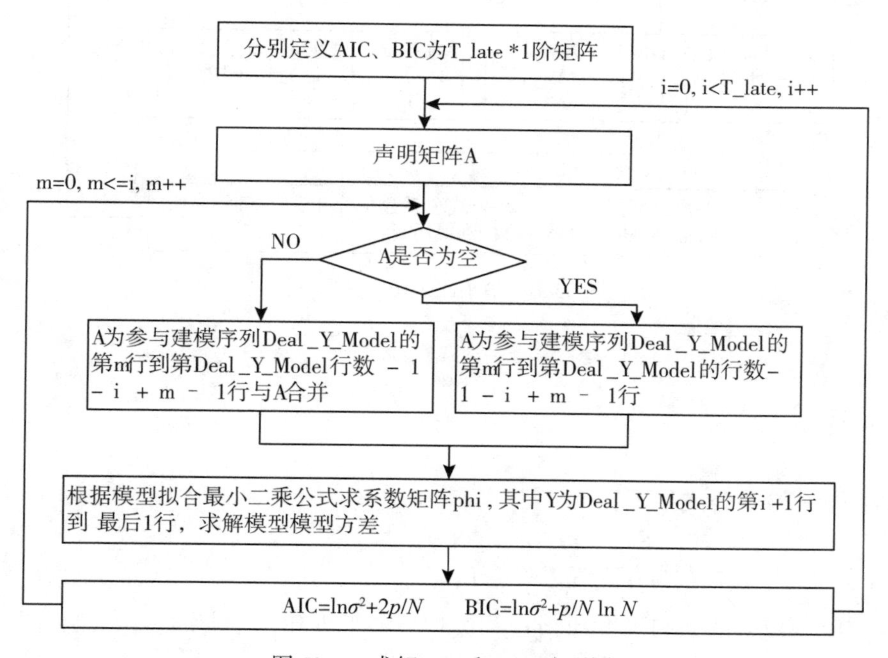

图 53.5　求解 BIC 和 AIC 流程图

六、模型最小二乘拟合

图 53.6 为最小二乘拟合流程图，其中 m_Order 为模型识别最终确定的模型时间延迟阶数。对于 AR(p)模型的参数估计，令 $\boldsymbol{\varphi} = [\varphi_1, \cdots, \varphi_p]^{\mathrm{T}}$，则其估计值 $\hat{\boldsymbol{\varphi}}$ 的解算如下：

$$X=\begin{pmatrix} x(t_p) & x(t_{p-1}) & \cdots & x(t_1) \\ x(t_{p+2}) & x(t_{p+1}) & \cdots & x(t_2) \\ \vdots & \vdots & \ddots & \vdots \\ x(t_{p+N-1}) & x(t_{p+N-2}) & \cdots & x(t_{N-p}) \end{pmatrix} \tag{53-9}$$

$$\begin{cases} Y=[x(t_{p+1}),\ \cdots,\ x(t_{p+N})]^{\mathrm{T}} \\ \varphi=[\varphi_1,\ \cdots,\ \varphi_p]^{\mathrm{T}} \end{cases} \tag{53-10}$$

$$\hat{\boldsymbol{\varphi}}=(\boldsymbol{X}^{\mathrm{T}}\boldsymbol{X})^{-1}\boldsymbol{X}^{\mathrm{T}}\boldsymbol{Y} \tag{53-11}$$

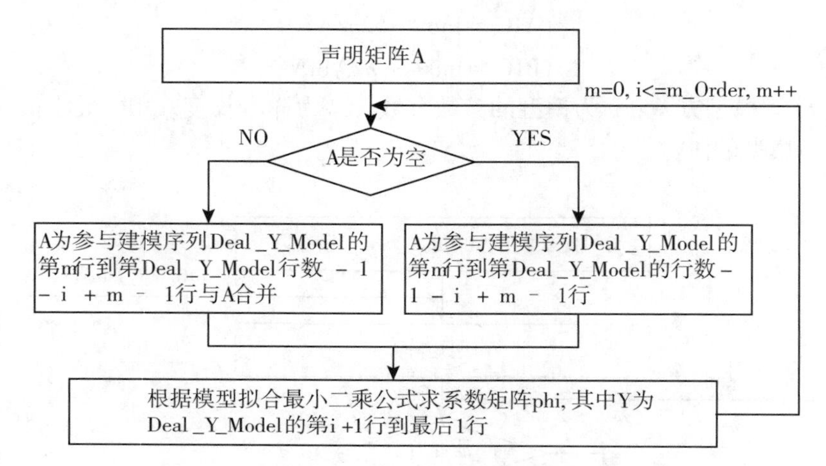

图 53.6　最小二乘拟合流程图

七、模型检验

模型整体 F 检验公式如下：

$$F=\frac{\boldsymbol{Q}_R/p}{\boldsymbol{Q}_\varepsilon/(N-p-1)} \sim F(p,\ N-p-1) \tag{53-12}$$

式中，$\boldsymbol{Q}_R$ 为模型的回归平方和，$\boldsymbol{Q}_\varepsilon$ 为模型残差平方和，二者的表达式为：

$$\begin{cases} \boldsymbol{Q}_R=\hat{\boldsymbol{Y}}^{\mathrm{T}}\cdot\hat{\boldsymbol{Y}} \\ \hat{\boldsymbol{Y}}=\boldsymbol{X}\hat{\varphi} \end{cases} \tag{53-13}$$

$$\boldsymbol{Q}_\varepsilon=(\hat{\boldsymbol{Y}}-\boldsymbol{Y})^{\mathrm{T}}(\hat{\boldsymbol{Y}}-\boldsymbol{Y}) \tag{53-14}$$

完成了模型的 F 检验后，还需要对每个回归系数 $\hat{\varphi}_i$ 进行显著性检验。模型整体 T 检验公式如下：

$$t=\frac{\hat{\varphi}_i}{\sqrt{\hat{\sigma}^2\hat{q}_i}} \sim t(N-p-1) \tag{53-15}$$

式中，q_i 为参数 $\hat{\varphi}_i$ 的协因数，$\hat{\sigma}^2$ 为方差。

八、多步预测

图 53.7 为多步预测流程图。需要说明的是，m_DeformationModelDays 为参与建模的期数，Deal_Y 为去趋势后的序列，包括预测部分的观测值，PreDays 为预测的期数。

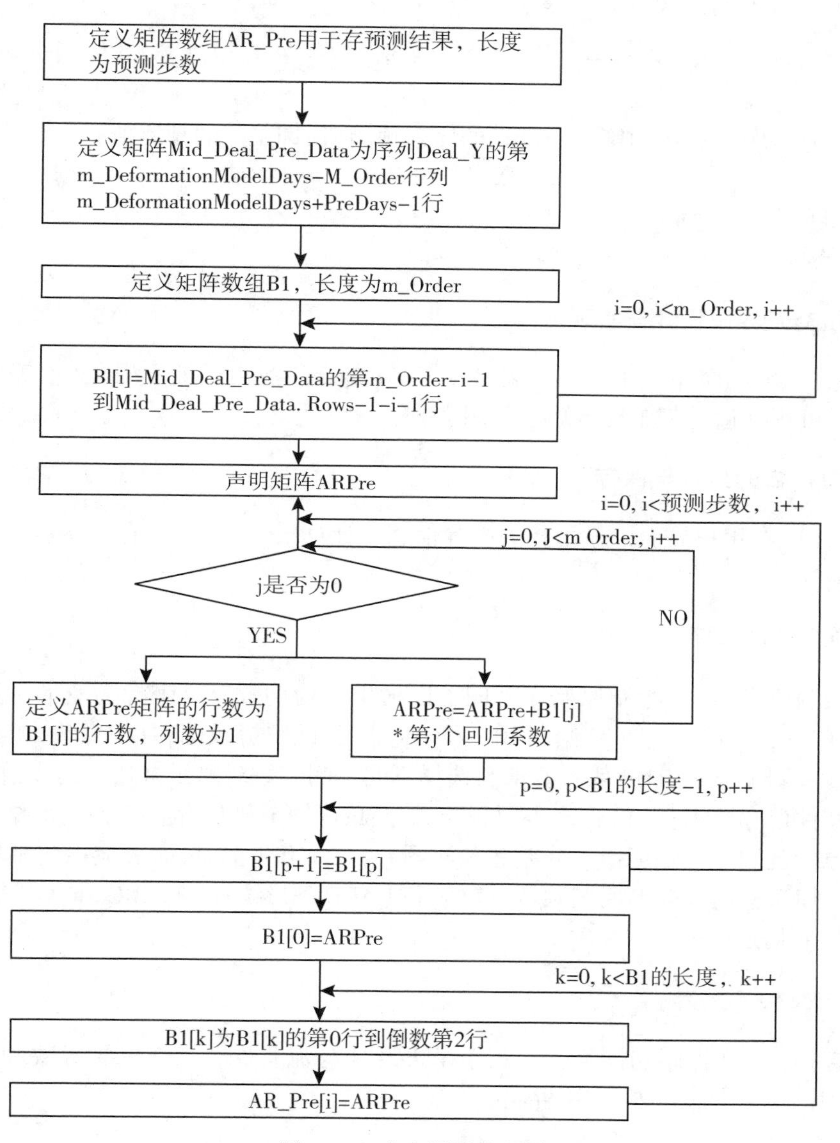

图 53.7　多步预测流程图

对于时间序列 $\{x_t\}$，选定一个适用的 p 阶自回归模型 AR(p)：

$$x_t = \varphi_1 x_{t-1} + \varphi_2 x_{t-2} + \cdots + \varphi_n x_{t-p} + \varepsilon_t \tag{53-16}$$

$\hat{\varphi}_1$，$\hat{\varphi}_2$，…，$\hat{\varphi}_p$ 为 AR(p)模型中相应系数的估值，则 AR(p)模型预测递推公式为：

$$\begin{cases} \hat{x}_t(1) = \hat{\varphi}_1 x_t + \hat{\varphi}_2 x_{t-1} + \cdots + \hat{\varphi}_p x_{t-p+1} \\ \hat{x}_t(2) = \hat{\varphi}_1 \hat{x}_t(1) + \hat{\varphi}_2 x_t + \cdots + \hat{\varphi}_p x_{t-p+2} \\ \cdots\cdots\cdots\cdots\cdots\cdots\cdots\cdots \\ \hat{x}_t(p) = \hat{\varphi}_1 \hat{x}_t(p-1) + \hat{\varphi}_2 \hat{x}_t(p-2) + \cdots + \hat{\varphi}_{p-1} \hat{x}_t(1) + \hat{\varphi}_p x_t \\ \hat{x}_t(L) = \hat{\varphi}_1 \hat{x}_t(L-1) + \hat{\varphi}_2 \hat{x}_t(L-2) + \cdots + \hat{\varphi}_{p-1} \hat{x}_t(L-p+1) + \hat{\varphi}_p \hat{x}_t(L-p) \quad (L > p) \end{cases} \tag{53-17}$$

式中，$\hat{x}_t(n)$ 表示从 t 后边的第 n 个延迟的序列预测值（即 x_{t+n} 的预测值）。

九、用户界面设计

1. 人机交互界面设计与实现

要求：(1)包括菜单、工具条、表格、图形(显示、放大、缩小)、文本等功能；(2)功能正确，可正常运行，布局合理、美观大方、人性化。

2. 计算报告的显示与保存

要求：(1)在用户界面中显示相关统计信息、计算报告；(2)保存为文本文件(*. xlsx 或 *. xls)。

3. 图形绘制与保存

图形绘制要求：(1)绘制原始序列图，以横坐标为期数，纵坐标为变形量；(2)绘制 PCF 和 PACF 条形统计图；(3)绘制 BIC 和 AIC 模型识别折线图；(4)绘制预测图和残差图，并在残差图上显示 RMS 值，要求当选择不同预测步数时显示被选择的步数预测图。

图形文件保存要求：(1)将多步预测结果分 sheet 表分别保存各步预测的结果(包括预测各期的原始观测值、预测值、残差和预测图)；(2)第一个 sheet 表应该包括第(1)步预测的结果、模型检验、模型回归系数、PCF 和 PACF 条形统计图、BIC 和 AIC 折线统计图和第(1)步中的预测图。

4. 开发文档与报告

内容包括：(1)程序功能简介；(2)算法设计与流程图；(3)主要函数和变量说明；(4)主要程序运行界面；(5)使用说明。

十、参考答案

在“https：//github. com/ybli/bookcode/tree/master/Part4-ch02”目录下给出了参考答

案、源程序、测试数据。

1. 测试数据计算结果

测试结果见文件夹中的 Excel 文件，点击表格“EX2_11”的“AR 变形建模结果 . xlsx”。

2. 用户界面

图 53. 8 为原始序列的表格和原始序列图展示，表格中的数据为原始观测值。图 53. 9 为模型预测结果表及其预测图。图 53. 10 为模型报表显示。

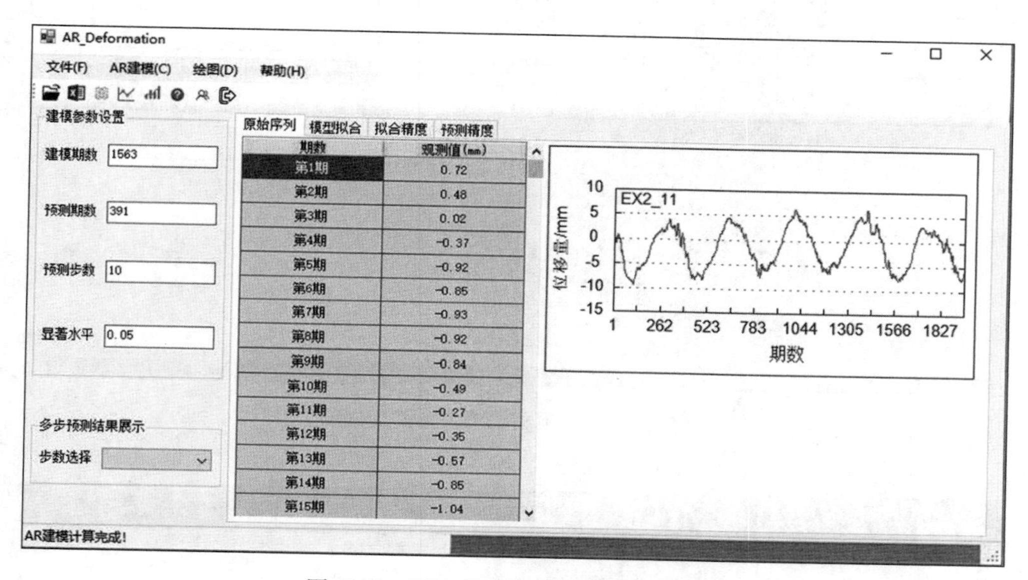

图 53. 8　原始序列的表格和序列图显示

3. 本案例说明

本程序主要用到 3 个第三方动态链接库，ZedGraph 绘图库、NPOI、矩阵类 Matrix。

Matrix. dll 文件为自己编写的矩阵类动态链接库，通过引用可加载该链接库，并引用 Matrix 命名空间，可使用该类提供的方法。各方法及其构造函数均有注释。

NPOI 动态链接库，通过 NutGet 包管理器可以在线安装该链接库，包含 NPOI. dll、NPOI. OOXML. dll、NPOI. OpenXml4Net. dll 和 NPOI. OpenXmlFormats. dll 4 个动态库文件。

ZedGraph 动态链接库通过 NutGet 包管理器可以在线安装该链接库 ZedGraph. dll。

Matrix 类用法简介如下：(注意：该类矩阵的行列数索引均从 0 开始，矩阵元素类型为 double 类型)

(1)成员变量：

```
private int numColumns=0;      // 矩阵列数
private int numRows=0;         //矩阵行数
```

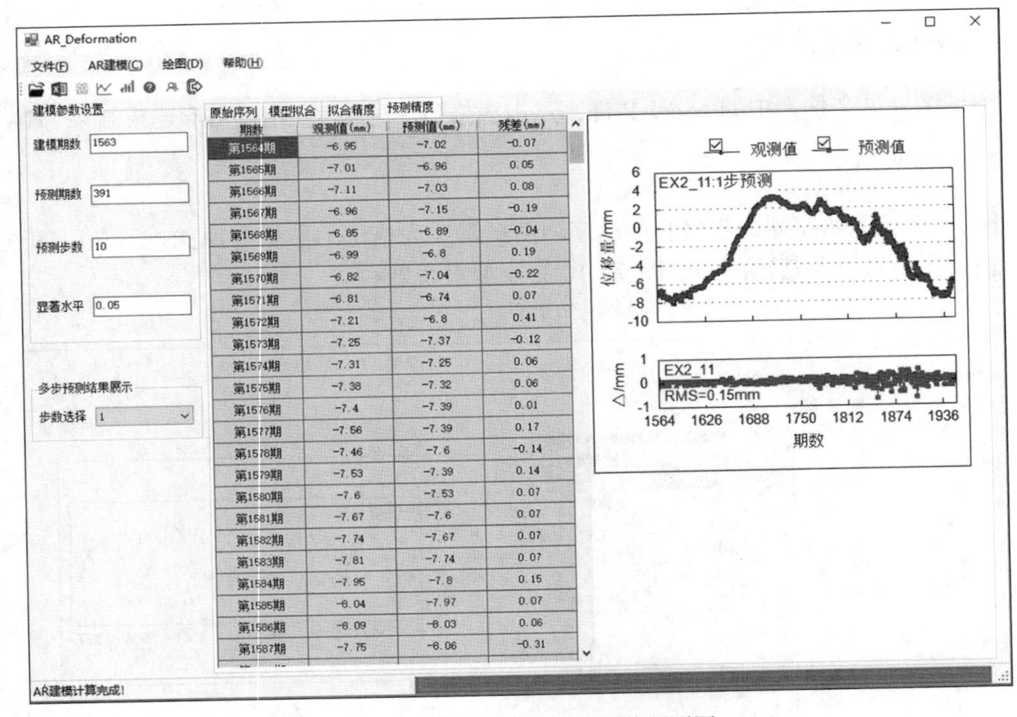

图 53.9 模型预测结果表及其预测图

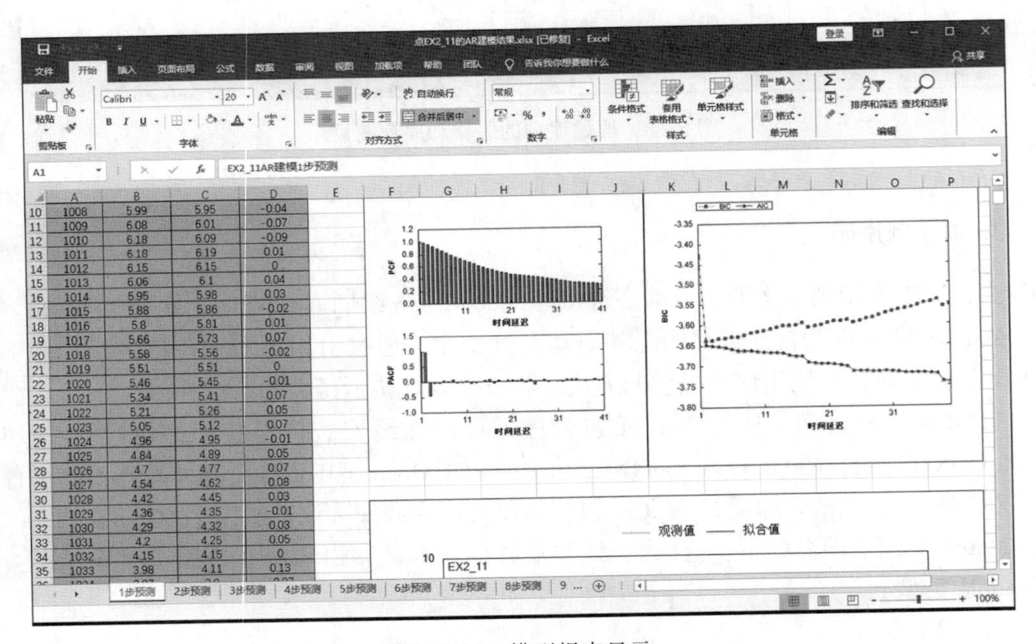

图 53.10 模型报表显示

```
private double eps=0.0;       //缺省精度
private double[] elements=null; //矩阵数据缓冲区
private bool flag=false;      //判断矩阵是否为对角矩阵
```

(2)索引器：

```
public double this[int row, int col]  //获取矩阵第 row 行，第 col 列的元素
public Matrix this[int row]           //获取矩阵第 row 行元素，返回值类型为 Matrix
```

(3)构造函数：

```
public Matrix()      //无参构造函数，默认构造一个行数为 1 和列数为 1 的矩阵
//指定行列数的构造函数，行数为 nRows，列数为 nCols
public Matrix(int nRows, int nCols)
public Matrix(double[,] value)  //将二维数组作为矩阵的元素
//指定行数为 nRows 和列数为 nCols，并将一维数组 value 作为矩阵的元素
public Matrix(int nRows, int nCols, double[] value)
public Matrix(int nSize)                  //构造 nSize * nSize 阶方阵
//构造 nSize * nSize 阶方阵，将一维数组 value 作为矩阵的元素
public Matrix(int nSize, double[] value)
//拷贝构造函数，将另一个矩阵 other，复制给该矩阵，属于深拷贝
//该矩阵与原矩阵 other 具有不同的地址
public Matrix(Matrix other)
```

(4)符号重载函数：

```
public static Matrix operator ~(Matrix m2)//~符号重载，表示转置运算符
// /符号重载，m1 乘以 m2 的逆矩阵
public static Matrix operator/(Matrix m, Matrix m2)
public static Matrix operator+(Matrix m1, Matrix m2) // +符号重载，表示 m1+m2
public static Matrix operator-(Matrix m1, Matrix m2) // -符号重载，表示 m1-m2
public static Matrix operator *(Matrix m1, Matrix m2) // *符号重载，表示 m1 * m2
// *符号重载，表示数乘，左数乘运算
public static Matrix operator *(double m1, Matrix m2)
// *符号重载，表示数乘，右数乘运算
public static Matrix operator *(Matrix m1, double m2)
//实现矩阵转换成二维数组的隐式转换
public static implicit operator double[,](Matrix m)
//实现二维数组转换成矩阵的隐式转换
public static implicit operator Matrix(double[,] D)
//实现矩阵转换成一维数组的隐式转换
public static implicit operator double[](Matrix m)
```

(5)方法：

```
//重新 GetHashCode 方法，重新定义矩阵类的地址
```

public override int GetHashCode( )

//重新 Equals 方法，只有当两个矩阵元素之差小于等于 eps 时，函数返回 true，否则返回 false.

public override bool Equals(object other)

public Matrix Add(Matrix other) //实现矩阵的加法

public Matrix Subtract(Matrix other) //实现矩阵的减法

public Matrix Multiply(double value) //实现矩阵的数乘

public Matrix Multiply(Matrix other) //实现矩阵的乘法

public static Matrix Transpose(Matrix a)//实现矩阵的转置

public static Matrix MatrixInv(Matrix Ma) //实现矩阵的求逆

//将矩阵的第 r1 行：第 r2 行，第 c1 列：第 c2 列重新组成新的矩阵，并返回新的矩形

public Matrix GetRC(int r1, int r2, int c1, int c2)

//将矩阵的第 r1 行：第 r2 行组成新的矩阵，并返回新的矩阵

public Matrix GetR(int r1, int r2)

//实现矩阵的合并，a，b 矩阵按照行合并成新的矩阵 E，c，d 矩阵按照行合并成新的矩阵 F，然后将 E 和 F 矩阵按照列合并，并返回合并后的矩阵

public static Matrix Merge(Matrix a, Matrix b, Matrix c, Matrix d)

//将矩阵 a 和 b 按照行合并，并返回合并后的矩阵

public static Matrix MergeR(Matrix a, Matrix b)

//将矩阵 a 和 b 按照列合并，并返回合并后的矩阵

public static Matrix MergeC(Matrix a, Matrix b)

public static Matrix Eyes(int s) //生成 s * s 阶单位矩阵

(6)属性：

public bool Flag//可读可写，设置矩阵是否为对角矩阵

public int Columns//可读，返回矩阵的列数

public int Rows//可读，获取矩阵的行

第 54 章　Kalman 滤波数据处理

（作者：戴吾蛟、戴粤，主题分类：数据处理）

Kalman 滤波是一套由计算机实现的实时递推算法，其最大的特点是采用递推算法，即利用前一时刻的状态估计值和当前时刻的观测值来实现对状态估值的更新，求得当前时刻的估计值。Kalman 滤波一般只要储存前一时刻的状态参数估值，而无须储存所有时刻的观测信息。Kalman 滤波具有相当高的计算效率并且可以进行实时估计，不仅利用了当前时刻的观测值，而且充分利用了以前的观测数据，是一种处理动态数据的有效手段，已被广泛应用于动态测量数据处理中，如 GNSS 定位、导航、地壳形变和工程变形等。

一、数据文件读取

数据文件名称为“原始观测序列 . txt”文件。数据由三部分组成，包括观测噪声协方差和系统噪声协方差的取值、计算自适应因子及等价权函数的阈值和原始数据。数据内容与格式说明见表 54-1。此例数据为 GPS 自动化监测坐标序列，观测噪声协方差与系统噪声协方差单位为mm^2，原始坐标序列单位为 mm。其他数据单位视情况而定。

表 54-1　　　　**数据内容与格式说明**

数据内容	格式说明
3. 404，0. 308	观测噪声协方差(mm^2)，系统噪声协方差(mm^2)
1. 0，2. 5，1. 0，5. 0	自适应因子阈值(a_0，a_1)，等价权函数阈值(k_0，k_1)
1，20080703105950，-0. 658 2，20080703115950，-1. 003 3，20080703125950，-0. 597 4，20080703135950，-1. 933 5，20080703145950，-1. 006 6，20080703155950，2. 086 ……	数据期数，数据日期(年月日时分秒)，原始序列(mm)

二、观测值记录簿

1. 读取观测数据到表格界面中

在用户界面中实现如表 54-2 所示的“观测记录手簿”表格，将读取的数据填写到表格中。要求：(1)在开发文档与报告中，给出 1 张相关界面的截图；(2)将文件中的数据期数、数据日期及原始序列填入表格界面；(3)滤波值和预测值等数据在处理后填入表格中。

表 54-2 观测记录手簿

数据期数	数据日期	原始序列	滤波值	预测值
1	20080703105950	−0.658		
2	20080703115950	−1.003		
3	20080703125950	−0.597		
4	20080703135950	−1.933		
5	20080703145950	−1.006		
6	20080703155950	2.086		
7	20080703165950	2.303		
8	20080703175950	−0.964		
9	20080703185950	1.874		
10	20080703195950	0.880		
⋮	⋮	⋮		

2. 计算时间间隔

根据读取的数据日期计算采样时间间隔：

$$\Delta t = t_k - t_{k-1} \tag{54-1}$$

三、Kalman 滤波状态模型的设计

1. 随机游走模型

随机游走模型中是将点的位置作为状态向量，速度等视为随机干扰，载体的运动状态表示为：

$$\boldsymbol{X}_k = \boldsymbol{I}X_{k-1} + \boldsymbol{W}_k \tag{54-2}$$

式中，$\boldsymbol{X}_k = (x_k,\ y_k,\ z_k)^{\mathrm{T}}$，$\boldsymbol{I}$ 为 3×3 的单位矩阵，假设系统噪声为白噪声且位置具有常量方差 ε^2，则 $\boldsymbol{W}_k$ 的协方差矩阵为 $\boldsymbol{D}_{W_k} = \boldsymbol{I} \times \varepsilon^2$。

2. 常速度模型

常速度模型(CV 模型)是将点的位置和速度作为状态向量，加速度等视为随机干扰。在三维直角坐标系下，载体的状态表示为：

$$\begin{bmatrix} X_k \\ \dot{X}_k \end{bmatrix} = \begin{bmatrix} I & I\Delta t \\ 0 & I \end{bmatrix} \begin{bmatrix} X_{k-1} \\ \dot{X}_{k-1} \end{bmatrix} + W_k \tag{54-3}$$

式中，载体的位置 $\boldsymbol{X}_k = (x_k, y_k, z_k)^{\mathrm{T}}$，速率 $\dot{\boldsymbol{X}}_k = (\dot{x}_k, \dot{y}_k, \dot{z}_k)^{\mathrm{T}}$，$\Delta t$ 为采样时间间隔，$\boldsymbol{D}_{W_k} = \begin{bmatrix} \frac{1}{3}q\,\Delta t^3 & \frac{1}{2}q\,\Delta t^2 \\ \frac{1}{3}q\,\Delta t^2 & q\Delta t \end{bmatrix}$，$\boldsymbol{q}$ 为速度系统噪声的谱密度矩阵，为 3×3 的对角矩阵。

3. 常加速度模型

常加速度模型(CA 模型)是将点的位置、速度和加速度作为状态向量，加速度的瞬时变化等视为随机干扰。在三维直角坐标系下，载体的状态表示为：

$$\begin{bmatrix} X_k \\ \dot{X}_k \\ \ddot{X}_k \end{bmatrix} = \begin{bmatrix} I & I\Delta t & \frac{1}{2}I\,\Delta t^2 \\ 0 & I & I\Delta t \\ 0 & 0 & I \end{bmatrix} \begin{bmatrix} X_{k-1} \\ \dot{X}_{k-1} \\ \ddot{X}_{k-1} \end{bmatrix} + \begin{bmatrix} 0 \\ 0 \\ I \end{bmatrix} \boldsymbol{W}_k \tag{54-4}$$

式中，载体的位置 $\boldsymbol{X}_k = (x_k, y_k, z_k)^{\mathrm{T}}$，速率 $\dot{\boldsymbol{X}}_k = (\dot{x}_k, \dot{y}_k, \dot{z}_k)^{\mathrm{T}}$，加速度 $\ddot{\boldsymbol{X}}_k = (\ddot{x}_k, \ddot{y}_k, \ddot{z}_k)^{\mathrm{T}}$，$\Delta t$ 为采样时间间隔，假设 W_k 为稳态白噪声序列且加速度率为常量方差 ε^2 的白噪声，则其协方差矩阵 $\boldsymbol{D}_{W_k} = \begin{bmatrix} \frac{1}{20}\Delta t^4 & \frac{1}{8}\Delta t^3 & \frac{1}{6}\Delta t^2 \\ \frac{1}{8}\Delta t^3 & \frac{1}{3}\Delta t^2 & \frac{1}{2}\Delta t \\ \frac{1}{6}\Delta t^2 & \frac{1}{2}\Delta t & 1 \end{bmatrix} \times \varepsilon^2$。

要求：在程序中实现以上三种状态模型的设计，且用户在界面中可选择相应的滤波状态模型。

四、Kalman 滤波数据处理

1. 实现 Kalman 滤波器的设计

设系统状态方程和观测方程如下：

$$\begin{cases} \boldsymbol{X}_k = \boldsymbol{\Phi}_{k,\,k-1}\boldsymbol{X}_{k-1} + \boldsymbol{W}_k \\ \boldsymbol{L}_k = \boldsymbol{A}_k\boldsymbol{X}_{k-1} + \Delta_k \end{cases} \tag{54-5}$$

式中，$\boldsymbol{X}_k$，$\boldsymbol{L}_k$ 为状态向量和观测向量、$\boldsymbol{\Phi}_{k,\ k-1}$、$\boldsymbol{A}_k$ 分别为状态转移矩阵和设计矩阵；$\boldsymbol{W}_k$、Δ_k 均值分别为 0 且协方差矩阵分别为 $\boldsymbol{D}_{W_k}$，$\boldsymbol{D}_k$。

Kalman 滤波的递推公式如下：

(1)储存 t_k、t_{k-1} 时刻的状态向量 $\boldsymbol{X}_{k-1}$ 及其协方差矩阵 $\boldsymbol{D}_{X_{k-1}}$；

(2)计算预测状态向量；

$$\overline{\boldsymbol{X}}_k = \boldsymbol{\Phi}_{k,\ k-1}\hat{\boldsymbol{X}}_{k-1} \tag{54-6}$$

(3)计算预测状态向量协方差矩阵；

$$\boldsymbol{D}_{\overline{X}_k} = \boldsymbol{\Phi}_{k,\ k-1}\boldsymbol{D}_{X_{k-1}}\boldsymbol{\Phi}^{\mathrm{T}}_{k,\ k-1} + \boldsymbol{D}_{W_k} \tag{54-7}$$

(4)计算新息向量及其协方差矩阵；

$$\begin{cases}\boldsymbol{V}_k = \boldsymbol{A}_k\overline{\boldsymbol{X}}_k - \boldsymbol{L}_K \\ \boldsymbol{D}_{V_k} = \boldsymbol{A}_k\boldsymbol{D}_{X_{k-1}}\boldsymbol{A}_k^{\mathrm{T}} + \boldsymbol{D}_k\end{cases} \tag{54-8}$$

(5)计算观测值 $\boldsymbol{L}_k$ 的抗差等价权矩阵；

$$\overline{\boldsymbol{P}}_k = \overline{\boldsymbol{D}}_k^{-1} \tag{54-9}$$

(6)计算整体自适应因子；

$$a_k(0 < a_k \leqslant 1) \tag{54-10}$$

(7)计算增益矩阵；

$$\overline{\boldsymbol{K}}_k = \frac{1}{a_k}\boldsymbol{D}_{\overline{X}_k}\boldsymbol{A}_k^{\mathrm{T}}\left(\frac{1}{a_k}\boldsymbol{D}_{\overline{X}_k}\boldsymbol{A}_k^{\mathrm{T}} + \overline{\boldsymbol{D}}_k\right)^{-1} \tag{54-11}$$

(8)计算新的状态估值和状态向量协方差矩阵；

$$\begin{cases}\hat{\boldsymbol{X}}_k = (\boldsymbol{A}_k^{\mathrm{T}}\overline{\boldsymbol{P}}\boldsymbol{A}_k + a_kP_{\overline{X}_k})^{-1}(\boldsymbol{A}_k^{\mathrm{T}}\overline{\boldsymbol{P}}\boldsymbol{L}_k + \boldsymbol{a}_k\boldsymbol{P}_{\overline{X}_k}\overline{X}_k) \\ \boldsymbol{D}_{\hat{X}_k} = (\boldsymbol{I} - \overline{\boldsymbol{K}}_k\boldsymbol{A}_k)^{-1}\boldsymbol{D}_{\overline{X}_{k-1}}(\boldsymbol{I} - \boldsymbol{A}_k^{\mathrm{T}}\overline{\boldsymbol{K}}_k^{\mathrm{T}}) + \overline{\boldsymbol{K}}_k\boldsymbol{D}_k\overline{\boldsymbol{K}}_k^{\mathrm{T}}\end{cases} \tag{54-12}$$

(9)令 $k=k+1$ 回到步骤(1)继续推算；

Case1：当 $a_k=1$，$\overline{\boldsymbol{P}}_k = \boldsymbol{D}_k^{-1}$ 时，上述滤波解对应为标准 Kalman 滤波解；

Case2：当 $a_k=1$，$\overline{\boldsymbol{P}}_k = \overline{\boldsymbol{D}}_k^{-1}$ 时，上述滤波解对应为抗差 Kalman 滤波解；

Case3：当 $a_k \in [0,\ 1]$，$\overline{\boldsymbol{P}}_k = \overline{\boldsymbol{D}}_k^{-1}$ 时，上述滤波解对应为自适应抗差 Kalman 滤波解。

要求：实现以上三种滤波算法，在用户界面中可选择相应的滤波方法。

2. 计算自适应因子

根据三段函数法计算自适应因子 a_k：

$$a_k = \begin{cases} 1 & \Delta\widetilde{X}_k \leqslant c_0 \\ \dfrac{c_0}{\Delta\widetilde{X}_k}\left(\dfrac{c_1 - \Delta\widetilde{X}_k}{c_1 - c_0}\right) & c_0 < \Delta\widetilde{X}_k \leqslant c_1 \\ 0 & \Delta\widetilde{X}_k > c_1 \end{cases} \tag{54-13}$$

式中，c_0、c_1 为计算自适应因子的阈值，其值一般取为 $c_0 = 1.0 \sim 1.5$、$c_1 = 2.0 \sim 3.0$；$\Delta\widetilde{X}_k$ 为状态向量不符值，其计算公式为 $\Delta\widetilde{X}_k = (\widetilde{X}_k - \overline{X}_k)/\sqrt{\mathrm{tr}(D_{\overline{X}_k})}$，其中状态向量参考估计值 $\widetilde{X}_k$ 的计算，可取标准 Kalman 滤波解或其他形式解。

3. 计算抗差等价权矩阵

抗差等价权矩阵可由表 54-3 中几种常用的等价权函数计算得到。表 54-3 中，$\boldsymbol{p}_k$ 为 t_k 历元观测向量 $\boldsymbol{L}_k$ 的权矩阵，残差不符值 $\tilde{v}_i$ 的计算公式为 $\tilde{v}_i = \dfrac{V_k(i)}{\sqrt{\sum_{v_k}(i,\ i)}}$。

表 54-3

模型/方案	等价权
Tukey 模型	$\bar{p}_k(i) = \begin{cases} p_k(i) \times \left(1 - \left(\dfrac{\lvert\tilde{v}_i\rvert}{c}\right)^2\right)^2 & \lvert\tilde{v}_i\rvert < c \\ 0 & \lvert\tilde{v}_i\rvert \geqslant c \end{cases}$
Huber 模型	$\bar{p}_k(i) = \begin{cases} p_i & \lvert\tilde{v}_i\rvert < c \\ p_i \times \dfrac{c}{\lvert\tilde{v}_i\rvert} & \lvert\tilde{v}_i\rvert \geqslant c \end{cases}$
IGGI 方案	$\bar{p}_k(i) = \begin{cases} p_k(i) & \lvert\tilde{v}_i\rvert < k_0 \\ p_k(i) \times \dfrac{k_0}{\lvert\tilde{v}_i\rvert} & k_0 \leqslant \lvert\tilde{v}_i\rvert < k_1 \\ 0 & \lvert\tilde{v}_i\rvert \geqslant k_1 \end{cases}$
IGGIII 方案	$\bar{p}_k(i) = \begin{cases} p_k(i) & \lvert\tilde{v}_i\rvert < k_0 \\ p_k(i) \times \dfrac{k_0}{\lvert\tilde{v}_i\rvert} \times \left(\dfrac{k_1 - \lvert\tilde{v}_i\rvert}{k_1 - k_0}\right)^2 & k_0 \leqslant \lvert\tilde{v}_i\rvert < k_1 \\ 0 & \lvert\tilde{v}_i\rvert \geqslant k_1 \end{cases}$

要求：编写程序时以 IGGIII 方案为等价权函数，实现抗差 Kalman 滤波算法和自适应抗差 Kalman 滤波算法，算法流程如图 54.1 所示。

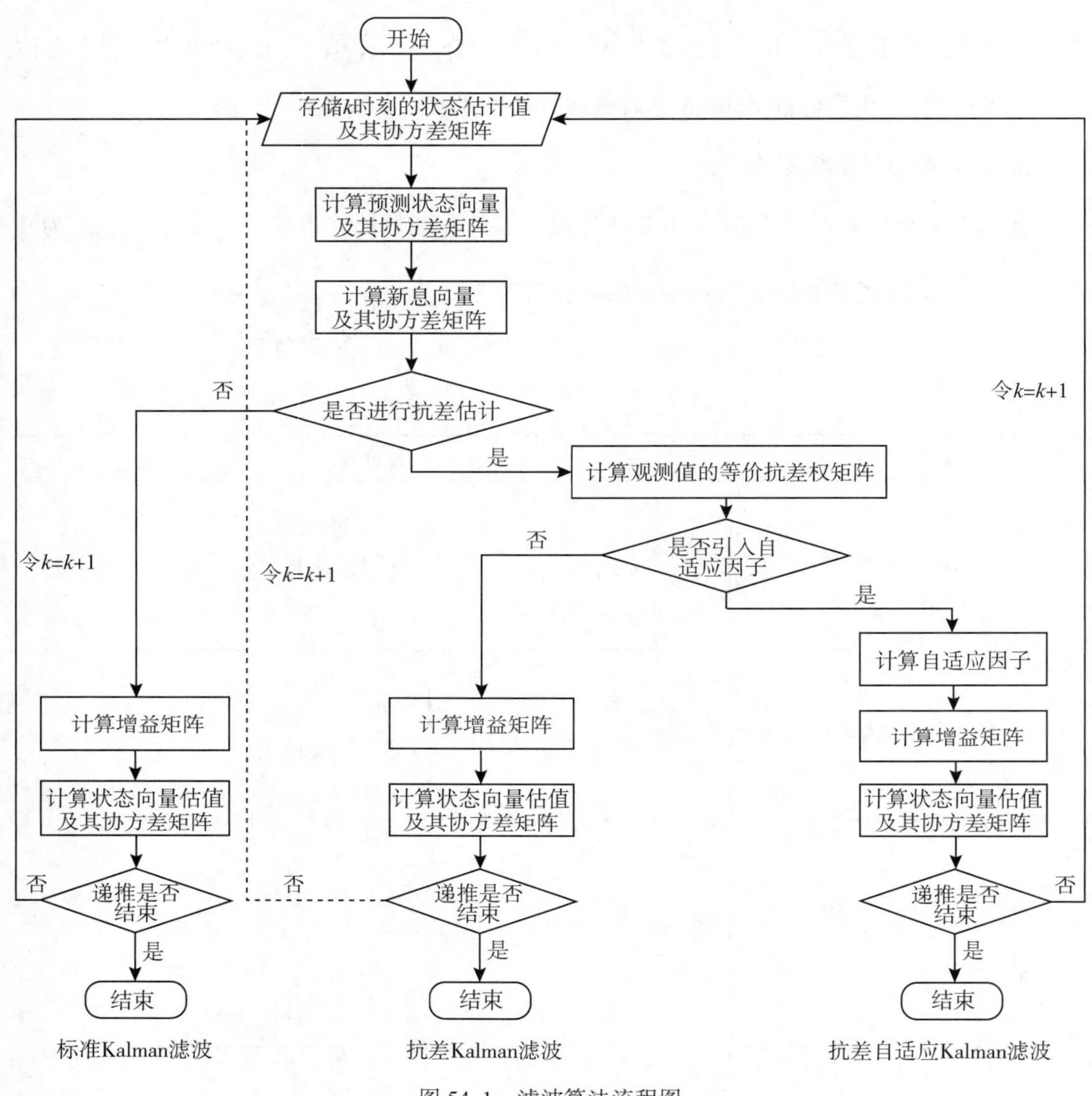

图 54.1　滤波算法流程图

五、用户界面设计与开发文档撰写

1. 人机交互界面设计与实现

要求：实现菜单，工具条，复选框，表格，图形（显示、放大、缩小），文本等功能；功能正确，可正常运行，布局合理、美观大方、人性化。

2. 计算报告的显示与保存

要求：(1)在用户界面中显示相关统计信息、计算报告；(2)保存为文本文件(＊.txt)。

3. 图形绘制

要求：(1)绘制滤波前后坐标序列效果图，并可显示数据节点；(2)实现图形放大、缩小等操作；(3)将绘制的图形保存为 PNG 格式的文件。

4. 开发文档与报告

内容包括：(1)程序功能简介；(2)算法设计与流程图；(3)主要函数和变量说明；(4)主要程序运行界面；(5)使用说明。

六、参考源程序

在“https://github.com/ybli/bookcode/tree/master/Part4-ch03”目录下给出了参考答案、源程序、测试数据。

1. 测试数据计算结果

测点名称：J7point(N)
位置初始值(mm)：0.0338
速度初始值(mm/d)：0
观测噪声协方差(mm^2)　状态噪声协方差(mm^2)
3.404　0.308

状态模型：常速度模型
滤波方法：抗差 Kalman 滤波

监测期号	原始坐标序列(mm)	滤波值(mm)	预测值(mm)
1	0.177	0.0885	0.0338
2	−0.342	−0.0336	0.091
3	−0.136	−0.0584	−0.0368
4	−1.776	−0.3946	−0.0628
5	−0.135	−0.3591	−0.4154

……

2. 用户界面

图 54.2 是参数输入和状态模型选择界面，可修改参数和选择相应的状态模型。图

54.3 是图形显示界面，绘制了滤波前后坐标序列对比图。图 54.4 是报告显示界面，显示了滤波初值、所选择的滤波状态模型、滤波方法和滤波结果等内容。

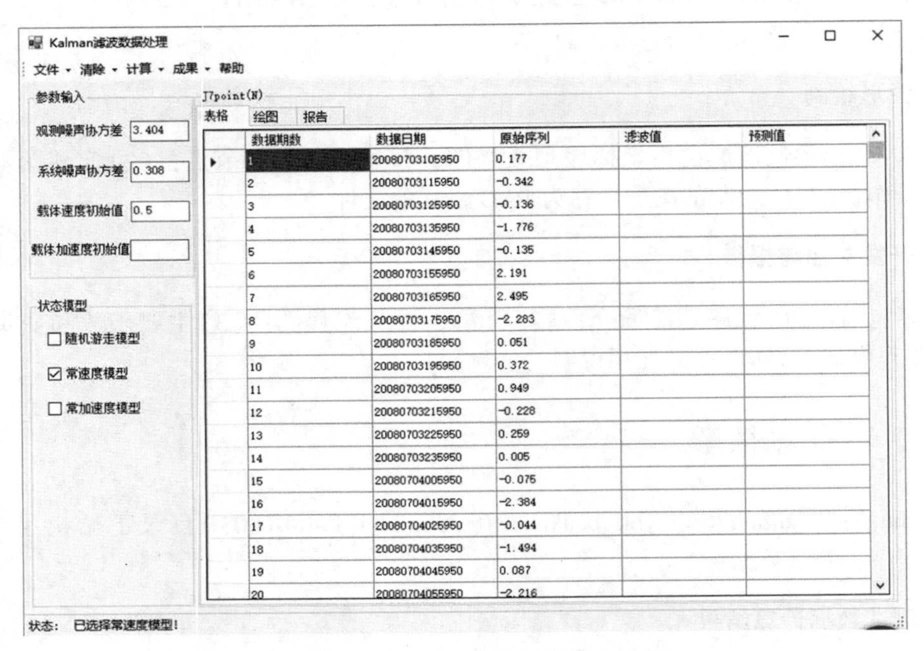

图 54.2　参数输入与状态模型选择界面

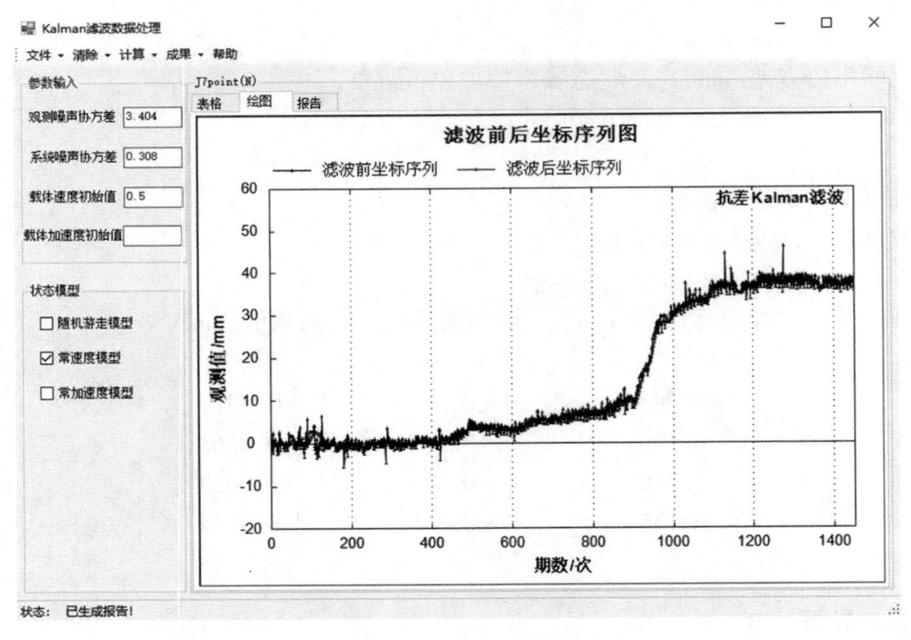

图 54.3　绘图显示界面

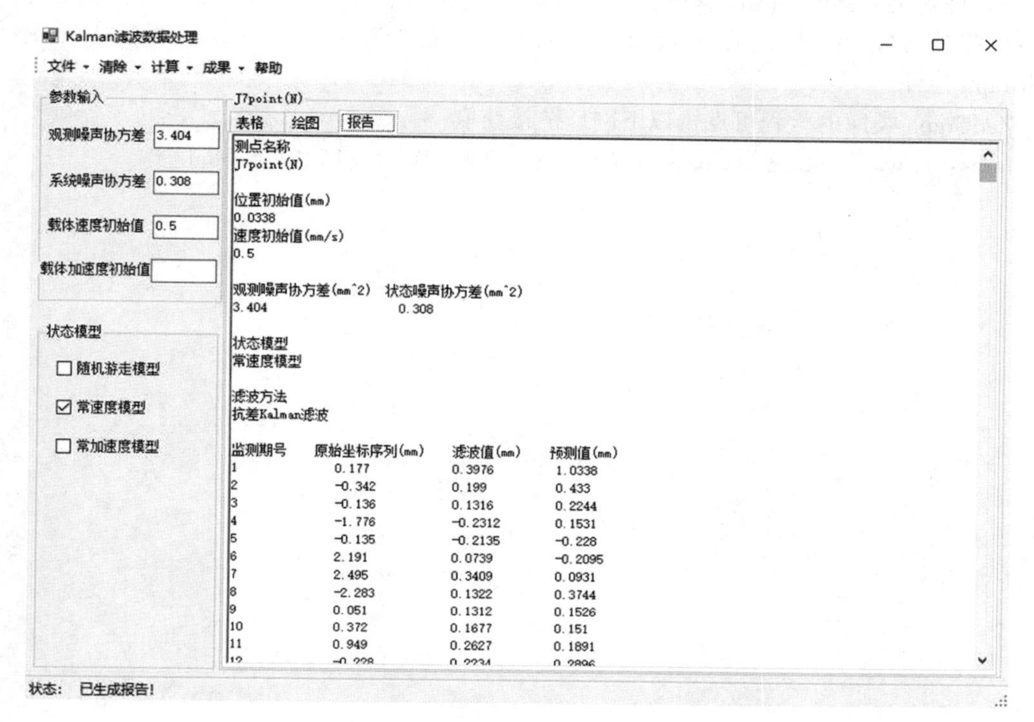

图 54.4　报告显示界面

3. 矩阵运算类的使用

提供已有的矩阵运算类，矩阵类的文件路径为：点击试题文件夹，打开“CMatrix. cs”。

static CMatrix M = new CMatrix( ); //实例化对象

B = M. MTurn(A);　　　　//求矩阵 $\boldsymbol{A}$ 的转置，即 $\boldsymbol{B}=\boldsymbol{A}^{\mathrm{T}}$

B = M. MInve(A);　　　　//求矩阵 $\boldsymbol{A}$ 的逆矩阵，即 $\boldsymbol{B}=\boldsymbol{A}^{-1}$

C = M. MsAdd(A, B);　　　　//求矩阵 $\boldsymbol{A}$ 与矩阵 $\boldsymbol{B}$ 的加法运算，即 $\boldsymbol{C}=\boldsymbol{A}+\boldsymbol{B}$

C = M. MsMinus(A, B);　　　　//求矩阵 $\boldsymbol{A}$ 与矩阵 $\boldsymbol{B}$ 的减法运算，即 $\boldsymbol{C}=\boldsymbol{A}-\boldsymbol{B}$

C = M. MsMul(A, B);　　　　//求矩阵 $\boldsymbol{A}$ 与矩阵 $\boldsymbol{B}$ 的乘法运算，即 $\boldsymbol{C}=\boldsymbol{A}\cdot\boldsymbol{B}$

B = M. CMMul(A)　　　　//求常数项 k 与矩阵 $\boldsymbol{A}$ 的乘法运算，即 $\boldsymbol{B}=\boldsymbol{k}\cdot\boldsymbol{A}$

4. 第三方绘图控件——ZedGraph

ZedGraph 是一个用于创建任意数据的二维线型、条型、饼型图表的类库，也可以作为 Windows 窗体用户控件，读者可选择该控件来完成用户界面中图形绘制部分的程序设计内容。

添加 ZedGraph 连接库的步骤如下：在解决方案中，点击“工具”→“NuGet 包管理器”→管理解决方案的 NuGet 程序包，在游览选项卡下方的搜索框中输入“ZedGraph”，勾选项目并进行安装，然后在工具箱的常规框下“右击”→“选择项”→“游览”，添加 ZedGraph 控件。

ZedGraph 类库的教程可点击以下网址链接获取：

https：//www. cnblogs. com/peterzb/archive/2009/07/19/1526726. html.

第55章　GNSS精密单点定位

（作者：王中元，主题分类：卫星导航）

全球导航卫星系统(GNSS)是由美国的全球定位系统(GPS)、俄罗斯的GLONASS、欧洲的Galileo以及中国的北斗卫星导航系统(BDS)组成。全球卫星定位系统(GPS)是美国国防部20世纪70年代提出的全球定位系统，也是目前发展和应用得最成功的系统，可以提供全球、全天候、实时连续的定位、导航与授时服务。用户通过GPS播发的粗码(C/A码)、精码(P码)、L1和L2载波相位观测值以及卫星星历利用空间后方交会原理实现定位。

随着卫星系统应用的深入发展，人们对GNSS的定位性能提出了更高的要求，GNSS定位技术正朝着实时、高精度、高可靠性的方向发展。目前，实时高精度定位方式分为两类：一类是差分定位方式，即网络RTK技术；另一类是绝对定位方式，即实时精密单点定位(Precise Point Positioning，PPP)。GNSS精密单点定位技术最初是由JPL的Zunmberge等人于1997年提出来的，它是指通过IGS等组织提供的精密轨道和钟差，综合考虑各项误差的精确模型改正，利用载波相位和伪距资料进行独立单点定位的技术。与标准单点定位和差分定位技术相比，PPP集成了二者的优点，克服了各自的缺点，具有以下几个优势：

(1)精密单点定位只需要单个接收机作业，无须建立广域的或者局域的基准站，灵活机动，作业不受距离限制。

(2)PPP技术除了获得点坐标以外，还可以估算接收机钟差和对流层参数等，因此，它在精密时间传递、电离层建模、水汽监测等方面具有独特的优势。

(3)由于PPP技术只要单台接收机就可以在全球范围内获得高精度的位置解，因此降低了设备的成本，节省了人力、物力和财力，同时也降低了外业操作的复杂性。

一、精密单点定位数学模型

精密单点定位模型常用的有消电离层组合模型和非差分组合模型。本章采用的是传统模型，即消电离层组合模型。

传统模型是最早的PPP处理模型，是由Zumberge和Kouba等人提出来的，采用双频伪距和载波相位观测值的无电离层组合作为精密单点定位的函数模型，表达式为：

$$P_{IF}=\frac{f_1^2\cdot P_1-f_2^2\cdot P_2}{f_1^2-f_2^2}=\rho+c(\delta t_r-\delta t^s)+T+\delta m+c[d_r(t)-d^s(t-\tau_r^s)]+\varepsilon_{P_{IF}} \tag{55-1}$$

$$\varphi_{IF}=\frac{f_1^2\cdot\varphi_1-f_2^2\cdot\varphi_2}{f_1^2-f_2^2}=\rho+c(\delta t_r-\delta t^s)+T+\lambda_{IF}b_{IF}+\delta m+\varepsilon_{\varphi_{IF}} \tag{55-2}$$

式中，P_{IF}，φ_{IF} 分别为伪距和载波相位的无电离层组合观测值，$b_{IF}=\frac{f_1^2\cdot b_1-f_1f_2\cdot b_2}{f_1^2-f_2^2}$ 为无电离层组合观测值的模糊度，δm 为多路径效应，$\varepsilon_{P_{IF}}$，$\varepsilon_{\varphi_{IF}}$ 分别为两种组合观测值的观测噪声及未被模型化的误差。

其参数估计矩阵为：

$$\boldsymbol{X}=[dx\quad dy\quad dz\quad d(c\cdot dt_r)\quad d(d_{trop})\quad d(\lambda_{IF}b_{IF})_1\quad\cdots\quad d(\lambda_{IF}b_{IF})_n]^T \tag{55-3}$$

对于单个卫星，其观测系数矩阵为：

$$\boldsymbol{A}_i=\begin{bmatrix}\dfrac{\partial f(X,\ \ell_P)}{\partial X_i}\\ \dfrac{\partial f(X,\ \ell_\varphi)}{\partial X_i}\end{bmatrix}=\begin{bmatrix}\dfrac{x_0-x_s}{\rho_0} & \dfrac{y_0-y_s}{\rho_0} & \dfrac{z_0-z_s}{\rho_0} & 1 & \mathrm{NMF} & 0\\ \dfrac{x_0-x_s}{\rho_0} & \dfrac{y_0-y_s}{\rho_0} & \dfrac{z_0-z_s}{\rho_0} & 1 & \mathrm{NMF} & 1\end{bmatrix} \tag{55-4}$$

单独某颗卫星的观测方程为：

$$\boldsymbol{A}_i\cdot\begin{bmatrix}dx\\ dy\\ dz\\ d(c\cdot dt_r)\\ d(d_{trop})\\ d(\lambda_{IF}b_{IF})_i\end{bmatrix}=\begin{bmatrix}\ell_P\\ \ell_\varphi\end{bmatrix}+\begin{bmatrix}\varepsilon_{P_{IF}}\\ \varepsilon_{\varphi_{IF}}\end{bmatrix} \tag{55-5}$$

若同时观测 n 颗卫星，则得到 $2n$ 个观测方程，$5+n$ 个未知参数。

二、与卫星有关的误差及处理策略

1. 星历误差

星历误差是指卫星星历提供的卫星空间三维坐标与卫星真实三维坐标之间的差值。由于卫星在其轨道运行中受到诸多摄动力的复杂影响，地面监测站难以获取其坐标真值，卫星星历提供的数据必定存在误差。目前，IGS 中心提供各天的广播星历、精密星历、超快速星历等。广播星历对测站的误差可达数米甚至数十米，精密星历定位精度相对而言高得多。但是由于 IGS 提供卫星精密星历采样率比较低，一般为 15 分钟，所以在实际应用中需要进行插值计算，通常采用内维尔插值或者拉格朗日插值进行计算。

2. 卫星钟误差

GPS 卫星钟差是 GPS 卫星钟读数与 GPS 时之间的差异。卫星钟 1μs 的误差可导致 300m 的测距误差，高精度的卫星钟对 PPP 解算至关重要，所以在 PPP 定位中需要采用精密钟差产品。目前 IGS 提供的钟差产品采样间隔有 15 分钟、5 分钟和 30 秒。通常采用 30

秒的产品进行线性插值来得到所需时间的钟差值。

3. 相对论效应

相对论效应是由于 GPS 卫星和接收机钟所处的运动速度以及重力位等状态不同而引起的卫星钟和接收机钟之间的相对钟误差现象。在制造卫星钟时，通常采用降频的方式来降低相对论效应的影响，但是仍需进一步模型改正，可用如下公式改正：

$$d_{\mathrm{rel}} = -\frac{2}{c^2}\boldsymbol{X}^S\boldsymbol{X}^V \tag{55-6}$$

式中，$\boldsymbol{X}^S$，$\boldsymbol{X}^V$ 分别为卫星的位置向量和速度向量。

4. 卫星天线相位中心偏差和变化

GPS 卫星天线相位中心偏差(PCO)是指卫星质量中心和卫星天线的平均相位中心之间的偏差。卫星天线相位中心变化(PCV)是指卫星天线的平均相位中心与其瞬时相位中心之间的差值。在 PPP 解算中需要考虑 PCO 和 PCV 的影响，在 IGS 发布的 .atx 文件中给出了 PCO 在星固系中的三个分量(N，E，U)，计算时需要将星固系转换为 ECEF 坐标系。天线相位中心变化 PCV，在天线文件给出了其随天底角变化的值，计算时需要进行内插。

三、与传播途径有关的误差及处理策略

1. 电离层折射误差

由于太阳辐射的电离效应，在离地面 70~1000km 高度的大气中形成了电离层，它对在其中传播的电磁波产生延迟效应，且延迟量与电磁波传播路径上的电子总量相关。延迟量表现为位置差异性、时间差异性和测站的方位角差异性。有关实验统计表明，天顶方向电离层延迟可达 50m，水平方向电离层延迟可达 150m。

2. 对流层折射误差

对流层延迟一般指非电离大气对电磁波的折射，当电磁波穿过这类大气时，传播速度会发生变化。对流层延迟一般由干湿两部分组成，其中大气中干分量的影响约占总延迟的 90%，湿分量约占 10%。对流层延迟可用天顶方向的干湿延迟分量及其对应的映射函数来表示：

$$\delta_{\mathrm{trop}} = \delta_{\mathrm{zpd}} \cdot M_{\mathrm{d}}(\theta) + \delta_{\mathrm{zpw}} \cdot M_{\mathrm{w}}(\theta) \tag{55-7}$$

式中，δ_{trop} 为传播路径上的对流层总延迟，δ_{zpd}，δ_{zpw} 分别为天顶干、湿延迟分量，M_{d}，M_{w} 分别为干湿分量投影函数，θ 为卫星高度角。

目前常用的对流层延迟改正模型有 Hopfield 模型及改进的 Hopfield 模型、Saastamoinen 模型等。投影函数模型主要有 Niell 模型、VMF1 和 GMF 投影函数，Niell 模型应用较为广泛。

四、与接收机有关的误差及处理策略

1. 接收机钟差

GPS 接收机钟差定义为 GPS 接收机钟面时与标准时间之间的差值。接收机钟一般精度不高，在 PPP 计算时，通常将其当做未知参数进行估计。可以先通过伪距单点定位解算出各历元的接收机钟差，将其作为先验值进行 PPP 迭代计算，解算值为最终结果。

2. 接收机天线相位中心偏差和变化

接收机天线相位中心偏差(PCO)和天线相位中心变化(PCV)是在 PPP 处理中必须要考虑的误差，通过 IGS 的 .atx 改正文件来修正相应的误差。接收机的 PCO 在 IGS 中是以测站地平坐标系中的三个分量(N, E, U)来表示的，计算是需要将其转换至空间直角坐标系下，接收机的 PCV 是通过不同高度角的 PCV 进行线性内插得到的。

五、其他误差及处理策略

1. 地球自转改正

与地球自转相关的误差又称为 Sagnac 效应，由于 GPS 所用的坐标系是地心地固坐标系，不是惯性坐标系。因此，信号从卫星发射时刻 t_1 到接收机接收时刻 t_2 时所对应的测站坐标不同，需要进行地球自转改正。假设卫星发射时刻 t_1 的卫星坐标是 (X_S, Y_S, Z_S)，测站坐标为 (X_R, Y_R, Z_R)，地心地固坐标系围绕地球自转轴旋转的 $\omega\tau$ 个角度(ω 为地球自转角速度，τ 为信号传播时间)，接收机接收时刻为 t_2，卫星坐标为 (X'_S, Y'_S, Z'_S)，则改正公式为：

$$\begin{bmatrix} X'_S \\ Y'_S \\ Z'_S \end{bmatrix} = \begin{bmatrix} \cos\omega\tau & \sin\omega\tau & 0 \\ -\sin\omega\tau & \cos\omega\tau & 0 \\ 0 & 0 & 1 \end{bmatrix} \begin{bmatrix} X_s \\ Y_S \\ Z_S \end{bmatrix} \tag{55-8}$$

由地球自转改正引起的距离改正为：

$$\Delta d = \frac{\omega}{c}(Y_S(X_R - X_S) - X_S(Y_R - Y_S)) \tag{55-9}$$

2. 固体潮改正

太阳和月亮对地球的引力作用，使地球固体表面产生周期性的涨落，称为地球固体潮。固体潮的影响主要由与纬度相关的常数项部分和与日周期、半日周期相关的周期性部分组成，测站坐标在径向上产生约 30cm 和水平方向上 5cm 的系统性误差，改正模型公式如下：

$$\Delta r = \sum_{j=2}^{3} \frac{G_M M_j}{G_M M} \frac{\boldsymbol{r}^3}{\boldsymbol{R}_j^3} \left\{ [3l_2(\hat{\boldsymbol{R}}_j \cdot \hat{\boldsymbol{r}})]\hat{\boldsymbol{R}}_j + \left[3\left(\frac{h_2}{2} - l_2\right)(\hat{\boldsymbol{R}}_j \cdot \hat{\boldsymbol{r}})^2 - \frac{h_2}{2}\right]\hat{\boldsymbol{r}} \right\} + [-0.025 \cdot m\sin\varphi \cdot \cos\varphi \cdot \sin(\theta_G + \lambda)] \cdot \hat{\boldsymbol{r}} \tag{55-10}$$

式中，h_2，l_2 分别为名义二阶 Love 和 Shida 数，$h_2 = 0.085$，$l_2 = 0.609$，G_M 为引力常数，M 为地球总质量，M_j 为月亮($j=2$)和太阳($j=3$)的总质量，$\boldsymbol{r}$ 为测站在地心坐标系下的坐标向量，$\hat{r}$ 为相应的单位矢量，R_j 为太阳和月亮在地心坐标系下的坐标向量，$\hat{\boldsymbol{R}}_j$ 为相应的单位矢量，θ，λ 分别为测站的纬度和经度，θ_G 为格林尼治平恒星时。

五、测试数据与算法实现

1. 数据介绍

示例数据选取 2018 年 5 月 3 日 bjfs 站的观测数据，并用 TEQC 处理只保留 GPS 卫星。其他采用的 IGS 产品文件和改正文件及下载地址见表 55-1。

表 55-1　　数据介绍

类型	文件名	下载地址
观测文件、导航文件	bjfs1230. 18o brdc1230. 18n	ftp://cddis. gsfc. nasa. gov/pub/gps/data/daily/
精密星历和钟差	igs19994. sp3 igs19994. clk	ftp://cddis. gsfc. nasa. gov/pub/gps/products/mgex/
天线改正文件	igs14_1958. atx	ftp://ics. gnsslab. cn/panda_tables/
地球自转参数文件	igs19997. erp	ftp://igs. gnsswhu. cn/pub/gps/products/
码偏差文件	P1C1. DCB P1P2_GPS. DCB	ftp://ftp. aiub. unibe. ch/CODE/

2. 精密单点定位中误差处理策略

误差源处理详见表 55-2。

表 55-2　　误差源处理

误差分类	误差来源	误差改正
与卫星相关	星历误差	IGS 精密星历，内维尔插值
	卫星钟差	IGS 精密钟差产品线性插值
	卫星相位中心偏差和变化	IGS 天线文件改正

续表

误差分类	误差来源	误差改正
与传播路径相关	电离层误差	观测值消电离层组合
	对流层误差	干延迟模型改正，湿延迟参数估计
与接收机相关	接收机钟差	参数估计
	接收机相位中心偏差和变化	IGS天线文件改正
其他误差	地球自转误差	模型改正
	固体潮误差	模型改正

3. 算法流程

算法的设计主要包括以下几个模块：

(1)数据读取模块，包括观测值文件、导航文件、星历文件和钟差文件等的读取。

(2)时间系统，时间系统参考开源代码RTKLIB，包括GPS时、格力高利历、儒略日等相互转换。

(3)矩阵运算，矩阵的转置、求逆以及常用的运算等。

(4)坐标系统，包括空间直角坐标系、大地坐标系、站心坐标系的相互转换。

(5)数据预处理，精密星历和钟差产品的内插，周跳的探测等。

(6)模型改正，包括对流层模型、固体潮模型、地球自转、天线改正等。

(7)标准单点定位模块，包括观测方程的构建，参数估计方法等。

(8)精密单点定位模块，包括消电离层组合观测系数矩阵的建立、卡尔曼滤波等。

算法流程图如图55.1所示。

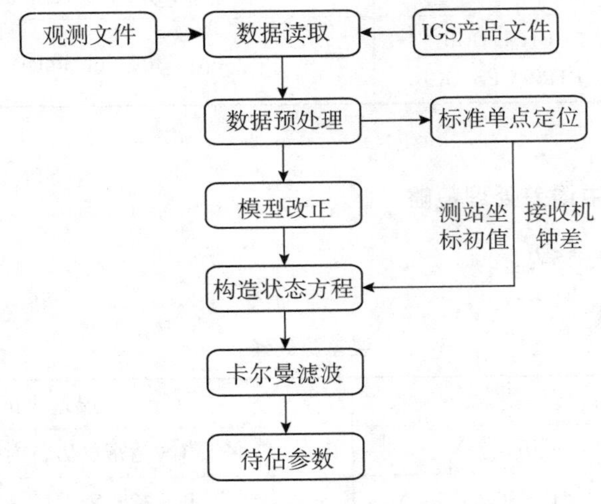

图55.1 算法流程图

七、参考答案

在“https：//github. com/ybli/bookcode/tree/master/Part4-ch04”目录下可查看参考答案、源程序、测试数据。用 C#语言，在 VS2017 上编写代码，构建 GPS 精密单点定位的窗体应用程序。整个程序大致分为三步：(1)读取数据；(2)精密单点定位计算；(3)绘图和结果输出。

(1)读取数据后界面。

图 55. 2 为数据读取后所显示的界面。

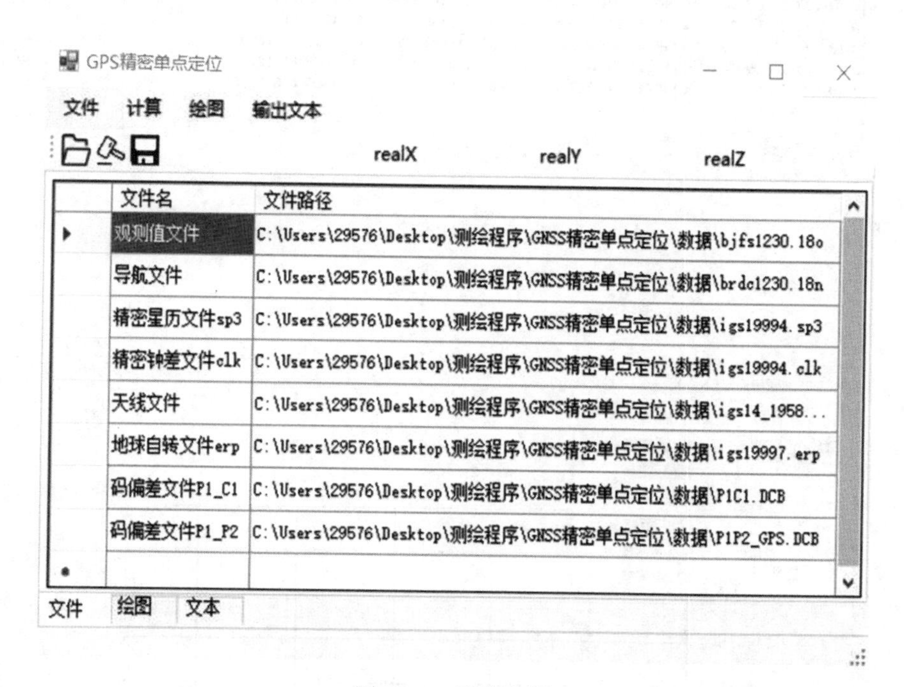

图 55. 2　读取数据

(2)精密单点定位计算。

数据读取完成后，点击“计算”，计算的每个历元的结果将显示在文本选项卡上，如图 55. 3 所示。

(3)绘图与结果输出。

计算完成后，可绘制解算的 X、Y、Z 坐标曲线，同时结合测站的精确坐标可绘制解算结果在 N、E、U 三个方向的偏差曲线，如图 55. 4 所示。

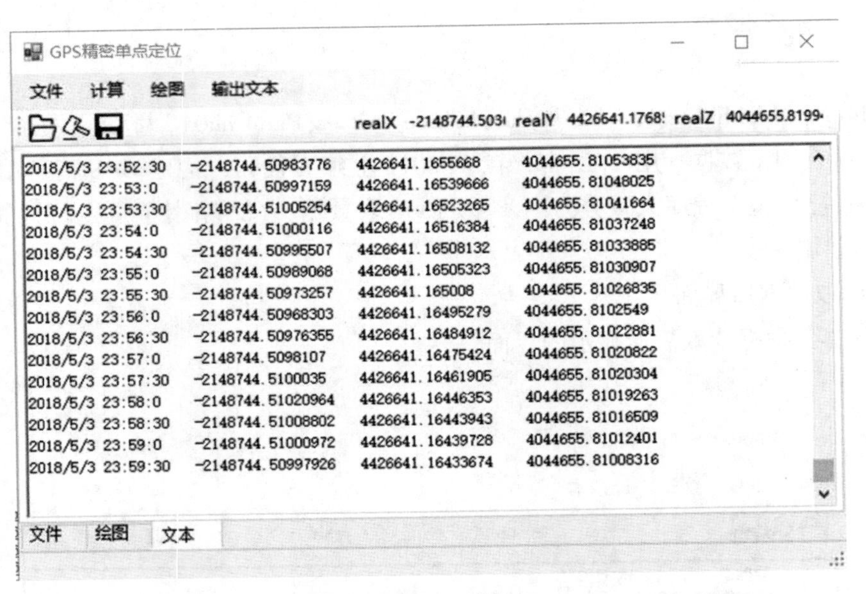

图 55.3　定位计算

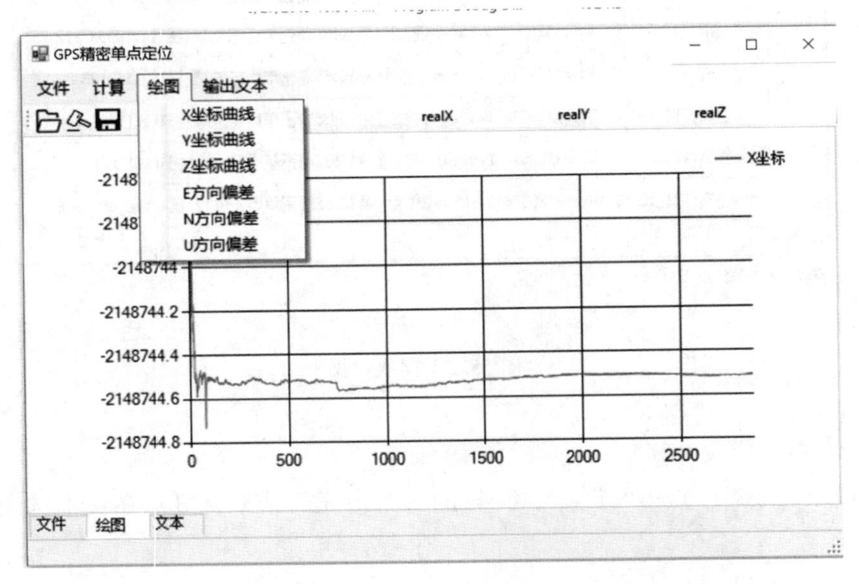

图 55.4　曲线绘制

第 56 章　点云数据处理

（作者：张云生，主题分类：大数据）

LiDAR 是一种主动式对地观测系统，它集成激光测距技术、计算机技术、惯性测量单元(IMU)、DGPS 差分定位技术于一体，为获取高时空分辨率地球空间信息提供了一种全新的技术手段。它具有自动化程度高、受天气影响小、数据生产周期短、精度高等特点。LiDAR 可以直接获取地物目标高精度、密集的三维坐标信息，同时能够获取激光脚点的强度、回波等信息。随着 LiDAR 技术的不断发展，LiDAR 日益成为三维城市建模、土地利用分类、BIM 模型重建、文物保护等应用中数据获取的重要方式。

LiDAR 数据获取过程中，由于行人、仪器噪声影响，原始点云数据不可避免地存在噪声。激光扫描仪在扫描过程中虽然是规则分布，但由于扫描对象分布距离不一，得到的三维点云也呈现为无序状态，因此在点云处理过程中，需要建立空间索引，以便于快速查找点信息。点云处理过程中，法向量的信息是后续点云处理很关键的内容，虽然目前已经有很多方法，但它依然是目前摄影测量与遥感、计算机图形学研究的难点问题。激光点云是建模最重要的数据源，城市空间中，建筑物场景可以被认为是由大量的面片组成。目前流行的室内三维重建所涉及的对象大部分也可以认为是由平面组成的，因此平面特征的提取是点云特征提取中重要的任务之一，基于区域增长的点云平面分割方法借鉴基于区域增长的影像分割方法。

一、数据文件读取

激光点云常用的格式有 Las、e57、txt、pts 格式等。为便于演示，本节处理 txt 格式的数据文件，数据文件名称为“book_pts. txt”文件。数据第一行为点数，第二行开始为(X，Y，Z)坐标。数据内容和格式说明见表 56-1。

表 56-1　数据内容与格式说明

数据内容	格式说明
7100 −578. 68750000 2705. 75000000 57. 95999908 −578. 68750000 2705. 75000000 60. 95999908 −578. 37500000 2705. 75000000 58. 06999969 −578. 62500000 2704. 75000000 58. 00999832 −578. 31250000 2705. 25000000 58. 15000153 −578. 50000000 2704. 50000000 58. 11000061	点数 X Y Z 点坐标

续表

数据内容	格式说明
-577. 93750000 2705. 25000000 58. 43000031 -577. 62500000 2705. 50000000 58. 16999817 -578. 31250000 2704. 25000000 58. 15000153 ……	

此例数据为航空三维激光点云，点云间距约为 10 点/m^2，点云场景为一点型金字塔形屋顶结构，根据高程分层设色，效果如图 56.1 所示。

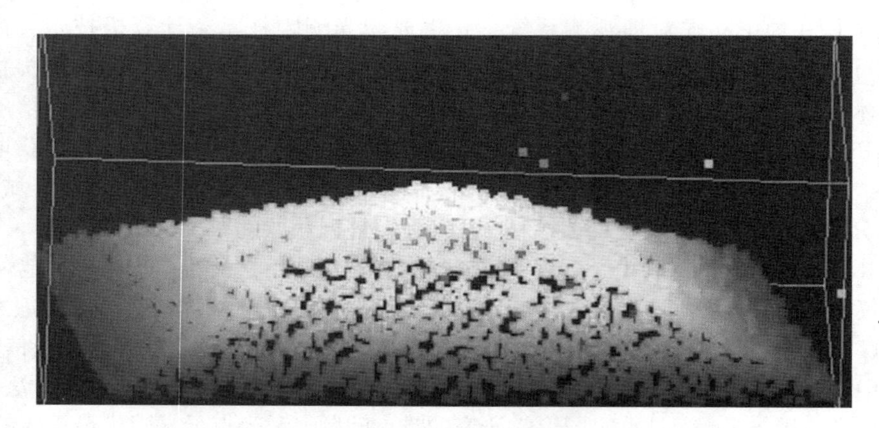

图 56.1　原始点云数据

二、邻域系统与点云索引

相对于栅格存储的影像，三维激光点云表现为杂乱的顺序。而点云处理过程中，经常会涉及当前点及周围相邻其他点。因此，快速搜索周围点成为需要解决的问题，常用的三维点云邻域系统有 *K*-近邻、球邻域、圆柱体邻域。邻域点搜索可以通过 *K-D* 树实现。

K-近邻是指对于给定的某个点坐标，返回距离当前点距离最近的 *K* 个点；球邻域是指对于某个给定的点坐标，距离当前点距离小于 *R* 的所有点组成的点集为球邻域；圆柱体邻域是指对于给定的某个点坐标，距离当前点水平距离小于 *R* 的左右点组成的点集为圆柱体邻域。

K-近邻搜索是给定返回点的数量，可以保证邻域内点的数量，但点密度变化较大时，邻域内的点特征可能发生变化；球邻域和圆柱体邻域是通过指定半径，在点密度不均匀时，可能会存在邻域内点很少的情况。

三维点云的邻域建立可以通过 *K-D* 树实现。*K-D* 树是在 *K* 维欧几里得空间组织点的数据结构，主要应用于多维空间关键数据的搜索。*K-D* 树是空间分割的数据结构，它把二叉搜索树推广到多维数据的检索，它可以组织拥有 *K* 个维度空间里面的点。其与二叉搜索树的不同之处在于它的节点不只拥有一个关键字作为索引，而是有 *K* 个关键字作为索引，每个关键

字都是 K 维空间中的一个维度值。K-D 树中的每层都会选择一个维度作为该层的分辨器(discriminator)，通过比较节点之间该层分辨器的值来分析二叉树分枝的取向。

目前用的较多的 K-D 树实现，一般采用 ANN 库或者 FLANN 库，两者皆采用 C++实现。ANN 库是由马里兰大学 David M. Mount 和 Sunil Arya 两位学者开发，可以从网页 https://www.cs.umd.edu/~mount/ANN/下载。FLANN 库是由 Marius Muja 和 David G. Lowe 开发的，可以从网页 http://www.cs.ubc.ca/research/flann/下载。这两个库都支持 K-近邻搜索和球邻域搜索。进行圆柱体搜索时，仅利用(X，Y)坐标建树即可。FLANN 也集成在了开源库 OpenCV(可以从 https://opencv.org/下载)和 PCL(可以从 https://github.com/PointCloudLibrary 下载)中。

三、基于统计滤波的点云噪声剔除原理

对每一个点的邻域进行统计分析，计算它到所有临近点的平均距离。假设得到的结果是一个高斯分布，其形状是由均值和标准差决定的，那么平均距离在标准范围(由全局距离平均值和方差定义)之外的点，可以被定义为离群点并从数据中去除，算法流程如图 56.2 所示。

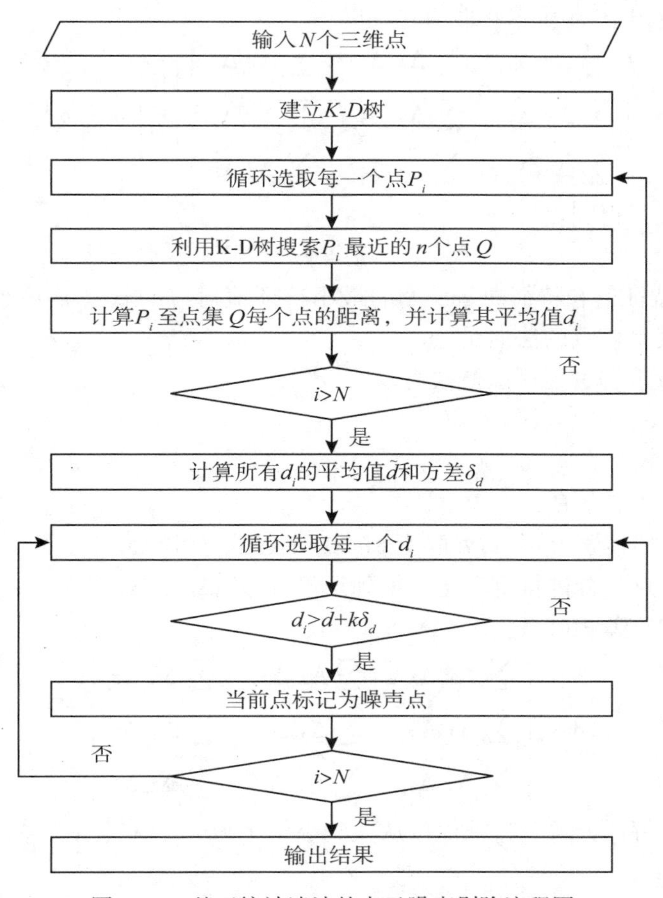

图 56.2　基于统计滤波的点云噪声剔除流程图

四、点云法向量估计原理

要估计点云中某一点的法向量，本质是通过利用该点的 k 个近邻点估计出一个平面，然后将平面的法向量作为该点的法向量。设待拟合的 k 个扫描点 $P_i(x_i, y_i, z_i)$，点 P 的 k 邻域拟合平面 $F(x, y, z)$的方程为：

$$F(x, y, z) = ax + by + cz + d = 0 \tag{56-1}$$

则任一数据点（x_i，y_i，z_i）到该平面的距离为：

$$d_i = ax_i + by_i + cz_i - d \tag{56-2}$$

要获取最佳拟合平面，则需要满足：

$$\varepsilon = \sum_{i=0}^{k} d_i^2 = \min \tag{56-3}$$

把求法向量的问题转化为求极值的问题，即

$$f = \sum_{i=0}^{k} d_i^2 - \gamma(a^2 + b^2 + c^2 - 1) \tag{56-4}$$

分别对 a、b、c、d 4个未知参数求偏导，得

$$\begin{bmatrix} \sum \Delta x_i \Delta x_i & \sum \Delta x_i \Delta y_i & \sum \Delta x_i \Delta z_i \\ \sum \Delta x_i \Delta y_i & \sum \Delta y_i \Delta y_i & \sum \Delta y_i \Delta z_i \\ \sum \Delta x_i \Delta z_i & \sum \Delta y_i \Delta z_i & \sum \Delta z_i \Delta z_i \end{bmatrix} \begin{bmatrix} a \\ b \\ c \end{bmatrix} = \gamma \begin{bmatrix} a \\ b \\ c \end{bmatrix} \tag{56-5}$$

将公式(56-5)简化，得到：

$$\boldsymbol{A}x = \gamma x \tag{56-6}$$

求矩阵 $\boldsymbol{A}$ 的特征值和特征向量，$\boldsymbol{A}$ 的最小特征值对应的就是 ε 最小值，因此最小特征值对应的向量就是该点的法向量。

点云的法向量求解过程可以概括为以下步骤：

(1)输入点云 S；

(2)建立 K-D 树；

(3)循环选取 S 中点 P_i；

(4)利用 K-D 树搜索 P_i 中 k(k 取值 8~20)个近邻点 $Q(X_j, Y_j, Z_j)$；

(5)对 Q 中的点集合进行重心化，得到点集合 $Q'(\Delta x_i, \Delta y_i, \Delta z_i)$；

(6)求 Q'的协方差矩阵 $\boldsymbol{A}$；

$$\boldsymbol{A} = \begin{bmatrix} \sum \Delta x_i \Delta x_i & \sum \Delta x_i \Delta y_i & \sum \Delta x_i \Delta z_i \\ \sum \Delta x_i \Delta y_i & \sum \Delta y_i \Delta y_i & \sum \Delta y_i \Delta z_i \\ \sum \Delta x_i \Delta z_i & \sum \Delta y_i \Delta z_i & \sum \Delta z_i \Delta z_i \end{bmatrix} \tag{56-7}$$

(7)对 $\boldsymbol{A}$ 进行特征分解，特征值按从大到小排序为 λ_2、λ_1、λ_0，λ_0 对应的向量 u_0 为 P_i 点的法向量；

(8)若点没有计算完，返回步骤(3)，直到所有点计算完毕。

五、基于区域增长的点云平面分割

基于区域增长的点云平面分割基本思想是按照某种准则将具有相似性的点集合起来。具体思路：对于待分割的区域找一个种子点(即未被归类的点)作为生长起点，再将种子点周围邻域中与种子点具有相同或相似性质的点，根据事先确定的生长或相似性准则判断是否合并到种子点所在的区域。将这些新的点当作种子点，重复上面的过程，直到没有可满足条件的点包含进来。

在区域增长过程中，种子点的选择对结果有一定的影响，因此选择尽可能为平面的点开始增长，结果将更加稳健，点云局部表面的曲率在一定程度上代表了法向量的变化，因此对于点邻域中的点集，类似于法向量求解的过程，得到当前点重心化后的坐标协方差矩阵 $\boldsymbol{A}$，

$$\boldsymbol{A}=\begin{bmatrix}\sum \Delta x_i\Delta x_i & \sum \Delta x_i\Delta y_i & \sum \Delta x_i\Delta z_i\\ \sum \Delta x_i\Delta y_i & \sum \Delta y_i\Delta y_i & \sum \Delta y_i\Delta z_i\\ \sum \Delta x_i\Delta z_i & \sum \Delta y_i\Delta z_i & \sum \Delta z_i\Delta z_i\end{bmatrix} \tag{56-8}$$

对 $\boldsymbol{A}$ 进行特征分解，特征值按从大到小排序为 λ_2，λ_1，λ_0，则曲率 $c=\lambda_0/(\lambda_2+\lambda_1+\lambda_0)$，曲率 c 反映了法向量的变化。

同一个平面的点云必须满足法向量一致以及点距离小于一定阈值的假设。假设两个点的法向量分别为 (NX_i, NY_i, NZ_i) 和 (NX_j, NY_j, NZ_j)，则夹角 $\theta=\arccos(NX_i\cdot NX_j+NY_i\cdot NY_j, NZ_i+NZ_j)$。基于区域增长的点云平面分割具体流程如下：

(1)输入点云 P，建立一个分割结果标签矩阵 $\boldsymbol{L}$，全部初始化为0，$\boldsymbol{L}$ 用于记录每个点属于哪一个平面；

(2)针对点云 P 建立 K-D 树；

(3)计算所有点的法向量和曲率；

(4)对曲率按从小到大的顺序排序；

(5)选择曲率最小且未聚类点作为种子点，将其添加到种子点队列 S 和当前平面点列表 F 中；

(6)对于每个种子点 S_i，利用 K-D 树按半径 r(r 根据点云间距取3倍点间距)搜索其邻域点集 T_s：对于所有的点 $P_{Ts_j}\in T_S$，且未聚类的点，若其法向量为 $N_{T_{s_j}}$，与种子点的法向量 N_{S_i}夹角小于阈值T，则将点 $P_{T_{s_j}}$ 加入当前平面点列表 Q，同时加入种子点里列表 S 中，并将 $L[i]$赋值为当前平面的 F 序号；移除当前种子点 S_i，将 S_i 从种子点队列 S 中移除；若种子点队列 S 为空，当前平面提取完成。

(7)重置 F，按顺序从曲率列表中搜索出 L 标记为0的点作为种子点，重复步骤(5)，直至所有的点处理完毕。

六、测试结果

三维点云的显示开发需要利用 OpenGL 软件等，要求较长的入门时间。本节采用一种

间接方式，即将结果导出为文件，利用开源工具 CloudCompare（可以从 http：//www. cloudcompare. org/下载）或者 Meshlab（可以从 http：//www. meshlab. net/下载）进行显示。或者利用点云开源库 PCL 的 pcl_visualizer 模块进行显示。

1. 点云噪声剔除结果

对于如图 56. 1 所示的点云数据，滤波前一共有 7100 个点，图 56. 2 流程图中的 n 取值 6，k 取值 3，经过统计滤波方法滤除噪声后，剩余点数为 7018 个点，滤波前后利用 CloudCompare 显示结果，如图 56. 3 所示。

（a）滤波前

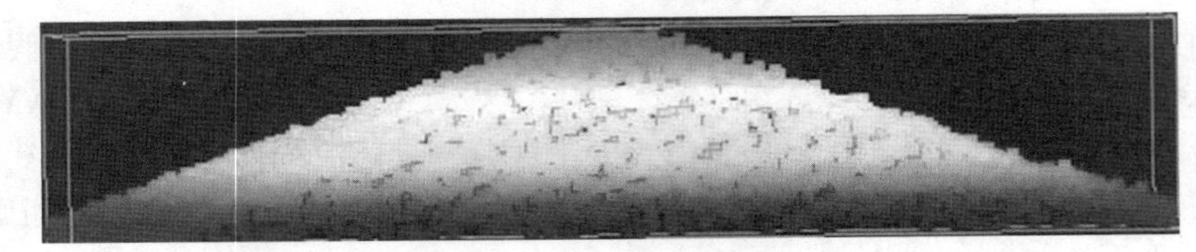

（b）滤波后

图 56. 3　噪声剔除结果

2. 法向量计算结果

对滤波以后的点进行法向量计算，K 取值 20，计算以后保存为 X，Y，Z，Nx，Ny，Nz 的 txt 格式，见表 56-2。然后导入至 CloudCompare 中，按照图 56. 4 的说明设置每一列的属性，然后利用 CloudCompare 将点云保存为二级制 ply 格式，再利用 Meshlab 打开保存的 ply，单击"Render"菜单下的"show vertex Normals"，即可显示法向量，结果如图 56. 5 所示。

表 56-2　**法向量计算结果**

7018
−578. 68750000 2705. 75000000 57. 95999908 −0. 244342 0. 084823 0. 965972
−578. 37500000 2705. 75000000 58. 06999969 −0. 213369 0. 146126 0. 965982
−578. 62500000 2704. 75000000 58. 00999832 −0. 311788 0. 001232 0. 950151
−578. 31250000 2705. 25000000 58. 15000153 −0. 226627 0. 083889 0. 970362
−578. 50000000 2704. 50000000 58. 11000061 −0. 317711 0. 001236 0. 948187
……

1	2	3	4	5	6
coord. X	coord. Y	coord. Z	Nx	Ny	Nz
7018					
-578.68750000	2705.75000000	57.95999908	-0.244342	0.084823	0.965972
-578.37500000	2705.75000000	58.06999969	-0.213369	0.146126	0.965982
-578.62500000	2704.75000000	58.00999832	-0.311788	0.001232	0.950151
-578.31250000	2705.25000000	58.15000153	-0.226627	0.083889	0.970362
-578.50000000	2704.50000000	58.11000061	-0.317711	0.001236	0.948187
-577.93750000	2705.25000000	58.43000031	-0.202679	0.133845	0.970055
-577.62500000	2705.50000000	58.16999817	-0.163700	0.216084	0.962554

图 56.4　法向量导入 CloudCompare

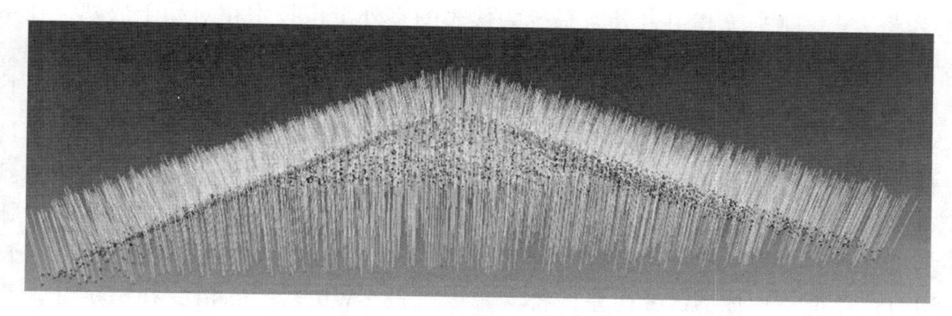

图 56.5　法向量计算结果

3. 点云分割结果

利用区域增长的结果分割为 4 个平面，将每个平面赋值为不同的颜色，结果如图 56.6 所示。

图 56.6　点云分割结果

第57章　基于UWB的室内动态定位

（作者：隋心，主题分类：室内定位）

随着人工智能、智慧城市和无线网络的不断发展，无线定位技术越来越受到人们的关注。以全球卫星导航系统和组合导航系统为代表的室外定位技术相对趋于成熟。在室内定位技术中，超宽带(Ultra-Wide Band，UWB)技术具有巨大的潜力。在室内环境下，UWB技术采用功率谱密度很低，宽度仅为纳秒甚至亚纳秒级的脉冲信号作为通信信号，具有时间分辨率极高、障碍穿透力强等特点。相较于其他室内定位技术，UWB定位技术具有测距定位精度更高、稳定性更强的定位能力，在视距(Line of Sight，LOS)环境下能达到厘米级甚至更高级别的测距定位精度。在室内环境下，障碍物的存在会遮挡UWB的脉冲信号，使信号在传播过程中发生反射、折射以及穿透的现象，构成非视距(None Line of Sight，NLOS)环境，形成NLOS误差，将大幅度降低UWB系统的精度和稳定性，严重时会导致UWB无法测距定位。同时顾及UWB定位的非线性滤波问题，因此有必要采用一种自适应抗差滤波对UWB测距数据进行处理，进而实现UWB高精度室内定位。

本章将首先采用卡尔曼滤波(Kalman Filter，KF)计算预测状态向量及其协方差矩阵，利用无迹卡尔曼滤波(Unscented Kalman Filter，UKF)进行量测更新；然后利用先验阈值和预测残差构建量测噪声的抗差协方差矩阵，减少量测信息异常误差的影响，同时利用自适应因子对算法进行调节和修正，最终有效抑制和消除UWB测距中量测信息异常误差的影响，有效处理状态模型误差的影响，从而提高UWB定位的精度、稳定性和计算效率。

一、UWB基站和测距数据文件读取

编程读取数据文件“UWB基站和测距数据.txt”，部分数据内容和相应的说明见表57-1。数据由两部分组成，分别为UWB基站坐标和UWB测距数据。

表57-1　数据内容和数据格式

数据内容	格式说明
Base1，-12.288，95.31800，0.772 Base2，-11.438，100.674，0.630 Base3，-14.099，99.608，0.727	UWB基站名称，x坐标，y坐标，z坐标

续表

数据内容	格式说明
387.0，2.598，5.014，5.627 387.5，2.601，5.013，5.639 388.0，2.612，4.958，5.633 388.5，2.636，4.971，5.617 389.0，2.684，4.929，5.58 389.5，2.734，4.77，5.504 ……	UWB 流动站观测时间(s)，UWB 流动站与第 1 个基站测距值(m)，UWB 流动站与第 2 个基站测距值(m)，UWB 流动站与第 3 个基站测距值(m)

二、自适应抗差 KF-UKF 的状态方程

将 UWB 流动站安装在移动载体上，假定 UWB 流动站和载体刚性连接，以流动站的位置和速度信息作为状态向量 $\boldsymbol{X} = [p_x \quad p_y \quad p_z \quad v_x \quad v_y \quad v_z]^{\mathrm{T}}$，则有：

$$\begin{cases} p_k = p_{k-1} + v_{k-1}\Delta T + \dfrac{1}{2}a_{k-1}\Delta T^2 \\ v_k = v_{k-1} + a_{k-1}\Delta T \end{cases} \tag{57-1}$$

式中，p_k 和 v_k 分别为 k 时刻流动站的位置和速度信息，x、y 和 z 分别为三个方向，a_k 为 k 时刻流动站的加速度信息，$\Delta T = t_k - t_{k-1}$ 为 UWB 数据采样间隔。假定在时间 $[t_{k-1},\ t_k]$ 内，UWB 流动站的速度变化很小，将加速度信息作为噪声，则得到 UWB 定位的状态方程为：

$$\boldsymbol{X}_k = \boldsymbol{F}_{k,\ k-1}\boldsymbol{X}_{k-1} + \boldsymbol{w}_k \tag{57-2}$$

式中，$\boldsymbol{F}_{k,\ k-1}$ 为系统的状态转移矩阵，$\boldsymbol{w}_k$ 为系统噪声向量，$\boldsymbol{w}_k$ 对应的协方差矩阵为 $\boldsymbol{Q}_k$，且有：

$$\boldsymbol{F}_{k,\ k-1} = \begin{bmatrix} 1 & 0 & 0 & \Delta T & 0 & 0 \\ 0 & 1 & 0 & 0 & \Delta T & 0 \\ 0 & 0 & 1 & 0 & 0 & \Delta T \\ 0 & 0 & 0 & 1 & 0 & 0 \\ 0 & 0 & 0 & 0 & 1 & 0 \\ 0 & 0 & 0 & 0 & 0 & 1 \end{bmatrix},\ \boldsymbol{Q}_k = q\begin{bmatrix} q_{pp} & 0 & 0 & q_{pv} & 0 & 0 \\ 0 & q_{pp} & 0 & 0 & q_{pv} & 0 \\ 0 & 0 & q_{pp} & 0 & 0 & q_{pv} \\ q_{vp} & 0 & 0 & q_{vv} & 0 & 0 \\ 0 & q_{vp} & 0 & 0 & q_{vv} & 0 \\ 0 & 0 & q_{vp} & 0 & 0 & q_{vv} \end{bmatrix} \tag{57-3}$$

式中，q 为系统噪声方差，$q_{pp} = \Delta T^4/4$，$q_{pv} = q_{vp} = \Delta T^3/2$，$q_{vv} = \Delta T^2$。

三、量测方程

UWB 流动站与第 i 个基准站之间的测距为：

$$d_{i,\ k} = \sqrt{(p_{x,\ k} - p_x^i)^2 + (p_{y,\ k} - p_y^i)^2 + (p_{z,\ k} - p_z^i)^2} + n_{i,\ k} \tag{57-4}$$

式中，$d_{i,\ k}$ 为第 k 时刻 UWB 流动站与第 i 个基准站之间的测距信息，p_x^i、p_y^i 和 p_z^i 为第 i 个

UWB 基准站在 x、y 和 z 方向的坐标信息，$n_{i,k}$ 为测距噪声。当 UWB 流动站和基准站之间为 LOS 环境时，$n_{i,k}$ 服从零均值的高斯分布；当 UWB 流动站和基准站之间为 NLOS 环境或测距中出现测距异常值时，$n_{i,k}$ 服从均值不为零的高斯分布。

根据 UWB 流动站和基准站之间的距离公式(57-4)，UWB 定位的量测方程可表达为：

$$\boldsymbol{Z}_k = \boldsymbol{h}(X_k) + \boldsymbol{V}_k \tag{57-5}$$

式中，$\boldsymbol{Z}_k = [d_{1,k} \quad d_{2,k} \quad \cdots \quad d_{M,k}]^{\mathrm{T}}$ 为量测信息，$\boldsymbol{h}(X_k) = [r_{1,k} \quad r_{2,k} \quad \cdots \quad r_{M,k}]^{\mathrm{T}}$，其中 $r_{i,k} = \sqrt{(p_{x,k} - p_x^i)^2 + (p_{y,k} - p_y^i)^2 + (p_{z,k} - p_z^i)^2}$ 为第 i 个 UWB 基准站和流动站之间的真实距离，$\boldsymbol{V}_k = [n_{1,k} \quad n_{2,k} \quad \cdots \quad n_{M,k}]^{\mathrm{T}}$ 为量测噪声，其协方差矩阵为 $\boldsymbol{R}_k$，M 为基准站的总个数。

四、定位估计方法

步骤 1：通过公式(57-5)利用最小二乘方法计算得到滤波初始信息 X_0，初始状态向量的协方差矩阵 $\boldsymbol{P}_0 = E[(X - X_0)(X - X_0)^{\mathrm{T}}]$。

步骤 2：利用 KF 方法计算 k 时刻的预测状态向量及其协方差矩阵：

$$\begin{cases} \hat{\boldsymbol{X}}_{k,k-1} = \boldsymbol{F}_{k-1}\hat{\boldsymbol{X}}_{k-1} \\ \boldsymbol{P}_{k,k-1} = \boldsymbol{F}_{k-1}\boldsymbol{P}_{k-1}\boldsymbol{F}_{k-1}^{\mathrm{T}} + \boldsymbol{Q}_{k-1} \end{cases} \tag{57-6}$$

步骤 3：以 $\hat{\boldsymbol{X}}_{k-1}$ 和 $\boldsymbol{P}_{k-1}$ 作为输入值，利用 UT 变换计算 Sigma 样本点 χ_{k-1}；以 $\hat{X}_{k,k-1}$ 和 $\boldsymbol{P}_{k,k-1}$ 作为输入值，利用 UT 变换计算 Sigma 样本点 ξ_{k-1}，并计算 k 时刻预测的量测信息：

$$\begin{cases} \boldsymbol{\chi}_{k-1} = [\hat{X}_{k-1} \quad \hat{X}_{k-1} + \gamma\sqrt{P_{k-1}} \quad \hat{X}_{k-1} - \gamma\sqrt{P_{k-1}}]^{\mathrm{T}} \\ \boldsymbol{\xi}_{k-1} = [\hat{X}_{k,k-1} \quad \hat{X}_{k,k-1} + \gamma\sqrt{P_{k,k-1}} \quad \hat{X}_{k,k-1} - \gamma\sqrt{P_{k,k-1}}]^{\mathrm{T}} \end{cases} \tag{57-7}$$

$$\begin{cases} \xi_{k,k-1} = h(\xi_{k-1}) \\ \hat{Z}_{k,k-1} = \sum_{i=0}^{2n} W_i^m \xi_{k.k-1}^i \end{cases} \tag{57-8}$$

$$\begin{cases} W_0^m = \lambda/\gamma^2 \\ W_0^c = W_0^m + 1 - \alpha^2 + \beta \\ W_i^m = W_i^c = 0.5/\gamma^2,\ i = 1, 2, \cdots, 2n \end{cases} \tag{57-9}$$

式中，$\gamma = \sqrt{n + \lambda}$，$n$ 为预测状态向量的维数，$\lambda = \alpha^2(n + \kappa) - n$ 为尺度因子，κ 为比例因子，设置为 0 或者 $3 - n$，W_i^m 和 W_i^c 为均值和协方差的权重，α 为很小的正数，通常 $10^{-4} \leqslant \alpha \leqslant 1$，$\beta$ 与 $\hat{X}_{k-1}$ 的先验信息相关，当 $\hat{X}_{k-1}$ 服从高斯分布时 $\beta = 2$。

步骤 4：利用标准化残差向量求量测噪声的抗差协方差矩阵 $\overline{\boldsymbol{R}}_k$：

$$\overline{R}_{k,\ ii} = \begin{cases} R_{k,\ ii} & |r'_{i,\ k}| \leqslant c_i \\ \dfrac{|r'_{i,\ k}|}{c_i} R_{k,\ ii} & |r'_{i,\ k}| > c_i \end{cases} \tag{57-10}$$

$$\begin{cases} \boldsymbol{r}_k = Z_k - \hat{Z}_{k,\ k-1} \\ \sigma r_k = \text{median}(|r_k|)/0.6745 \\ \boldsymbol{r}'_k = \boldsymbol{r}_k/\sigma r_k \end{cases} \tag{57-11}$$

式中，$\boldsymbol{r}_k$ 为预测残差向量，σr_k 为预测残差向量中误差，$\boldsymbol{r}'_k$ 为标准化残差向量，$\overline{R}_{k,\ ii}$ 和 $R_{k,\ ii}$ 分别为 $\overline{R}_k$ 和 R_k 的第 i 个对角元素，由于多个 UWB 基准站和流动站之间互不相关，故量测噪声协方差矩阵的非对角元素为零，c_i 为检测每个测距信息是否出现量测信息异常的阈值，其为一常数，可通过 LOS 环境下 UKF 计算的预测残差值确定。

步骤 5：计算 k 时刻状态向量和量测向量之间的协方差矩阵：

$$\begin{cases} \boldsymbol{P}_{xz} = \sum_{i=0}^{2n} W_i^c [\chi_{k,\ k-1}^i - \hat{X}_{k,\ k-1}] [\xi_{k,\ k-1}^i - \hat{Z}_{k,\ k-1}]^{\mathrm{T}} \\ \boldsymbol{P}_{zz} = \sum_{i=0}^{2n} W_i^c [\xi_{k,\ k-1}^i - \hat{Z}_{k,\ k-1}] [\xi_{k,\ k-1}^i - \hat{Z}_{k,\ k-1}]^{\mathrm{T}} + \boldsymbol{R}_k \end{cases} \tag{57-12}$$

步骤 6：利用残差向量 $\boldsymbol{r}_k$ 估计的协方差矩阵 $\hat{\boldsymbol{P}}_{zz}$ 和理论残差向量协方差矩阵 P_{zz} 计算自适应因子，并调节 k 时刻的增益矩阵和状态向量协方差矩阵，同时计算 k 时刻的状态向量：

$$\eta_k = \begin{cases} 1 & \mathrm{tr}(\hat{\boldsymbol{P}}_{zz}) < \mathrm{tr}(\boldsymbol{P}_{zz}) \\ \mathrm{tr}(\boldsymbol{P}_{zz})/\mathrm{tr}(\hat{\boldsymbol{P}}_{zz}) & \mathrm{tr}(\hat{\boldsymbol{P}}_{zz}) \geqslant \mathrm{tr}(\boldsymbol{P}_{zz}) \end{cases} \tag{57-13}$$

$$\begin{cases} \overline{P}_{xz} = \dfrac{1}{\eta_k} \sum_{i=0}^{2n} W_i^c [\chi_{k,\ k-1}^i - \hat{X}_{k,\ k-1}] [\xi_{k,\ k-1}^i - \hat{Z}_{k,\ k-1}]^{\mathrm{T}} \\ \overline{P}_{zz} = \dfrac{1}{\eta_k} \sum_{i=0}^{2n} W_i^c [\xi_{k,\ k-1}^i - \hat{Z}_{k,\ k-1}] [\xi_{k,\ k-1}^i - \hat{Z}_{k,\ k-1}]^{\mathrm{T}} + \overline{R}_k \end{cases} \tag{57-14}$$

$$\begin{cases} K_k = \overline{P}_{xz} \overline{P}_{zz}^{-1} \\ P_k = \dfrac{1}{\eta_k} P_{k,\ k-1} - \boldsymbol{K}_k \overline{P}_{zz} \boldsymbol{K}_k^{\mathrm{T}} \\ \hat{X}_k = \hat{X}_{k-1} + K_k [Z_k - \hat{Z}_{k,\ k-1}] \end{cases} \tag{57-15}$$

式中，$\hat{\boldsymbol{P}}_{zz} = \boldsymbol{r}_k \boldsymbol{r}_k^{\mathrm{T}}$。上述步骤 1 至步骤 6 为自适应抗差 KF-UKF 的计算流程，其利用先验阈值和预测残差构建量测噪声的抗差协方差矩阵，以降低量测异常的影响，同时利用自适应因子对算法进行调节和修正，防止滤波过程中的发散，从而提高 UWB 导航定位的精度和稳定性。

五、参考源程序

可在"https://github.com/ybli/bookcode/tree/master/Part4-ch06"目录下查看参考答案、源程序、测试数据。

通过上述基于自适应抗差 KF-UKF 的 UWB 动态定位方法对 3 个 UWB 基站、1 个流动站的 711 个历元 UWB 测距数据进行定位解算，计算得到每个历元流动站的位置和速度，并将其输出到计算结果文件中。部分室内动态定位计算结果见表 57-2。

表 57-2 **室内动态定位计算结果**

时间	位置 x 分量	位置 y 分量	速度 x 分量	速度 y 分量
387.0	-10.032	95.926	0.000	0.000
387.5	-10.036	95.932	-0.008	0.013
388.0	-10.046	95.942	-0.018	0.017
388.5	-10.058	95.956	-0.023	0.025
389.0	-10.070	95.968	-0.024	0.025
389.5	-10.067	96.045	-0.009	0.086
390.0	-10.041	96.189	0.018	0.187
390.5	-10.023	96.363	0.019	0.275
391.0	-10.028	96.556	-0.002	0.333
391.5	-10.026	96.738	0.005	0.350
…	…	…	…	…

第58章　用模拟退火算法实现游遍全国重点城市的路径分析

（作者：刘国栋，主题分类：地理信息）

模拟退火算法（Simulated Annealing，SA）是基于蒙特卡洛（Monte-Carlo）迭代求解策略的一种随机寻优算法，其出发点是基于固体物质的退火过程与一般组合优化问题之间的相似性。模拟退火算法从某一较高初温出发，伴随温度参数的不断下降，结合概率突跳特性在解空间中随机寻找目标函数的全局最优解，即在局部最优解能概率性地跳出并最终趋于全局最优。

模拟退火算法是一种通用的优化算法，理论上算法具有概率的全局优化性能。模拟退火算法是通过赋予搜索过程一种时变且最终趋于零的概率突跳性，从而可有效避免陷入局部极小并最终趋于全局最优的串行结构的优化算法。

一、读取数据

采集全国重点城市经纬度坐标，见表58-1。

表58-1　　全国重点城市坐标

城市名	经度	纬度	城市名	经度	纬度
北京	116.46667	39.90000	合肥	117.30000	31.85000
上海	121.48333	31.23333	南京	118.83333	32.03333
天津	117.18333	39.15000	杭州	120.15000	30.23333
重庆	106.53333	29.53333	长沙	113.00000	28.18333
哈尔滨	126.68333	45.75000	南昌	115.86667	28.68333
长春	125.31667	43.86667	武汉	114.35000	30.61667
沈阳	123.40000	41.83333	成都	104.08333	30.65000
呼和浩特	111.80000	40.81667	贵阳	106.70000	26.58333
石家庄	114.46667	38.03333	福州	119.30000	26.08333
太原	112.56667	37.86667	台北	121.51667	25.05000
济南	117.00000	36.63333	广州	113.25000	23.13333
郑州	113.70000	34.80000	海口	110.33333	20.03333
西安	108.90000	34.26667	南宁	108.33333	22.80000

续表

城市名	经度	纬度	城市名	经度	纬度
兰州	103.81667	36.05000	昆明	102.68333	25.00000
银川	106.26667	38.33333	拉萨	91.16667	29.66667
西宁	101.75000	36.63333	香港	114.16667	22.30000
乌鲁木齐	87.60000	43.80000	澳门	113.50000	22.20000

二、路径分析算法

1. 游遍全国重点城市(TSP)问题的解空间和初始解

游遍全国重点城市(TSP)的解空间 S 是遍历每个城市恰好一次的所有回路，是所有城市排列的集合。TSP 问题的解空间 S 可表示为{1，2，…，n}的所有排列的集合，即 $S=\{(c1, c2, \cdots, cn) \mid ((c1, c2, \cdots, cn)$为$\{1, 2, \cdots, n\}$的排列$)\}$，其中每一个排列 S_i 表示遍访 n 个城市的一个路径，$c_i=j$ 表示在第 i 次访问城市 j。模拟退火算法的最优解与初始状态无关，故初始解为随机函数生成一个{1，2，…，n}的随机排列作为 S_0。

2. 目标函数

游遍全国重点城市(TSP)问题的目标函数即为访问所有城市的路径总长度，也可称为代价函数：

$$C(c_1, c_2, \cdots, c_n)=\sum_{i=1}^{n+1} d(c_i, c_{i+1})+d(c_1, c_n) \tag{58-1}$$

游遍全国重点城市(TSP)问题的求解则是通过模拟退火算法求出目标函数 $C(c_1, c_2, \cdots, c_n)$ 的最小值，最小值 $S^*=(c_1^*, c_2^*, c_3^*, \cdots, c_n^*)$ 即为 TSP 问题的最优解。

3. 新解产生

新解的产生对问题的求解非常重要。新解可通过交替使用以下两种方法产生：

(1)二变换法：任选序号 u，v，交换 u 和 v 之间的访问顺序，若交换前的解为 $S_i=(c_1, c_2, \cdots, c_u, \cdots, c_v, \cdots, c_n)$，则交换后的路径为新路径，即

$$S_i'=(c_1, c_2, \cdots, c_{u-1}, c_v, c_{v-1}, \cdots, c_{u+1}, c_u, c_{v+1}, \cdots, c_n) \tag{58-2}$$

(2)三变换法：任选序号 u，v 和 $w(u \leqslant v, w)$，将 u 和 v 之间的路径插到 w 之后访问，若交换前的解为 $S_i=(c_1, c_2, \cdots, c_u, \cdots, c_v, \cdots, c_w, \cdots, c_n)$ 则交换后的路径为新路径，即

$$S_i'=(c_1, c_2, \cdots, c_{u-1}, c_{v+1}, \cdots, c_w, c_u, \cdots, c_v, c_{w+1}, \cdots, c_n) \tag{58-3}$$

4. 目标函数差

计算变换前的解和变换后目标函数的差值：

$$\Delta c' = c(S'_i) - c(S_i) \tag{58-4}$$

5. Metropolis 接受准则

根据目标函数的差值和概率 $e^{\left(-\frac{\Delta C'}{T}\right)}$ 接受 S'_i 作为新的当前解 S_i，接受准则：

$$P = \begin{cases} 1, & \Delta c' < 0 \\ e^{\left(-\frac{\Delta C'}{T}\right)}, & \Delta c' > 0 \end{cases} \tag{58-5}$$

三、程序实现

1. 算法实现流程

根据以上对 TSP 的算法描述，可以写出用模拟退火算法解 TSP 问题的流程，如图 58.1 所示。

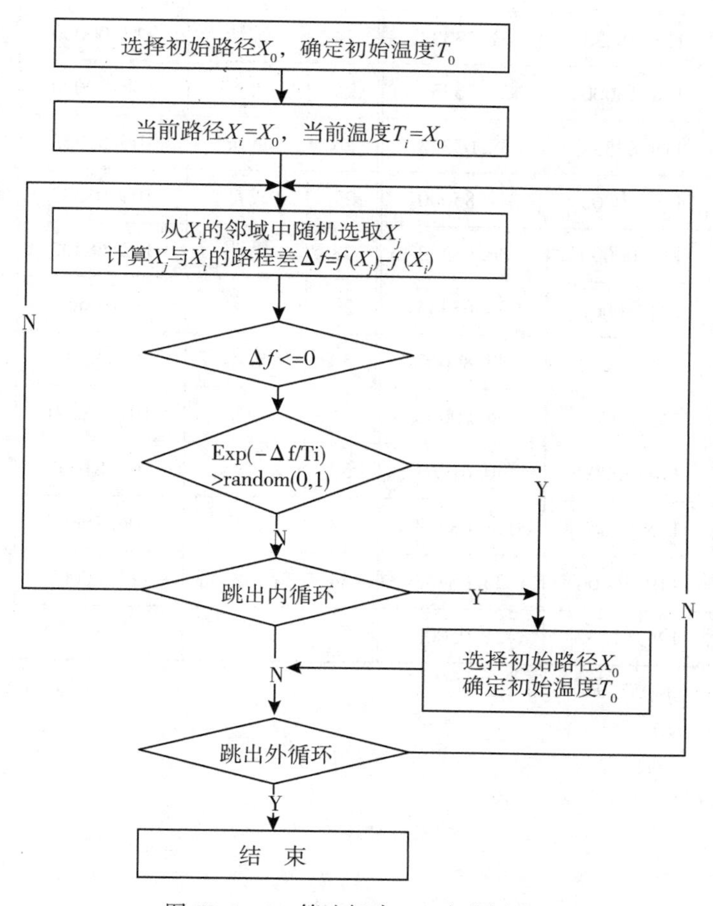

图 58.1　SA 算法解决 TSP 问题流程

2. 计算结果

游遍全国重点城市最优路径的计算结果见表 58-2，图形如图 58. 2 所示。

表 58-2 **最 优 路 径**

#	城市名	经度	纬度	#	城市名	经度	纬度
0	呼和浩特	111. 80000	40. 81667	18	香港	114. 16667	22. 30000
1	北京	116. 46667	39. 90000	19	澳门	113. 50000	22. 20000
2	天津	117. 18333	39. 15000	20	广州	113. 25000	23. 13333
3	沈阳	123. 40000	41. 83333	21	海口	110. 33333	20. 03333
4	长春	125. 31667	43. 86667	22	南宁	108. 33333	22. 80000
5	哈尔滨	126. 68333	45. 75000	23	贵阳	106. 70000	26. 58333
6	上海	121. 48333	31. 23333	24	长沙	113. 00000	28. 18333
7	杭州	120. 15000	30. 23333	25	西安	108. 90000	34. 26667
8	南京	118. 83333	32. 03333	26	重庆	106. 53333	29. 53333
9	合肥	117. 30000	31. 85000	27	成都	104. 08333	30. 65000
10	济南	117. 00000	36. 63333	28	昆明	102. 68333	25. 00000
11	石家庄	114. 46667	38. 03333	29	拉萨	91. 16667	29. 66667
12	太原	112. 56667	37. 86667	30	乌鲁木齐	87. 60000	43. 80000
13	郑州	113. 70000	34. 80000	31	西宁	101. 75000	36. 63333
14	武汉	114. 35000	30. 61667	32	兰州	103. 81667	36. 05000
15	南昌	115. 86667	28. 68333	33	银川	106. 26667	38. 33333
16	福州	119. 30000	26. 08333	34	呼和浩特	111. 80000	40. 81667
17	台北	121. 51667	25. 05000				

最佳距离：162. 63405729617386

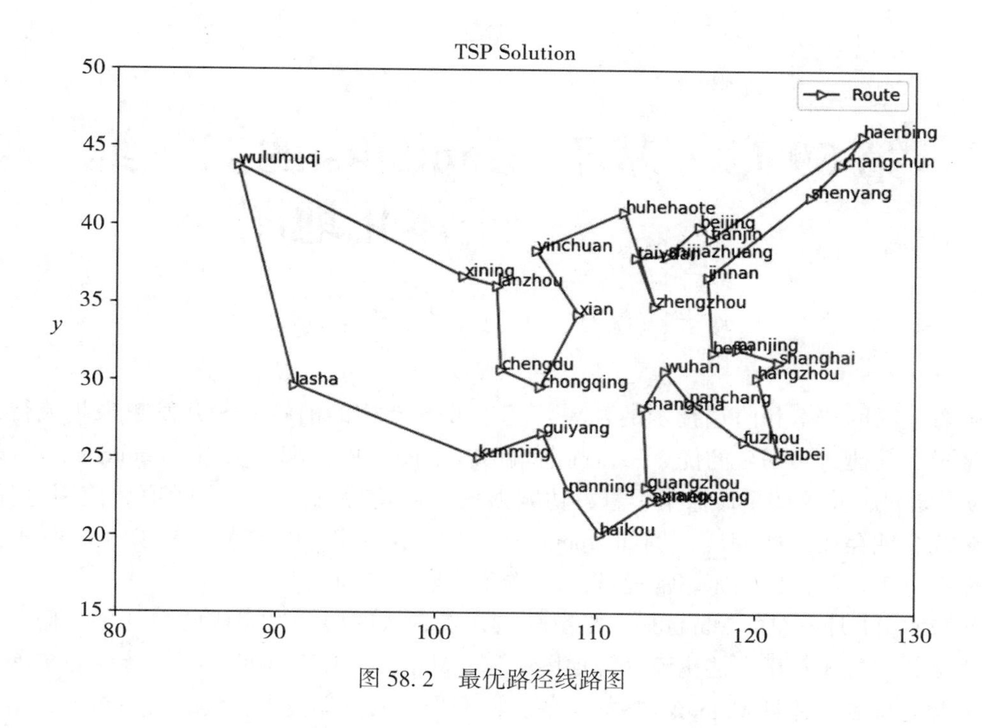

图 58. 2　最优路径线路图

第59章　基于 Maptalks 的二三维一体化地图

（作者：黄奎，主题分类：地理信息）

随着互联网技术和前端技术的发展，基于 B/S 架构的前端 GIS 开发越来越流行，它具有轻量、简捷、跨平台的优点。目前前端 GIS 地图渲染框架主要有 Openlayer、ArcGIS、Leaflet，Mapbox。这些主流渲染引擎，功能强大，各具特色，但在实际项目使用过程中，却或多或少地存在一些问题。例如 Openlayers 有版本不兼容的情况，ArcGIS 采用 dojo 框架，显得过于笨重，Leaflet 非常轻量，但目前不支持 WebGL。

2017 年 11 月发布的 Maptalks，是由国内开发者从底层开发完成的，且至今仍在不停地迭代更新中。相较于上述主流开源地图引擎，Maptalks 具有轻量、高性能、易扩展、二三维结合的特点，并且 Maptalks 功能完备，拥有最新的前端技术，没有历史包袱，结构组织合理，语法简洁明了，也经历过多个大型实际项目的考验。由于其极强的扩展性，很多开发者基于 Maptalks 编写了大量的插件，如与 echarts、cesium、three. js 的结合等。

随着计算机图形学的日趋成熟，其在游戏、工业设计、虚拟现实等领域的应用已经形成了一整套非常完善的系统。而在前端开发方面，借助于 WebGL 的高性能渲染技术才刚刚开始。Maptalks 除了能够满足 GIS 领域常规功能的开发外，通过 WebGL 技术，其在 GIS 海量数据的渲染性能方面也得到了极大提升，且在数据的可视化方面借助于计算机图形学的渲染方法，如 PBR、IBL 等，对空间数据和地图符号的表达效果更好，也更加客观真实。

一、地图二三维一体化的架构设计

Maptalks 总体架构主要由三部分组成，分别是 Map（地图）、Layer（图层）、Geometry（几何对象），呈现自上而下的分层结构体系。一个 Map 对象用来管理多个不同图层，一个 Layer 用来管理多个 Geometry。Map 负责总体调度和展现，Layer 负责数据的管理和渲染，Geometry 则负责数据结构的组织和符号的表达。其中，Map 与 Geometry 之间不产生直接联系。图层与图层之间也互不联系。

与二维地图相比，三维地图更接近于人的视觉习惯，也更加直观真实，同时在数据的展现与空间关系的表达上更具有优势，但是在很多方面又不能完全取代二维地图。一方面，三维数据的获取、处理和管理相对来说成本过高；另一方面，GIS 数据具有海量数据的特点，有较高的硬件要求和技术瓶颈，能够将两者充分融合和合理利用起来才是关键。基于此，Maptalks 利用前端 WebGL 技术，将计算机图形学的技术引入 Maptalks 中，赋予上层开发人员通过简单的交互控制，可无障碍地实现二三维场景的切换和数据的渲染，兼具二维地图和三维地图的特点和优势，其一体化主要体现在以下几个方面：

（1）二三维数据的一体化渲染，支持丰富的二三维数据格式，如 geojson、gltf、3dtiles 等。

（2）符号的一体化表达，二维地图上的符号在三维地图上同样能够渲染。

（3）接口的一体化，二维地图和三维地图使用同一套 API 接口。

下面将从 Maptalks 的图层、瓦片系统、符号系统、服务端渲染进行介绍。

1. 图层

图层是 Maptalks 地图的核心，例如，地图用 TileLayer 加载底图瓦片，用 VectorLayer 加载矢量数据，用热力图图层绘制热力数据等。每个图层都是一个独立的系统，具有以下特点：

（1）独立：图层之间没有联系。

（2）系统：每个图层有自己独立的数据格式、渲染逻辑、交互过程、空间算法等。

（3）继承：子图层可以选择性地继承父图层方法，例如继承数据格式，但采用新的渲染方式。

可以用图层绘制简单的点线面或加载复杂的地形数据，也可以用图层绘制复杂的交互动画，它们都是图层。Maptalks 的核心图层主要有：

（1）TileLayer：用来加载底图瓦片，TileLayer 用 Tile System/tile-system 来配置不同的瓦片系统。

（2）VectorLayer：用来加载矢量数据，包括 Marker，LineString，Polygon，MultiPoint，MultiLineString，MultiPolygon，GeometryCollection 和一些扩展图形，例如 Curve，Ellipse，Rectangle 等。

（3）CanvasLayer：绘制在 canvas 上的图层，提供了 canvas 的绘图接口，方便用户定制自己的 canvas 绘制逻辑，它还提供了一些方法用于创建动画。

（4）ParticleLayer：是 CanvasLayer 的子类，在 CanvasLayer 基础上封装了粒子动画的绘制逻辑，只需要实现 getParticles 方法，就能在地图上画出各种粒子动画。

（5）CanvasTileLayer：是 TileLayer 的子类，与 TileLayer 不同的是，其每个 Tile 是一个独立的 Canvas，而不是 Image。

Maptalks 的常用插件图层有：

（1）ClusterLayer：点聚合图层，可以将图层上大量的 Marker 聚合起来，并显示为聚合点，是 VectorLayer 的子类。

（2）HeatLayer：热力图图层，用来绘制热力图效果。

（3）AnimateMarkerLayer：动画 Marker 图层，用来绘制 Marker 的动画效果。

2. 瓦片系统(Tile System)

在 GIS 开发项目中，开发人员需要处理不同 CRS 系统的各种瓦片地图服务。Maptalks 提供了多种不同系统加载瓦片服务。

为了优化地图检索和显示的性能，渲染的地图被切割成地图瓦片(通常每个 256×256 像素)。因此，我们只需要加载填充地图容器所需的瓦片。在瓦片服务中，每张地图始终由多张瓦片系统组织。在典型的瓦片系统中，每张瓦片在 *X* 轴和 *Y* 轴上用数字索引，称为瓦片坐标。平铺坐标的值随投影系统和缩放级别而变化。瓦片系统还在 *X* 轴和 *Y* 轴上定义了瓦片的测距顺序。因此，加载地图瓦片可分为两个步骤：

(1)计算当前地理坐标上的切片坐标；

(2)根据测距顺序加载切片。

平铺坐标，以 Bing Map 的 tile 系统为例，OpenStreetMap 和 mapbox 也使用了该系统。Tile 的坐标从左上角的原点(0，0)开始，到右下角的(Math. pow(2，level)-1，Math. pow(2，level)-1)，如图 59.1 所示。

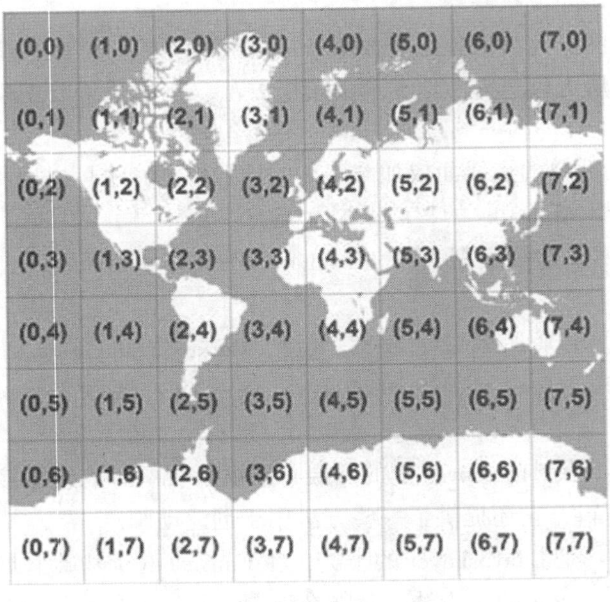

(0,0)	(1,0)	(2,0)	(3,0)	(4,0)	(5,0)	(6,0)	(7,0)
(0,1)	(1,1)	(2,1)	(3,1)	(4,1)	(5,1)	(6,1)	(7,1)
(0,2)	(1,2)	(2,2)	(3,2)	(4,2)	(5,2)	(6,2)	(7,2)
(0,3)	(1,3)	(2,3)	(3,3)	(4,3)	(5,3)	(6,3)	(7,3)
(0,4)	(1,4)	(2,4)	(3,4)	(4,4)	(5,4)	(6,4)	(7,4)
(0,5)	(1,5)	(2,5)	(3,5)	(4,5)	(5,5)	(6,5)	(7,5)
(0,6)	(1,6)	(2,6)	(3,6)	(4,6)	(5,6)	(6,6)	(7,6)
(0,7)	(1,7)	(2,7)	(3,7)	(4,7)	(5,7)	(6,7)	(7,7)

图 59.1 平铺坐标

Maptalks 的坐标系统使用 4 位数组来指示 tile 服务的 tile 系统([sx，sy，ox，oy])，具体含义是：对于 sx，tile 从左到右的顺序，1 表示增加，-1 表示减少；对于 sy，tile. y 从下到上的顺序，1 表示增加，-1 表示减少；对于 ox，像素坐标的原点 *x* 表示图块坐标；对于 oy，像素坐标的原点 *y* 表示图块坐标。

瓦片示例如图 59.2 所示。

```
//osm's tile service with default tileSystem, so we don't need to specify in options
new maptalks. TileLayer("osm", {
    //tileSystem: [1, -1, -20037508. 34, 20037508. 34],
     urlTemplate: 'http: //{s}. tile. openstreetmap. org/{z}/{x}/{y}. png',
     subdomains : ['a','b','c']
});
```

图 59. 2　瓦片系统示例

3. 符号系统(Symbol System)

Maptalks 构建起了一套完善的符号体系。支持多种符号样式设置，通过各种符号的组合使用可以表达出丰富的符号效果，其支持的符号属性设置如图 59. 3 所示。

Marker	Text	Polygons and Lines
• markerOpacity	• textPlacement	• lineColor
• markerWidth	• textFaceName	• lineWidth
• markerHeight	• textFont	• lineDasharray
• markerDx	• textWeight	• lineOpacity
• markerDy	• textStyle	• lineJoin
• markerHorizontalAlignment	• textSize	• lineCap
• markerVerticalAlignment	• textFill	• linePatternFile
• markerPlacement	• textOpacity	• lineDx
• markerRotation	• textHaloFill	• lineDy
• markerFile	• textHaloRadius	• polygonFill
• markerType	• textHaloOpacity	• polygonOpacity
• markerFill	• textWrapWidth	• polygonPatternFile
• markerFillPatternFile	• textWrapCharacter	
• markerFillOpacity	• textLineSpacing	
• markerLineColor	• textHorizontalAlignment	
• markerLineWidth	• textVerticalAlignment	
• markerLineOpacity	• textAlign	
• markerLineDasharray	• textRotation	
• markerLinePatternFile	• textDx	
• markerPath	• textDy	
• markerPathWidth		
• markerPathHeight		

图 59. 3　符号属性设置

4. 服务端渲染

Maptalks 支持节点环境中的 SSR(服务器端呈现)。它对于 pdf、docs 生成等服务器端应用程序非常有用。SSR 的使用方式与浏览器端没有太大区别，只需要在服务端的 canvas（例如 node-canvas）上实例化一个 map 对象就可以了。

用于服务器端呈现的图层只需要满足两点要求即可：图层必须是可序列化的；图层必须由 canvas 或 WebGL 渲染（通过 headless-gl）。

二、Maptalks 插件介绍

Maptalks 在设计上高内聚、低耦合，开发者可以基于它开发出满足自己功能需求的各种插件，其插件开发的主步骤如下：

1. 基础知识的准备

由于 Maptalks 采用 es6 进行开发，所以在开发插件之前，需要对如下知识有所了解：（1）ES6 语法（ES2015）；（2）Node 开发环境；（3）Gulp；（4）Babel. js；（5）Rollup. js。

2. 编写代码

将已有 Maptalks 插件的工程拷贝过来，工程中已经存在一些必要的脚手架，其工程目录结构如图 59. 4 所示。

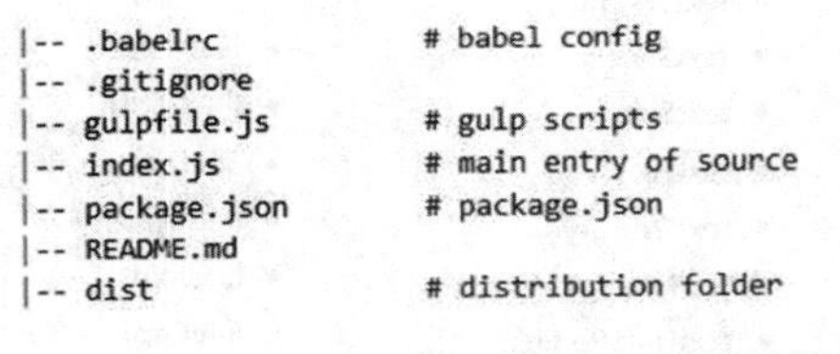

图 59. 4　工程目录结构

然后用 npm install 安装依赖项，编写代码，进行单元测试等。最后，创建自己的 github 仓库，并上传插件代码，打包发布。

3. 图层插件开发

图层是 Maptalks 的核心概念，可以基于 Maptalks 创建自己的图层，来可视化数据，实现复杂的交互，载入自定义格式数据等。因此，图层插件在 Maptalks 的插件开发中比较常见，例如 echarts 图层、cesium 图层插件等。这里以一个简单的绘制文字的图层插件开发为例进行说明。

首先，声明一个新的 class，继承 Maptalks. Layer，就创建了一个最简单的图层类。

其次，创建图层渲染器 renderer 负责图层的绘制、交互和事件监听等，可以使用任何图形技术来实现图层渲染器，如 Canvas 2D、WebGL、SVG 或 HTML+CSS。一个图层可以有多个渲染器，例如 TileLayer 有 gl 和 canvas（默认）两个渲染器，使用哪一个渲染器由图层的 options. renderer 来决定。

再次，实现业务逻辑方法，实现相关功能，比如在指定的坐标上绘制文字，添加一些必要的方法，用来：

(1)获取或更新数据；

(2)定义默认配置，包括字体、文字颜色；

(3)绘制文字；

(4)实现事件监听。

最后，可以实现一些高级技巧，例如载入外部图片资源，交互绘制(drawOnInteracting)，图层动画等。

在图层插件开发过程中，涉及的重要的核心接口和方法有：

(1)this. canvas：成员变量，渲染器的canvas画布对象；

(2)this. context：成员变量，渲染器canvas画布的CanvasRenderingContext2D；

(3)onAdd()：可选实现的回调函数，图层第一次加载绘制时调用；

(4)onRemove()：可选实现的回调函数，图层从map移除时调用，可以用来释放本地创建的资源；

(5)setToRedraw()：设置CanvasRenderer为重绘状态，请求map调用draw、drawOnInteracting重绘，并重绘图层的canvas；

(6)setCanvasUpdated()：设置CanvasRenderer的Canvas为更新状态，请求map重画图层的canvas，但不会调用draw/drawOnInteracting重绘；

(7)getCanvasImage()：获取图层的canvas图像，返回的对象格式为：{image：canvas画布，layer：图层对象，point：左上角containerPoint，size：画布大小}；

(8)createCanvas()：创建canvas画布，并进行必要的设置；

(9)onCanvasCreate()：图层canvas画布创建后的回调函数；

(10)prepareCanvas()：绘制前，预备canvas，清除canvas，如果图层有mask，则调用clip方法设置canvas遮罩；

(11)clearCanvas()：清除canvas；

(12)resizeCanvas(size)：按照参数size，设置canvas的高宽(默认使用地图的高宽)；

(13)completeRender()：绘制结束后的调用方法，触发必要的事件，并调用setCanvasUpdated请求重画图层的canvas。

三、现阶段三维地图渲染引擎功能与进一步规划

目前，Maptalks的基础渲染功能已经完成，现阶段正在对三维部分的渲染能力进行加强，在充分利用WebGL技术的基础上，引入了计算机图形学的很多概念，诸如PBR、实时渲染、后处理等技术，力求能够更加高效真实地表现我们的三维场景。主要的规划如下：

(1)API接口方面更加简单、友好和易用。

(2)矢量瓦片技术与传统的瓦片图相比，矢量瓦片在渲染性能，地理要素的表达，符号、文字等绘制方面更加清晰，总体效果更好。

(3) gltf 三维模型的渲染，如模型的材质、动画、骨骼动画等的表达。
(4) 引入 PBR、实时渲染、后处理等技术。

四、样例程序

1. "Hello World"示例

Maptalks 的"Hello World"源码如图 59. 5 所示，显示效果如图 59. 6 所示。

```
<! DOCTYPE>
<html>
<head>
    <meta charset="UTF-8" />
    <title>Maptalks Quick Start</title>
    <link rel="stylesheet" href="https://cdn.jsdelivr.net/npm/maptalks/dist/ maptalks.css">
    <script type="text/javascript" src="https://cdn.jsdelivr.net/npm/maptalks/dist/maptalks.min.js">
</script>
</head>
<body>
<div style="width:800px;height:600px;" id="map"></div>
<script type="text/javascript">
  var map = new maptalks.Map('map', {
    center: [0, 0],
    zoom: 2,
    baseLayer: new maptalks.TileLayer('base', {
    'urlTemplate' : 'http://{s}.basemaps.cartocdn.com/light_all/{z}/{x}/ {y}.png',
      'subdomains'  : ['a','b','c','d'],
      'attribution'  : '&copy; <a href="http://www.osm.org/copyright">OSM</a> contributors, '+'
&copy; <a href="https://carto.com/attributions">CARTO</a>'
    })
  });
</script>
</body>
</html>
```

图 59. 5 "Hello World"源码

2. 插件样例程序

(1) maptalks. mapboxgl：一款可以将 mapbox-gl-js 作为图层添加到 Maptalks 地图上的插

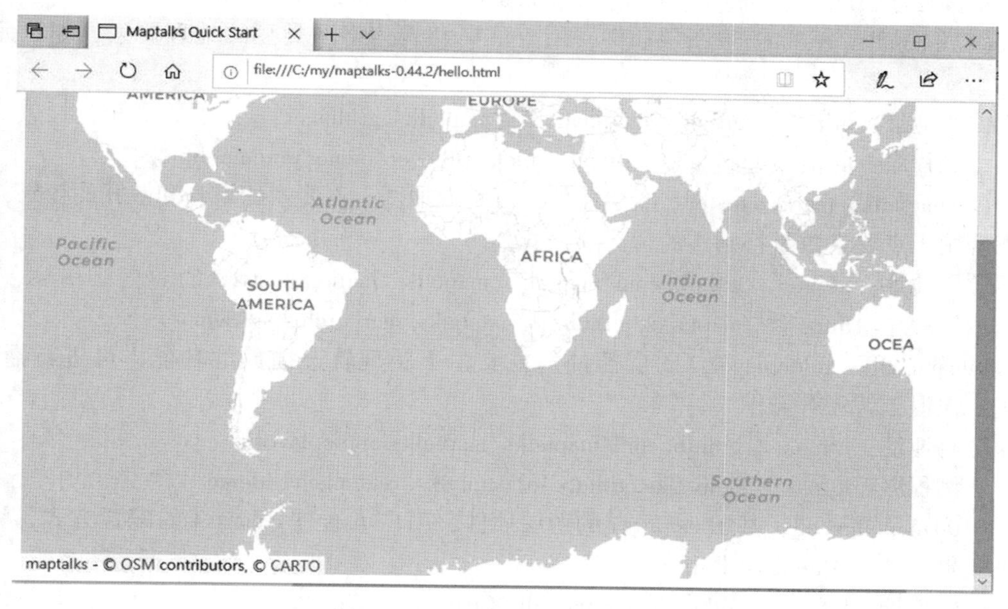

图 59.6　“Hello World”运行结果

件，方便 Mapbox 开发人员基于 Maptalks 进行开发。

源码地址：https：//github. com/maptalks/maptalks. mapboxgl；

示例程序：http：//maptalks. org/maptalks. mapboxgl/demo/。

(2) maptalks. d3：基于 D3. js 开发的图层插件，可以将 D3 渲染的图形作为图层加到 Maptalks 地图上去。

源码地址：https：//github. com/maptalks/maptalks. d3；

示例程序：http：//maptalks. org/maptalks. d3/demo/choropleth. html。

(3) maptaks. odline：一款基于 echarts2 的图层插件，主要用于表现地图上空间要素的迁徙、移动效果。

源码地址：https：//github. com/maptalks/maptalks. odline；

示例程序：http：//maptalks. org/maptalks. odline/demo/curves. html。

(4) maptalks. animatemarker：图层类插件，用于表现点要素的呼吸动画效果。

源码地址：https：//github. com/maptalks/maptalks. animatemarker；

示例程序：http：//maptalks. org/maptalks. animatemarker/demo/。

(5) maptalks. heatmap：图层类插件，可以用于渲染热力图效果。

源码地址：https：//github. com/maptalks/maptalks. heatmap；

示例程序：http：//maptalks. org/maptalks. heatmap/demo/。

(6) maptalks. three：一款基于 three. js 的图层类插件，可以将 three. js 的三维渲染功能移植到 Maptalks 地图上来。

源码地址：https：//github. com/maptalks/maptalks. three；

示例程序：http：//maptalks. org/maptalks. three/demo/buildings. html。

(7) maptalks. gridlayer：图层插件，用于渲染和表达格网类型的地理要素，如单元网格等。

源码地址：https：//github. com/maptalks/maptalks. gridlayer；

示例程序：http：//maptalks. org/maptalks. gridlayer/demo/random. html。

(8) maptalks. markerculster：图层插件，可实现地图上点要素的聚合和散开的效果，比较适合用于点要素数量特别多的情况。

源码地址：https：//github. com/maptalks/maptalks. markercluster；

示例程序：https：//maptalks. github. io/maptalks. markercluster/demo/。

(9) maptalks. routeplayer：图层插件，主要用于展现轨迹播放的功能，可进行播放、快进、快退、暂停等操作。

源码地址：https：//github. com/maptalks/maptalks. routeplayer；

示例程序：https：//maptalks. github. io/maptalks. routeplayer/demo/。

(10) maptalks. e3：基于 echarts3 的图层插件，用户可通过 echarts3 的配置方式，将其渲染效果移植到 Maptalks 上来。

源码地址：https：//github. com/maptalks/maptalks. e3；

示例程序：https：//maptalks. github. io/maptalks. e3/demo/bus. html。

(11) maptalks. e4：基于 echarts4 的图层插件，用户可通过 echarts4 的配置方式，将其渲染效果移植到 Maptalks 上来。

源码地址：https：//github. com/maptalks/maptalks. e4。

第60章　共享单车数据的挖掘分析与辅助决策

（作者：白璐斌、黄舒哲、李超、赵昊，主题分类：大数据）

从2014年开始，各种颜色的共享单车开始出现在我国各个城市的大街小巷。共享单车的普及有效地解决了城市的“最后一公里”问题，给人们的生活带来了极大的便利。然而，在实际中共享单车的使用仍存在着许多问题，比如用户用车难，单车停放不合理影响城市秩序，自行车道的建设与规划不够完善等。为了解决上述问题，使共享单车更好地服务于我们的生活，许多学者提出了不同的研究思路。大数据与机器学习技术的兴起，为我们解决这一城市问题提供了新的思路——对共享单车的分布数据进行挖掘分析，发现用户使用单车的规律，进而辅助决策规划。

一、软件系统设计

我们开发了摩拜单车时空大数据挖掘分析与辅助系统，使用以下开发语言：Python、HTML、Javascript，基于的开发平台包括：django和Arcgis for Javascript。

1. 系统架构设计

图60.1给出了单车时空数据挖掘分析与辅助系统架构图，系统包括数据层、应用支撑层、业务逻辑层和表现层。数据层和应用支撑层主要实现服务器功能，业务逻辑层主要实现Web前端功能，表现层主要实现用户交互。

软件使用Python爬虫爬取单车的实时分布数据，对获取到的数据进行一系列整理和分析，最终以Web端的形式进行展示。数据获取主要使用Python编写爬虫从摩拜单车的微信小程序接口获取数据，提取并存储所需要的信息。数据处理主要包括数据清洗、聚类分析、格网分析等过程，经过数据的分析处理可以发现单车的流动规律，为解决单车的使用问题提供新思路。

2. Web交换平台搭建

为了保证用户可以更好地进行交互式操作，项目最终的结果以Web端的形式进行展示。后台使用Python的django框架搭建，可以实现存储用户信息，根据请求整理数据并响应等功能。

前端主要调用了ArcGIS for Javascript、高德地图API、HighCharts等接口进行可视化

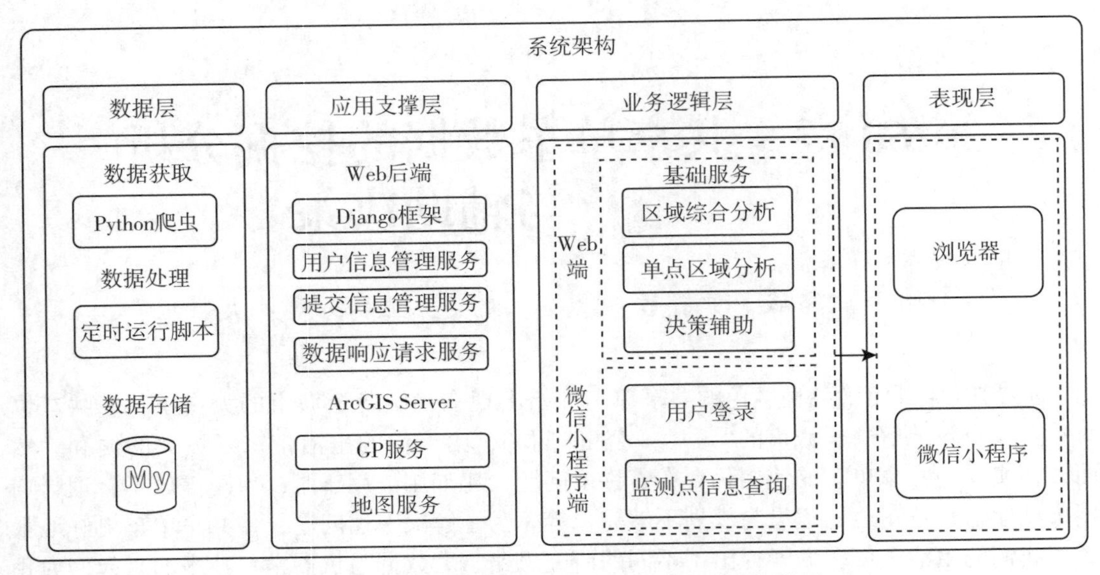

图 60.1　单车时空数据挖掘分析与辅助系统架构图

等操作，并开发了微信小程序，方便用户使用。

二、数据获取

数据获取需要开发爬虫程序，爬虫使用 Python 语言进行编写。实现思路如下：使用 Python 的 Requests 库请求摩拜单车官方微信小程序接口，用 Json 库对请求到的数据进行解析，提取出其中的单车 ID、单车所处经纬度信息并将其自动存入 MySQL 数据库中。

为了保证爬虫可以正常获取到数据，需要辅助以下手段：

(1)使用请求头部，由于小程序正常运行应该使用手机进行请求，若不伪装头部信息直接使用爬虫请求将无法得到任何响应，使用手机抓包软件 Stream 对网络请求进行抓包，得到向摩拜单车小程序请求时的头部信息，用该信息对爬虫进行伪装便可以正常请求到数据。

(2)为了避免对服务器造成过大的压力，每向服务器发起一次请求的时间间隔是 0.02s。

(3)使用代理 IP 池，避免使用单个 IP 过于频繁。

为了实现多个地方同时爬取、快速爬取，还使用了 Python 的多线程技术。例如，对江汉区、汉阳区、光谷一带同时进行爬取，爬取时每次提交一个当前经纬度信息，服务器会返回该经纬度附近的车辆信息，两个相邻的请求经纬度间隔是 0.002，在 7 点到 22 点之间每隔一小时爬取一次，这样就能爬取到一个区域一天所有的数据。

三、数据整理与挖掘分析

1. 基本的数据处理思路

图 60.2 给出了数据处理思路。由于数据量较大，例如江汉区一次获取的单车信息有 8 万多条(未去除重复信息)，这样一天采集 15 次，江汉区一天数据约为 120 万多条。为了能够对数据进行更加深入的分析挖掘，在提高数据利用率的同时增加数据的计算速度，需要进行数据去重、数据格网化等处理。

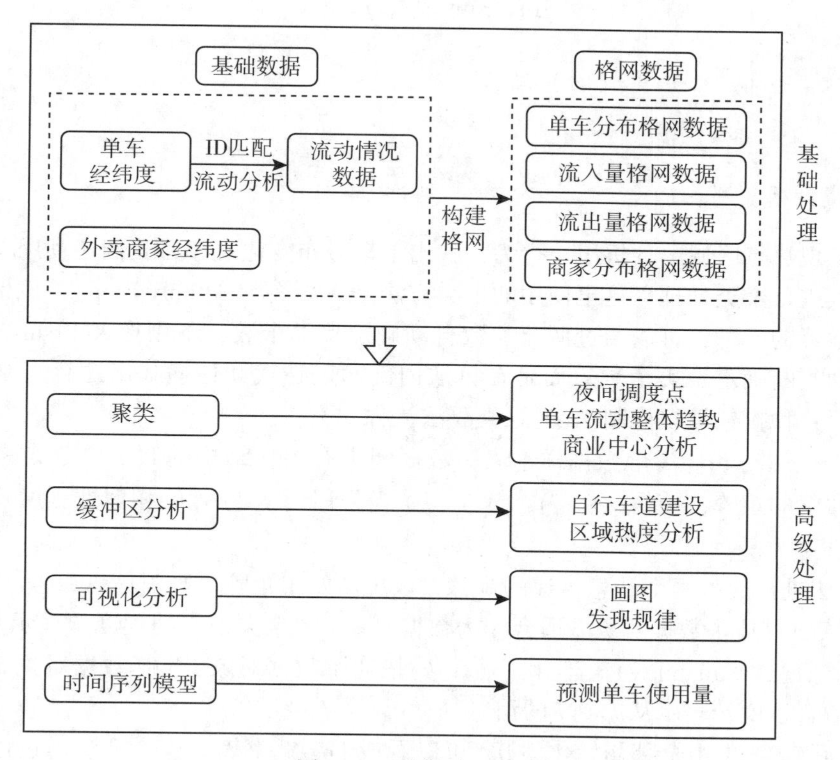

图 60.2　数据处理思路

2. 数据去重

在爬取数据时每次间隔为 0.002 个经纬度，这样基本不会漏掉数据，但是会让每次爬取的范围产生交集，产生重复数据，并且为了提高爬虫的稳定性，并没有一边爬取一边对数据进行去重处理。在爬取结束后，使用 Python 重新读取数据库中的信息，删除重复项后再次存入数据库中，这样处理过后留下来的便是独立的没有重复的单车分布信息。

3. 数据格网化

使用格网数据，以江汉区为例，使用格网将江汉区分成一个个小的栅格，每个栅格纵横跨度均为0.001个经纬度，统计每个栅格内单车的数量，以每个栅格左上角点表示该栅格的位置信息。这样就可以将分布杂乱无章的单车位置信息有效地归纳起来，便于对单车定位，便于统计某一区域单车的数量，并进行拓扑判断，发现热点区域和地理相关性，还可以有效地对数据进行压缩，减少计算的复杂度。格网数据构造流程如下：

假如有格网 G，$g(i, j)$ 表示格网的一个栅格，初始化为0，迭代统计，若在该栅格内增加一辆单车，则

$$g(i, j) = g(i, j) + 1 \tag{60-1}$$

三、数据挖掘与辅助决策

1. 聚类分析

为了发现热点区域，分析用户行为，找出单车分布变化规律，我们还利用单车的经纬度信息对其进行聚类处理。这里使用的聚类方法是AP聚类(Affinity Prop)，该聚类方法属于无监督学习的一种，可以通过调节参数自动确定聚类个数，不用像 K-Means 方法一样，要提前主观判断确定聚类个数，而是在算法内部通过迭代和传播找出适合当聚类中心的点，类似于一种投票加权机制。AP聚类算法流程如下：

假设 $\{x_1, x_2, \cdots, x_n\}$ 数据样本集，数据间没有内在结构的假设。令 $\boldsymbol{S}$ 是一个刻画点之间相似度的矩阵，使得 $s(i, j) > s(i, k)$ 当且仅当 x_i 与 x_j 的相似性程度要大于其与 x_k 的相似性。

AP算法进行交替两个消息传递的步骤，以更新两个矩阵。吸引信息(responsibility)矩阵 $\boldsymbol{R}$，$r(i, k)$ 描述了数据对象 k 适合作为数据对象 i 的聚类中心的程度，表示从 i 到 k 的消息；归属信息(availability)矩阵 $\boldsymbol{A}$，$a(i, k)$ 描述了数据对象 i 选择数据对象 k 作为其聚类中心的适合程度，表示从 k 到 i 的消息。

两个矩阵 $\boldsymbol{R}$，$\boldsymbol{A}$ 中全部初始化为0，可以看成Log-概率表。这个算法通过以下步骤迭代进行。首先，吸引信息(responsibility)按照下式迭代：

$$r_{t+1}(i, k) = s(i, k) - \max_{k' \neq k}\{a_t(i, k') + s(i, k')\} \tag{60-2}$$

然后，归属信息(availability) $a_{t+1}(i, k)$ 和 $a_{t+1}(k, k)$ 按照下面两个公式迭代：

$$a_{t+1}(i, k) = \min(0, r_t(k, k) + \sum_{i' \notin \{i, k\}} \max\{0, r_t(i', k)\}), \quad i \neq k \tag{60-3}$$

$$a_{t+1}(k, k) = \sum_{i \neq k} \max\{0, r_t(i', k)\} \tag{60-4}$$

对以上步骤进行迭代，如果这些决策经过若干次迭代之后保持不变或者算法执行超过设定的迭代次数，或者一个小区域内样本点的决策经过数次迭代后保持不变，则算法结束。

2. 流入流出数据处理

相邻两个小时为一个单元，根据单车 ID 去匹配，当两个时刻单车的位置信息发生明显变化，即大于某一阈值时认为被人使用，从一个位置流到了另一个位置。该阈值一般设置为 0.000 001个经纬度，排除两个时刻 GPS 定位漂移所带来的误差。最后，根据上文的数据格网化方法将匹配好的数据制作成流入流出格网数据，用于表明每个小时之间单车的流动情况。

3. 单点热度分析

该数据能用来衡量判断某点周围一天的热度变化，或者用来比较不同区域的热度情况，可以作为城市热点判断的一个指标，也可以进一步挖掘分析人们的行为，同时给外卖商家提供一些相关的指导建议。该数据是利用该点周围区域单车的净流量和外卖商家的数量加权综合分析得到的。如图 60.3 所示，为单点热度分析流程图。

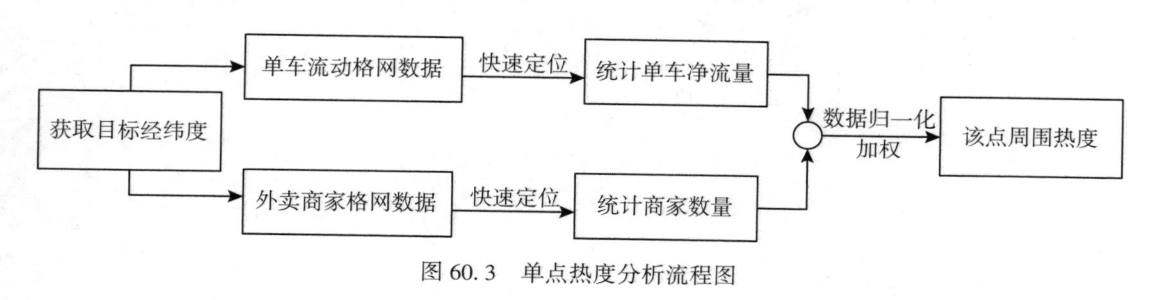

图 60.3　单点热度分析流程图

4. 自行车道规划建议

根据我们获取到的数据画图看出来，单车的停放一般都是靠近街道或者沿街道停放的，有的街道停放较多说明该街道自行车使用较为频繁，同时也有较多的自行车经过，可以考虑专门建设自行车道或者建设自行车停放点。具体判断每条街道是否更加需要建设自行车道的方法是进行缓冲区分析，通过线状缓冲区分析统计出每条街道影响范围内单车的数量，数量较多的理论上就更加需要建设自行车道。自行车道规划思路如图 60.4 所示。

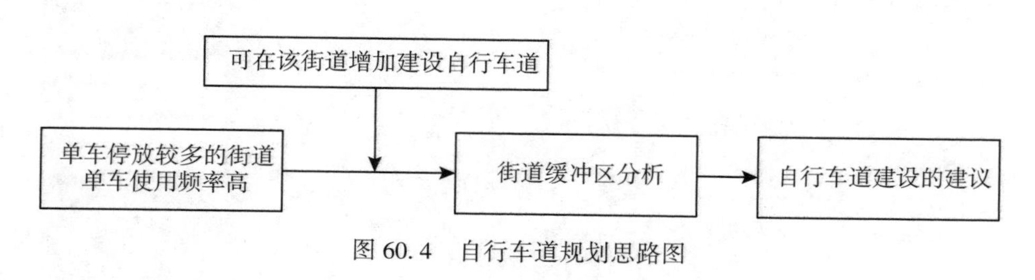

图 60.4　自行车道规划思路图

5. 夜间车辆调度建议

该数据是对夜间车辆的一些建议投放点，计算主要有如下几个步骤：首先利用每天早上 8 点到 9 点单车的流出格网数据，对该格网进行遍历，若该格网内单车数量大于某一阈值，就判断其周围四邻域格网单车数量是否也大于某一阈值，若全都符合条件则该点为一个待定投放点，记下该点坐标，一天的所有待定投放点构成一组待定投放点；对过去每一天 8 点到 9 点的数据进行相同的上述处理，记下所有待定投放点的坐标；通过画图发现不同组(不同天)待定投放点会出现相邻较近甚至重合的现象，说明每天早上的流出热点大致相同，会出现聚集情况，所以对历史日期内所有的待定投放点进行聚类，将聚类得到的点作为最终的建议投放点。具体思路如图 60.5 所示。

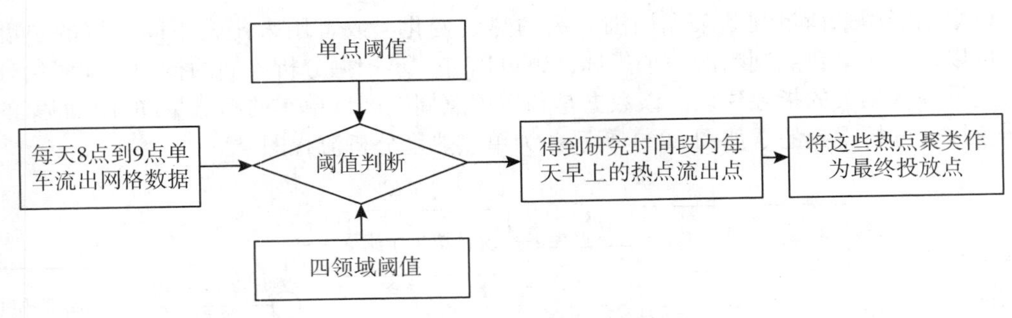

图 60.5　单车投放点位置的确定思路图

四、参考源程序

在"https：//github. com/ybli/bookcode/tree/master/Part4-ch09"目录下给出了源程序和测试数据。

图 60.6 是区域综合分析样例，显示了单车使用热度图。图 60.7 是辅助决策分析样例，通过数据分析给定需要增加的自行车道区域。

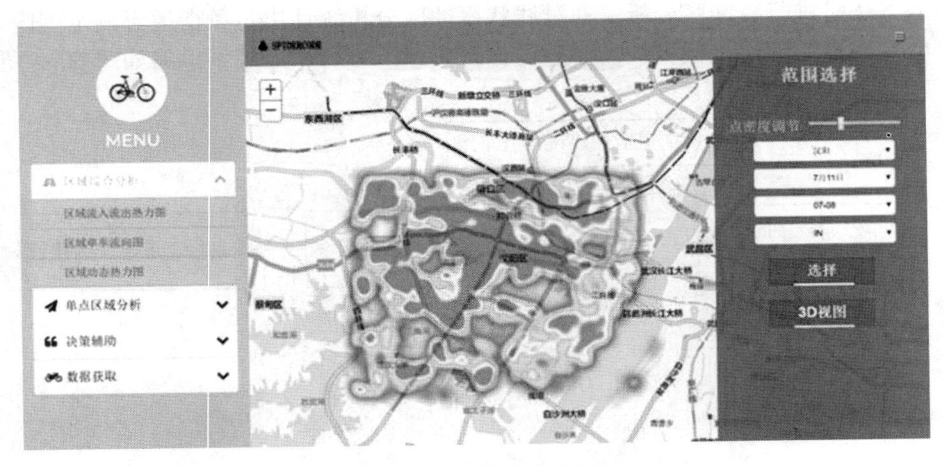

图 60.6　区域综合分析

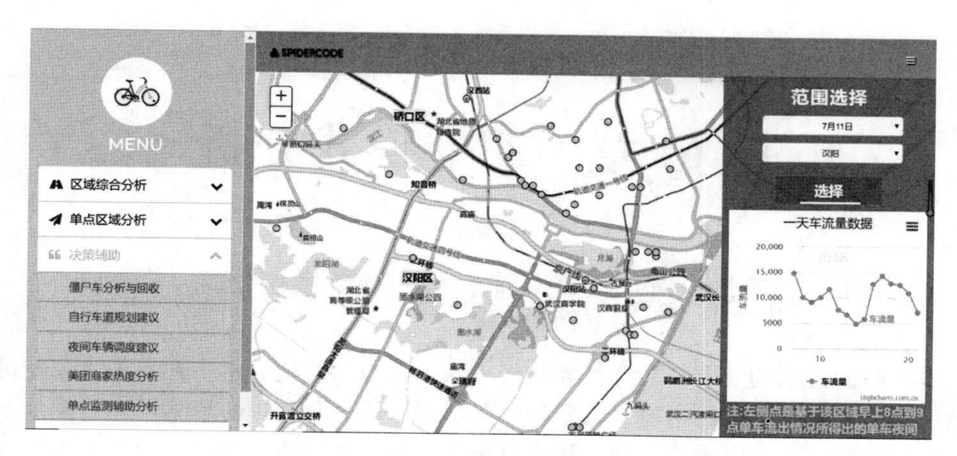
SPIDERCODE
MENU
区域综合分析
单点区域分析
决策辅助
僵尸车分析与回收
自行车道规划建议
夜间车辆调度建议
美团商家热度分析
单点监测辅助分析
范围选择
7月11日
汉阳
选择
一天车流量数据
车流量
注:左侧点是基于该区域早上8点到9点单车流出情况所得出的单车夜间

图 60.7　辅助决策分析

第 61 章　犯罪模式分析

（作者：何雨情、黄飞、戴春齐、杨立涛，主题分类：大数据）

随着互联网技术的发展，当今世界已经进入了大数据时代。近十几年来，公安机关信息化建设取得了突飞猛进的进展，各警种业务实现了信息化管理，积累了海量的基础业务数据。但是，犯罪数据量大而分散、构成复杂、信息提取困难，使传统的犯罪事件分析管理模式难堪重负。通过对海量数据的收集、整理、归类、分析，可以得出传统手段不易发现的犯罪空间分布特征，挖掘出数据中蕴藏的巨大价值。

著名的空间模式研究案例当推 1853 年的 Snow 的霍乱地图，该研究成果对伦敦霍乱流行病的控制起到了关键作用。定量化地计算分析空间分布模式自 20 世纪 60 年代开始盛行，在地学研究中得到广泛应用，例如居民点分布、冰丘分布等研究。

数据挖掘是一种在海量并且看似毫无关联的数据中寻找出事物发展规律。在给定大量数据的情况下，机器能通过对已有数据进行学习，建立模型，并将其应用于新得到的数据中。一些新兴的人工智能技术如神经元网络和决策树等算法，能够自动完成许多有价值的任务。在犯罪地理学研究领域中，神经网络模型可被用于犯罪预测。长短期记忆网络（Long Short-Term Memory，LSTM）是一种时间递归神经网络，适合于处理和预测时间序列中间隔和延迟相对较长的重要事件，在获得了长时间的犯罪数量时间序列之后，便可以采用这种方式进行未来犯罪数量的预测。

一、软件开发设计及架构

1. 软件基本信息

我们开发了犯罪分析与预测软件（CrimeAnalysis&Prediction，CAP）。开发语言是 C#和 Python，软件开发平台有 .NET、TensorFlow。

CAP 软件包含了坐标转换、函数计算、数据查询、可视化、输出报告等功能。通过将 G/F/K 函数算法集成封装，融合统计筛选分析及神经网络时间序列预测功能，模块划分清晰，功能完善；整合多源数据，以并行计算实现大数据秒级响应，以灵活高效的可视化洞察数据，将分析结果分发给相关警务部门或公众，形成完善的犯罪数据处理方案，如图 61.1 所示。

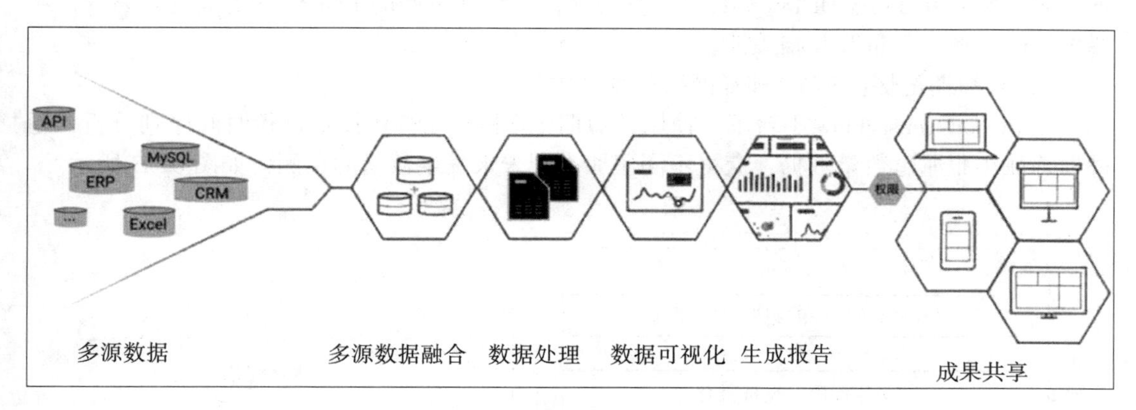

图 61.1　一站式犯罪数据处理平台

2. 详细架构设计

软件基于距离的点模式分析，选择了最邻近距离法中的 *G* 函数、*F* 函数和 *K* 函数作为点模式研究方法，同时集成了数据统计分析功能和 LSTM 神经网络时间序列分析预测，在 . NET 平台上实现了集成，包含以下两大主要模块。

(1)模式分析：

点模式分析模块为四层构架，包含数据层、应用计算层、数据可视化层和统计查询层，如图 61.2 所示。其中应用计算层中集成了 *G* 函数、*F* 函数和 *K* 函数多种方法，用来分析犯罪分布空间特征，对于较大的犯罪数据量采用改进 *K-D* 树结合并行计算的策略提高数据处理效率。对计算全过程结果进行保存、整合后，输出点模式分析报告，可保存至相应路径下。统计查询层实现按不同的犯罪类型、犯罪发生时间(周、日)进行查询统计，挖掘犯罪事件的时间分布规律；调用百度地图 API 进行数据可视化和犯罪热点挖掘；根

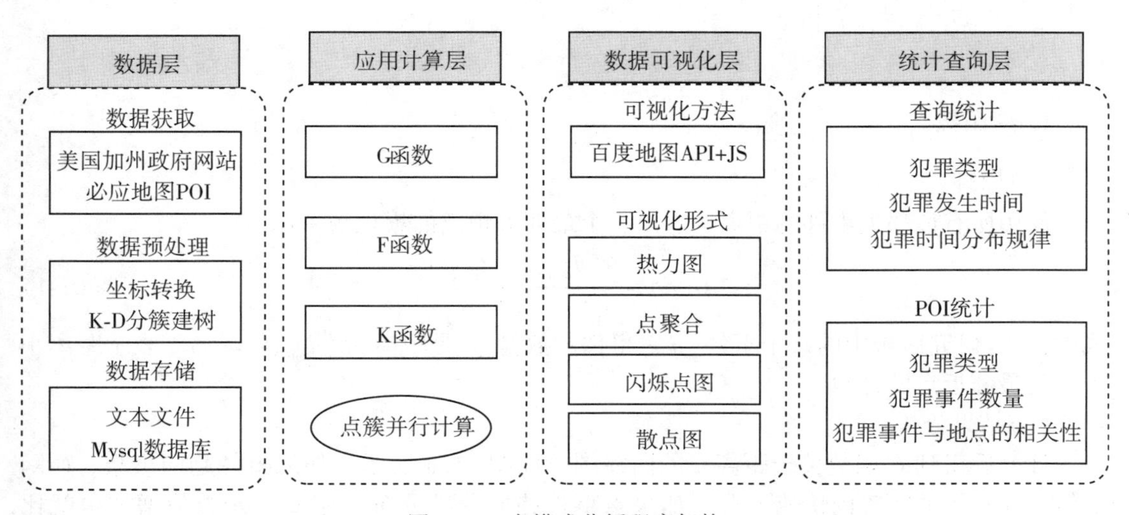

图 61.2　点模式分析程序架构

据犯罪区域 POI(Point Of Interest，兴趣点)文件，统计不同的 POI 外一定范围内易发生犯罪事件的类型、数量及其相关性。

(2)长短期记忆(LSTM)神经网络预测模块：

在 python-TensorFlow 平台下，使用长短期记忆网络 LSTM 技术进行时间序列分析，通过训练往年犯罪总数量数据，获得不同犯罪类型未来发生数量的预测，如图 61.3 所示。

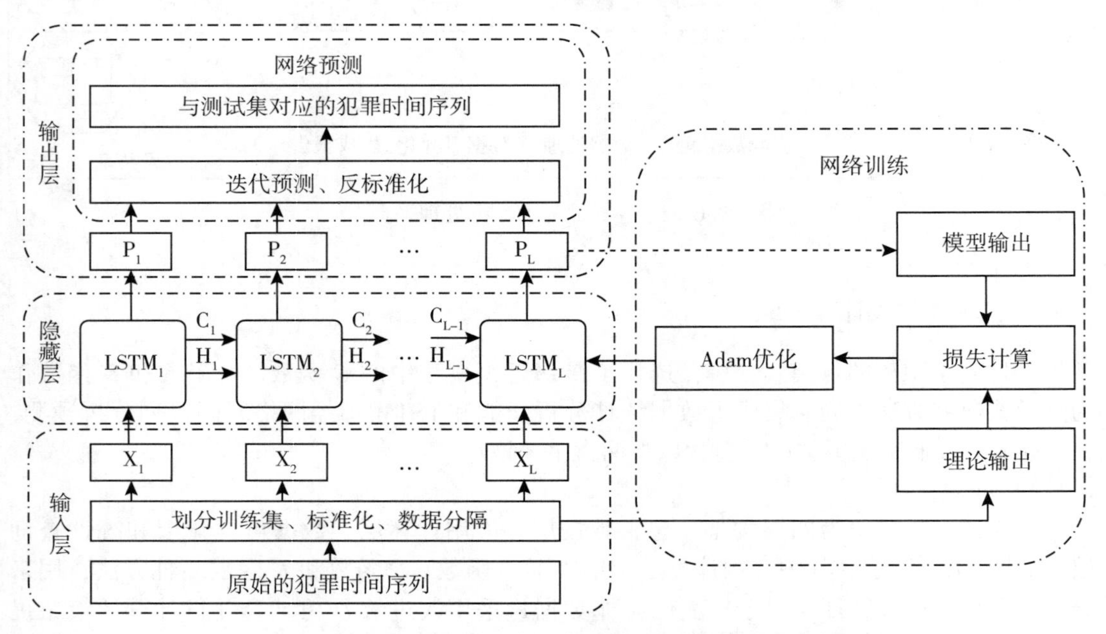

图 61.3　基于 LSTM 的犯罪数量时间序列预测程序框架

二、点模式分析

1. G 函数

(1)原理：

使用所有最邻近事件的距离构造出一个最邻近距离的累积频率：

$$G(d)=\frac{\#(d_{\min}(s_i)\leqslant d)}{n} \tag{61-1}$$

式中，s_i 是研究区域中的一个事件，n 是事件的数量，d 是距离，$\#(d_{\min}(s_i)\leqslant d)$ 表示距离小于 d 的最邻近点的计数。

(2)结果分析：

计算后得到 G 函数关于距离 d 的曲线图，如图 61.4 所示，如果事件趋向聚集，G 函数值会在较短的距离内快速上升；如果点事件趋向分散分布，那么 G 函数值增加得就比较缓慢。在本实例中，在 d 为 0.02 到 0.08 的范围内 G 函数值增加是最快的，说明本实例中大部分点事件的最邻近距离是在 0.2 到 0.8km 距离内，点事件趋向于聚集分布模式。

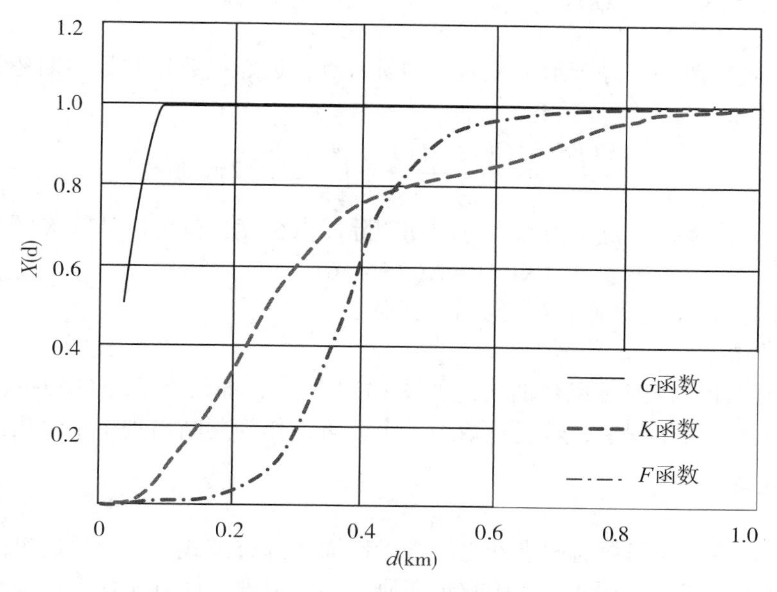

图 61.4　G/F/K 函数计算结果

2. F 函数

(1)原理：

用最邻近距离的累积频率分布描述邻近测度，通过随机点和事件间的分散程度来描述分布模式。

$$F(d)=\frac{\#(d_{\min}(p_i,\ S)\leqslant d)}{m} \tag{61-2}$$

式中，$d_{\min}(p_i,\ S)$ 表示从随机选择的 p_i 点到研究区域的事件点 S 的最邻近距离，m 表示随机点的个数。

(2)结果分析：

由测试数据计算得到 F 函数图像，如图 61.4 所示，对于 F 函数来说，F 函数值在开始时增加较慢，但到 d 较大时，函数值增加变快，则判断点事件在空间中趋于聚集分布。G 函数反映的是研究区域内点模式的积聚性，而 F 函数则反映的是事件点到研究区域内任意点之间的随机性。如果事件在研究区域的某个部分是积聚的，G 函数会在一个较短的距离内有快速的增加，这是因为很多事件点有近似的最邻近距离；而 F 函数则与 G 函数相反，因为在研究区域的点模式是在聚集分布的情况下，研究区域内会有大面积的空白区域(没有事件点分布)，这必然会造成很多随机选择点 p_i 到事件点 S 之间的最邻近距离较大。

3. *K* 函数

(1)原理：

点 s_i 近邻是距离小于等于给定距离 d 的所有点，近邻点数量的数学期望记为 $E(\#S \in C(s_i, d))$，有：

$$\frac{E(\#S \in C(s_i, d))}{\lambda} = \int_{\rho=0}^{d} g(\rho) 2\pi\rho \mathrm{d}\rho \tag{61-3}$$

为任意点为中心，半径 d 范围内点数量的期望除以点密度，就可以计算 K 函数，即

$$\lambda K(d) = E(\#S \in C(s_i, d)) \tag{61-4}$$

式中，$C(s_i, d)$ 为以 s_i 为圆心，半径为 d 的圆。

(2)结果分析：

由测试数据计算得到 K 函数曲线，如图 61.4 所示，曲线有明显的转折，则可基本判断在该范围内存有聚集现象，转折点数为 1 个，可以作为判断出现 1 个聚集区域的依据。

4. 对比分析

对比分析发现，G 函数通过事件之间接近性描述分布模式，F 函数通过随机点和事件间的分散程度来描述分布模式，K 函数重在研究实际地理事件可能存在的多种不同尺度作用。综合三种函数的分析结果，美国加利福尼亚州圣塔克拉拉市的街面犯罪聚集分布趋于聚集模式。

三、显著性检验

函数计算结束后，需要进行显著性检验，以确定计算结果是否满足显著性指标。显著性检验使用的是蒙特卡洛随机模拟的方法(以 F 函数检验为例，其他函数检验原理类似)：

(1)产生 m 次的完全空间随机(complete space random，CSR)点模式，并估计理论分布 $\overline{F}(d)$：

$$\overline{F}(d) = \frac{1}{m}\sum_{i=1}^{m}\hat{F}_i(d) \tag{61-5}$$

式中，$\hat{F}_i(d)$ 为模拟的 n 个 CSR 事件的 m 次独立随机模拟函数。

(2)计算随机模拟分布函数 $\hat{F}(d)$ 的上界 $U(d)$ 和下界 $L(d)$：

$$U(d) = \max_{i=1\cdots m}\{\hat{F}_i(d)\} \tag{61-6}$$

$$L(d) = \min_{i=1\cdots m}\{\hat{F}_i(d)\} \tag{61-7}$$

(3)分别计算 $\hat{F}(d)$ 大于随机模拟分布函数 $\hat{F}(d)$ 的上界 $U(d)$ 和 $\hat{F}(d)$ 小于随机模拟分布函数 $\hat{F}(d)$ 的下界 $L(d)$ 的概率。

(4)若 $\Pr(\hat{F}(d) > U(d)) = \Pr(\hat{F}(d) < L(d)) = \frac{1}{m+1}$，则计算结果满足显著性检验

指标，输出 F 函数计算结果曲线。

四、统计筛选查询

统计查询部分算法较为简单，以统计兴趣点(Point of Interest，POI)外一定范围内犯罪点数量为例，在统计犯罪事件的类型和数量及其相关性时，采用类似 K 函数统计点密度的方法，其计算步骤如下：

(1)围绕每一个 POI 点 i 构造一个半径为 d 的圆；

(2)计算落在该圆内的其他事件的数量，标记为 j；

(3)对所有 POI 点重复以上两个步骤的计算，并对结果求和；

(4)采用以上步骤统计不同类型的 POI 上发生的犯罪事件类型及数量。

(5)由统计得到的每种 POI 上的犯罪类型的数量/该类案件的总数量，即可得到该类 POI 点上发生该类犯罪案件的频率；

(6)对频率进行排序，即可得到该类 POI 点上易发案件和不易发案件的类型结果。

五、神经网络 LSTM 时间序列预测

深度学习模型是一种拥有多个非线性映射层级的深度神经网络模型，能够对输入信号逐层抽象并提取特征，挖掘出更深层次的潜在规律。循环神经网络(Recurrent Neural Network，RNN)将时序的概念引入到网络结构设计中，使其在时序数据分析中表现出更强的适应性。长短期记忆(Long Short-Term Memory，LSTM)模型弥补了 RNN 的梯度消失和梯度爆炸、长期记忆能力不足等问题，使得循环神经网络能够真正有效地利用长距离的时序信息。

1. RNN 模型

对于给定的时间序列 $x=(x_1, x_2, \cdots, x_n)$，应用一个标准的 RNN 模型，如图 61.5 所示，可以通过迭代式(61-8)及式(61-9)计算出一个隐藏层序列 $h=(h_1, h_2, \cdots, h_n)$ 和一个输出序列 $y=(y_1, y_2, \cdots, y_n)$

$$h_t = f_a(\boldsymbol{W}_{xh}x_t + \boldsymbol{W}_{xh}h_{t-1} + \boldsymbol{b}_h) \tag{61-8}$$

$$y_t = \boldsymbol{W}_{hy}h_t + \boldsymbol{b}_y \tag{61-9}$$

式中，$\boldsymbol{W}$ 为权重系数矩阵(比如 $\boldsymbol{W}_{xh}$ 表示输入层到隐藏层的权重系数矩阵)，$\boldsymbol{b}$ 为偏置向量(比如 $\boldsymbol{b}_h$ 表示隐藏层的偏置向量)，f_a 为激活函数(比如正切函数 tanh)，下标 t 表示时刻。

2. LSTM 模型

LSTM 模型是将隐藏层的 RNN 细胞替换为 LSTM 细胞，使其具有长期记忆能力。经过不断地演化，目前应用最为广泛的 LSTM 模型细胞结构如图 61.5 所示，z 为输入模块，其前向计算方法可以表示为：

$$i_t = \sigma(W_{xi}x_t + W_{hi}h_{t-1} + W_{ci}c_{t-1} + b_i) \tag{61-10}$$

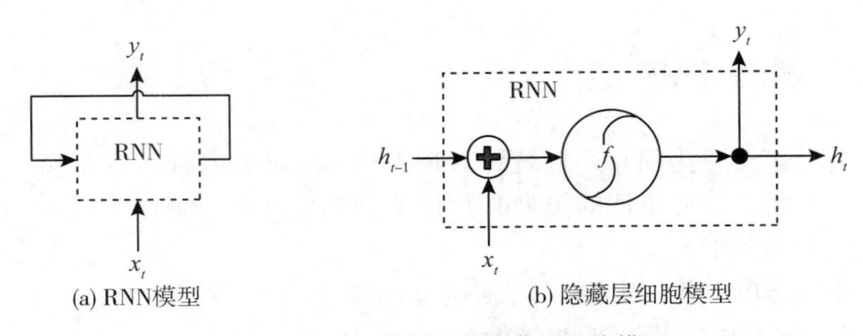

图 61.5　RNN 模型及其隐藏层细胞模型

$$f_t = \sigma(W_{xf}x_t + W_{hf}h_{t-1} + W_{cf}c_{t-1} + b_f) \tag{61-11}$$

$$c_t = f_t c_{t-1} + i_t \tanh(\boldsymbol{W}_{xc}h_{t-1} + \boldsymbol{W}_{cf}h_{t-1} + b_c) \tag{61-12}$$

$$o_t = \sigma(\boldsymbol{W}_{xo}x_t + \boldsymbol{W}_{ho}h_{t-1} + \boldsymbol{W}_{co}c_t + b_o) \tag{61-13}$$

$$h_t = o_t \tanh(c_t) \tag{61-14}$$

式中，i、f、c、o 分别为输入门、遗忘门、细胞状态、输出门，$\boldsymbol{W}$ 和 b 分别为对应的权重系数矩阵和偏置项，σ 和 tanh 分别为 sigmoid 和双曲正切激活函数。

LSTM 模型训练过程采用的是与经典的反向传播（Back Propagation，BP）算法原理类似的随时间反向传播（BackPropagation Through Time，BPTT）算法，如图 61.6 所示，大致可以分为以下 4 个步骤：

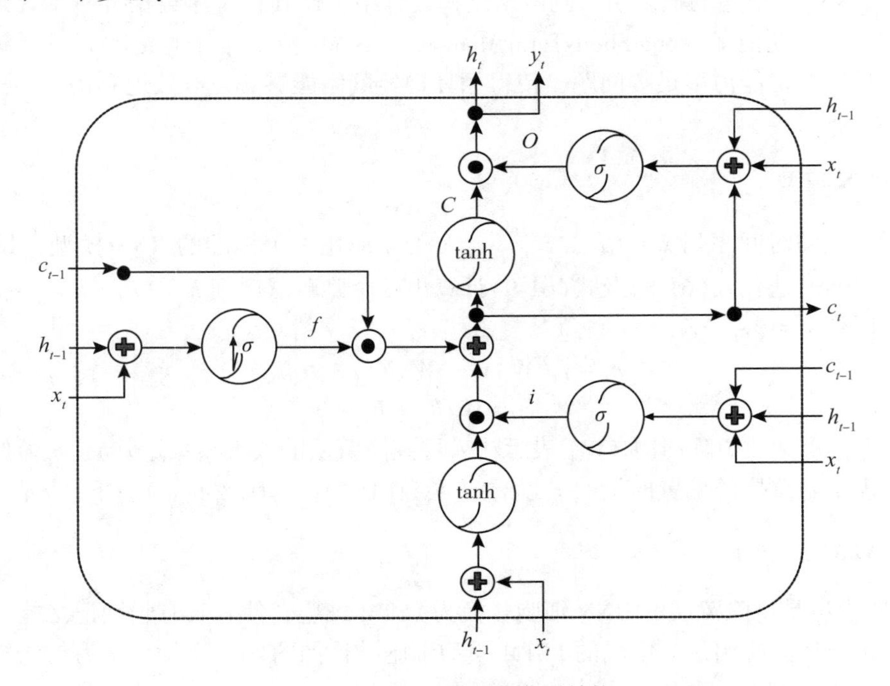

图 61.6　LSTM 模型隐藏层结构

(1)按照前向计算方法式(61-10)至式(61-14)计算 LSTM 细胞的输出值。

(2)反向计算每个 LSTM 细胞的误差项，包括按时间和网络层级这两个反向传播方向。

(3)根据相应的误差项，计算每个权重的梯度。

(4)应用基于梯度的优化算法更新权重。

基于梯度的优化算法种类众多，比如随机梯度下降(Stochastic Gradient Descent, SGD)、AdaGrad、RMSProp 等算法。其中，适应性动量估计(Adaptive moment estimation, Adam)算法是一种有效的基于梯度的随机优化方法，该算法融合了 AdaGrad 和 RMSProp 算法的优势，能够对不同的参数计算适应性学习率并且占用较少的存储资源。相比于其他随机优化方法，Adam 算法在实际应用中整体表现更优。

六、软件功能

图 61.7 所示为软件主界面，软件的主要功能包括文件、计算、分析、查看、预测等模块。

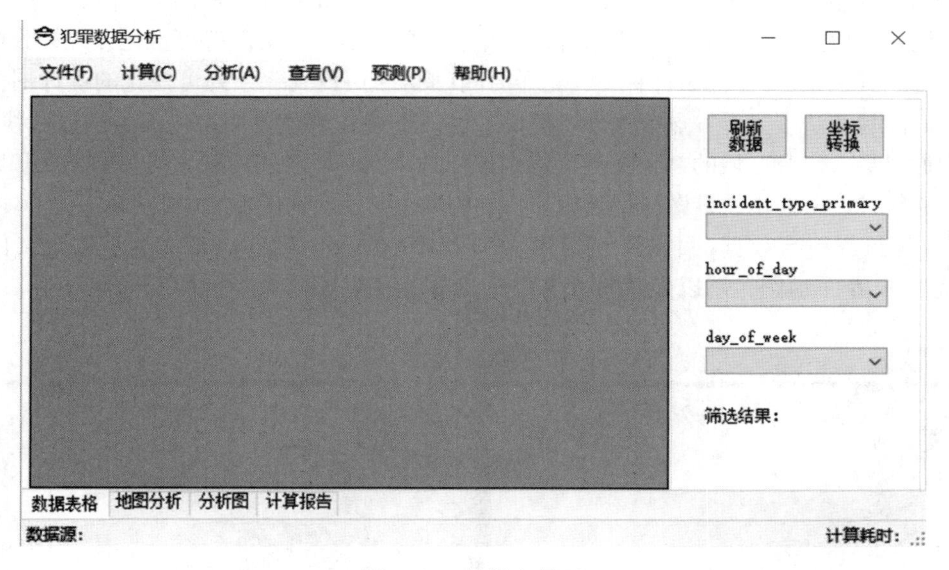

图 61.7　软件主界面

1. 文件模块

导入数据文件可以采用直接导入规定格式的文本文件，也可以连接数据库导入，对于结果文件、图形、报告均可以在此模块下导出保存。

数据格式见表 61-1。表中第 1 列至第 5 列分别是犯罪事件 ID、犯罪事件发生日期、犯罪类型、犯罪事件发生的纬度和经度。

表 61-1　　数据格式

事件 ID	时间	犯罪类型	纬度	经度
837,956,714	03/13/2018 06:53:25 AM	Other	37.17103	−121.6963
838,521,969	03/19/2018 10:11:05 AM	PEDESTRIAN STOP	37.25091	−121.9105
838,509,875	03/19/2018 10:13:26 AM	ALARM, AUDIBLE	37.28938	−121.9967
838,509,874	03/19/2018 10:15:44 AM	ALARM	37.25559	−122.0185

2. 计算模块

计算模块下可以选择普通计算或者并行计算方式(默认是普通计算方式)，可以分别计算点模式的 *G/F/K* 三种函数，也可以实现一键计算，得到的函数图像显示在分析图页面中，计算报告。

3. 分析模块

分析模块主要包含地图分析、统计分析、点模式分析和 POI 分析四个部分，地图分析中通过调用百度地图 API 进行犯罪点事件的点聚合、闪烁点、热力图等可视化；统计分析中实现选择不同查询条件(犯罪事件种类、犯罪时间(周/日))得到一系列可视化的统计图，犯罪发生的时间规律清晰了然；点模式分析模块中可以查看在计算模块中生成的函数曲线；POI 分析中通过导入研究区域的 POI 文件，得到某种 POI 上一段时间内发生的犯罪类型和数量及发生频率统计，并绘出统计图，得到犯罪事件的发生与特定兴趣点之间的关系。

在“运行程序与数据”目录下，给出了“Data1000.txt”和“Data6372.txt”数据文件。图 61.8 是用户界面示例，用以显示打开文件的内容、计算成果、分析图表等。

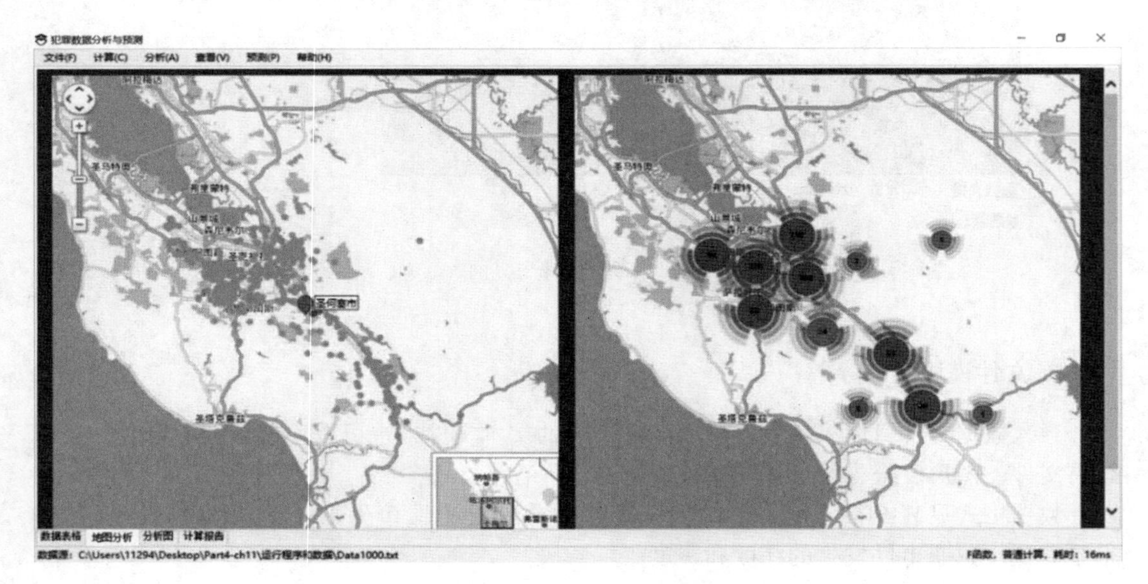

图 61.8　用户界面示例

4. 查看模块

查看模块下可以查看统计分析报告和点模式分析报告。统计分析报告包含按照不同类型查询得到的结果；点模式分析报告中包含进行 $G/F/K$ 函数计算时的一些中间结果。

在“运行程序与数据”目录下，给出了“犯罪数据 . txt”和“兴趣点信息 . txt”数据文件。图 61. 9 是用户界面示例，用以显示计算成果、可视化图表等。

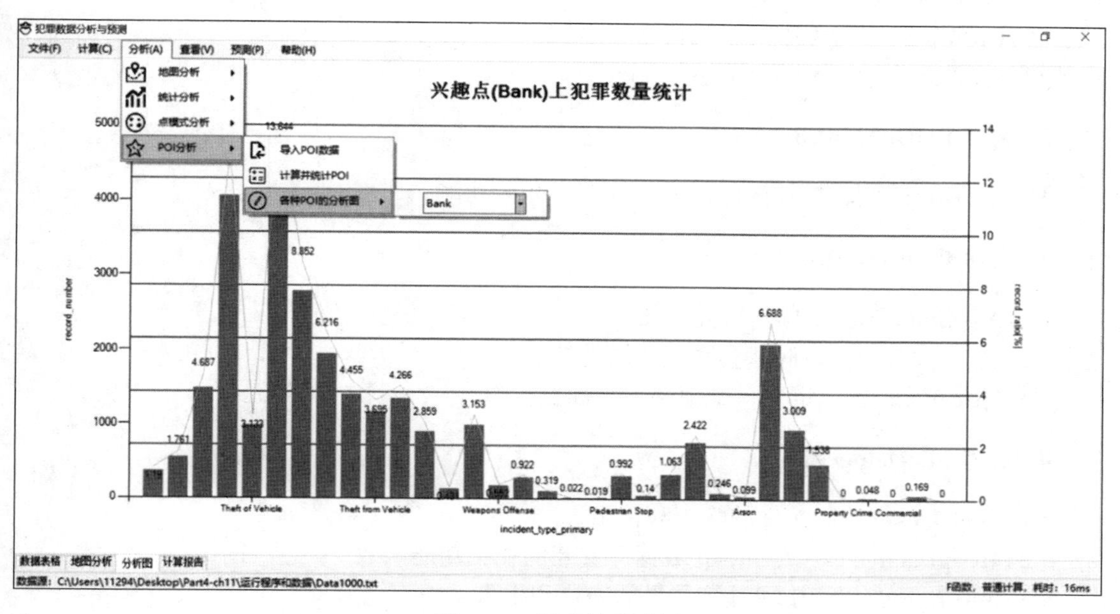

图 61. 9　用户界面示例

5. 预测模块

预测模块包含热力图分析和 LSTM 时间序列预测两部分。热力图分析中对导入的往年数据绘制热力图，结果将辅助进行时间序列预测的分析；LSTM 时间序列预测中通过使用 python-TensorFlow 平台下的 LSTM 进行时间序列分析和预测，并在 C#主程序中调用打包生成的 . exe 可执行程序，获得不同犯罪类型未来发生数量的预测结果，显示出直观的统计图。

七、参考源程序

在“https：//github. com/ybli/bookcode/tree/master/Part4-ch10/”目录下给出了参考源程序和可执行文件。测试数据来自美国加州 SANTA CLARA 市。

编程语言为 C#，项目名称为 CrimeDataAnalysis。项目中主要包含以下类库和类：

1. 主程序 CrimeDataAnalysis

(1) POI/readfile. cs：从文件读取兴趣点数据。
(2) POI/ search. cs：兴趣点数据分类统计。
(3) AboutBox1. cs：关于框。
(4) DrawChart. cs：用 chart 控制绘制相关的图形。
(5) MainForm. cs：应用程序的主界面。
(6) OpenPage. cs：程序的开机动画。
(7) Program. cs：应用程序的主入口点。

2. 类库 BaiDuMapLib

Mapini. cs：绘制百度地图时的初始配置、初始功能。

3. 类库 CoorTranLib

(1) Algorithm. cs：坐标正反算的核心算法。
(2) EarthPara. cs：与椭球参数相关的计算。
(3) SpacePoint. cs：定义一个地图上平面点，包含 x、y、B、L 等元素。

4. 类库 FileHelperLib

(1) FileIO. cs：控制文件的输入和输出。
(2) MysqlDataIO. cs：与 mysql 数据库交互的相关功能函数。
(3) Report. cs：用于生成计算结果的表格和报告。
(4) StringExt. cs：用于解决输出文本时 padright 填充宽度受单双字节影响的问题。

5. 类库 KDTreeDLL

(1) HPoint. cs：定义 *K-D* 树中需要用到的超点。
(2) HRect. cs：定义 *K-D* 树中需要用到的超平面。
(3) KDTree. cs：*K-D* 树中的主要功能函数。
(4) KeyDuplicateException. cs：用于处理 *K-D* 树中的异常。
(5) KeyMissingException. cs：用于处理 *K-D* 树中的异常。
(6) KeySizeException. cs：用于处理 *K-D* 树中的异常。
(7) NearestNeighborList. cs：寻找最邻近点的 Bjoern Heckel's 法。
(8) PriorityQueue. cs：*K-D* 树需要用到的优先队列法。

6. 类库 ParallelCalculateLib

(1) FFunc. cs：F 函数的并行计算方法。
(2) GFunc. cs：G 函数的并行计算方法。

7. 类库 PointPatternLib

(1) Algorithm. cs：点模式分析中常用算法库。
(2) CrimeDataPoint. cs：定义一条犯罪数据，共 7 列。
(3) DataCenter. cs：包含点集的所有属性，一个计算过程中，数据的交换中心。
(4) Functions. cs：G、F、K 函数的计算主体。
(5) PointInfo. cs：空间中的一个点，二维点。